超 圖 解

Python

程式設計入門

Illustrated Python Programming Guide

感謝您購買旗標書，
記得到旗標網站
www.flag.com.tw
更多的加值內容等著您…

● FB 官方粉絲專頁：旗標知識講堂

● 旗標「線上購買」專區：您不用出門就可選購旗標書！

● 如您對本書內容有不明瞭或建議改進之處，請連上
旗標網站，點選首頁的 聯絡我們 專區。

若需線上即時詢問問題，可點選旗標官方粉絲專頁
留言詢問，小編客服隨時待命，盡速回覆。

若是寄信聯絡旗標客服 emaill，我們收到您的訊息
後，將由專業客服人員為您解答。

我們所提供的售後服務範圍僅限於書籍本身或內
容表達不清楚的地方，至於軟硬體的問題，請直接
連絡廠商。

學生團體　訂購專線：(02)2396-3257 轉 362
　　　　　傳真專線：(02)2321-2545

經銷商　　服務專線：(02)2396-3257 轉 331
　　　　　將派專人拜訪
　　　　　傳真專線：(02)2321-2545

作　　　者／趙英傑

發 行 所／旗標科技股份有限公司

　　　　　台北市杭州南路一段15-1號19樓

電　　　話／(02)2396-3257(代表號)

傳　　　真／(02)2321-2545

劃撥帳號／1332727-9

帳　　　戶／旗標科技股份有限公司

監　　　督／陳彥發

執行企劃／黃昕暐

執行編輯／黃昕暐

美術編輯／林美麗

封面設計／古鴻杰

校　　　對／黃昕暐

新台幣售價：650 元

西元 2024 年 7 月 初版 12 刷

行政院新聞局核准登記-局版台業字第 4512 號

ISBN 978-986-312-595-2

國家圖書館出版品預行編目資料

超圖解 Python 程式設計入門 / 趙英傑 作.-- 初版.
臺北市：旗標，2019.06　面；公分

ISBN 978-986-312-595-2(平裝)

1. Python(電腦程式語言)

312.32P97　　　　　　　　　　　108008028

Python 是 Guido van Rossum (吉多·范羅蘇姆) 在 90 年代初期設計出的程式語言,如今是最常用的程式設計語言之一,舉凡 Amazon、YouTube、Google、Yahoo!、NASA 等大型企業和組織也青睞採用 Python 開發各種工具。Python 的語法簡潔易讀,是少數既適合程式初學入門,且廣泛用於大數據處理 / 深度學習等高階科學計算應用,也能在拇指大小的微電腦控制板運作的全領域、通用型程式語言。

本書以圖解、實作為出發點,除第一章的程式語言基礎、文字命令操作、安裝 Python 與程式編輯環境,每個章節都有實例與詳細圖解,帶領讀者學習 Python 程式設計。例如:同步備份檔案、YouTube 影片下載與影音轉檔、自動擷取 / 收集網路資訊並存入 Google 試算表、建立留言板資料庫網站、將網站佈署到雲端空間、製作 LINE 聊天機器人、人臉辨識門禁系統、LINE 家電控制…等等。

在許多實作應用的場合,光是了解程式語法是不夠的,像建構網路應用程式,還需要具備網路、防火牆、資料庫系統、租用並在雲端空間佈署應用程式…等概念,本書也針對這些基礎做了全方位的說明。某些 Python 入門書籍沒有觸及的部分,例如:物件導向程式設計,因為很重要,所以筆者也用幾個淺顯實用的案例圖解說明。

書中涉及某些較深入的概念，或是範例實作時雖然沒有用到，但卻對延伸學習有用的相關知識，都安排在各章節的「充電時間」單元（該單元的左上角有一個電池充電符號），像第 2 章 2-27 頁「變數不是單純的小盒子」，讀者可以日後再閱讀。

在撰寫本書的過程中，收到許多親朋好友的寶貴意見，尤其是旗標科技的編輯黃昕暐先生提供許多專業的看法，也幫忙添加幾段文字，讓內文更通順。筆者也依照這些想法和指正，逐一調整解說方式，讓圖文內容更清楚易懂。也謝謝本書的美術編輯林美麗小姐，以及封面設計古鴻杰先生一起參與完成本書。

希望本書能讓讀者認識 Python，進而活用 Python 開發出各種精彩的工具和應用程式。

趙英傑 2019.6.20

於台中糖安居

http://swf.com.tw/

本書範例下載

本書範例檔案可在旗標網站免費下載，網址為：

https://www.flag.com.tw/DL.asp?F9796

下載、解壓縮之後可得到一個 code 資料夾，裡面包含依照章節排序的
資料夾。底下是第 2 章的範例程式資料夾的內容。.py 是 Python 程
式的副檔名，請依照第一章的說明使用程式編輯工具開啟並執行這些
範例。

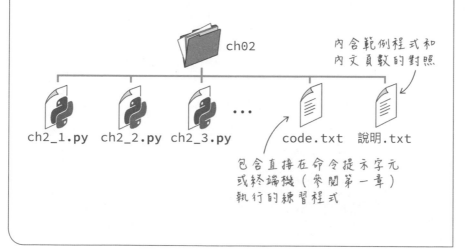

ch02

內含範例程式和
內文頁數的對照

ch2_1.py　ch2_2.py　ch2_3.py　...　code.txt　說明.txt

包含直接在命令提示字元
或終端機（參閱第一章）
執行的練習程式

目錄

4 操作資料夾與文件：同步備份檔案

00100

5 建立命令行工具：下載 YouTube 影片

00101

6 自動收集網路資訊

00110

7 儲存檔案：
純文字檔、CSV 檔與 Google 試算表

00111

8 建立自訂類別

01000

9 使用 Flask 建置網站服務
01001

10 佈署網站到雲端空間
01010

11 多執行緒下載檔案、規則表達式 以及定時執行工作排程
01011

12 留言板網站應用程式

01100

13 打造 LINE 聊天機器人

01101

14 影像處理與人臉辨識

01110

A 列表生成式、裝飾器、產生器和遞迴

01111

B LINE Bot 物聯網：控制家電開關

10000

C 人臉識別＋RFID 門禁系統實驗

10001

00001

認識 Python 程式語言

本章大綱

▶ 認識程式語言

▶ 在電腦上安裝 Python 3 執行環境

▶ 認識文字命令操作介面（CLI）

▶ 你的第一個 Python 程式

▶ 安裝程式編輯器

1-1 認識程式語言

「程式」是指揮電腦做事的一連串指令,沒有程式,電腦只是一個普通的箱子。隨著電腦普遍用在各種領域,為了方便且準確地把我們的想法傳達給機器,陸續有不同程式語言被發明出來,就像不同行業都有專門工具和術語。

大多程式語言都有特定的應用領域,或者被某個行業廣泛使用,像 R 語言用於數據分析、SQL 語言用於操作資料庫、C 語言廣泛用於應用軟體和微電腦程式開發、網頁設計師一定要懂 JavaScript...近幾年,Python 語言被廣泛用於網路工具程式開發、數值分析、影像辨識、人工智慧...等工作。

然而,電腦的中央處理器只認得 0 和 1 構成的指令(稱為**機械碼**,屬於「低階語言」),所以這些適合人類編寫、閱讀的程式碼(屬於「高階語言」),最後都需要「轉譯」成機械碼,才能交付電腦執行。最普遍的轉譯方式有兩種:

● **編譯**(compile)

● **直譯**(interpret)

如果把轉譯軟體看待成翻譯人員,**「編譯」相當於文稿翻譯**,要把整篇文章翻譯完畢才能交差。負責把程式「編譯」成機械碼的軟體,稱為**編譯器**(**compiler**)。C 語言是知名的編譯式語言。

「**直譯**」相當於口譯,採逐句翻譯方式,其優點是輸入程式碼的時候,可以立即得到回應,感覺像在和電腦對話,很適合程式初學者,缺點則是執行效率較差。負責「直譯」程式碼的軟體,叫做**直譯器**(**interpreter**)或**解譯器**。

```
while True:
    led.high()
    time.sleep(0.5)
    led.low()
    time.sleep(0.5)
```

高階
語言

一次翻譯一句

1100010101001110
0111110...

直譯器（interpreter）

機械碼

直譯式語言的語法也比編譯式更容易學習也容易理解，Python 和 JavaScript 語言都屬於直譯式。底下是在終端機顯示「你好！」的 C 語言與 Python 語言的對照，Python 顯然簡潔多了：

C語言

```
#include <stdio.h>
int main() {
  printf("你好！");
  return 0;
}
```

Python 3語言

```
print("你好！")
```

此外，從 C 語言編譯出的機械碼（可執行檔），都只能在特定的處理器和作業系統上執行，像 Word 軟體有 Windows 和 Mac 兩種版本。

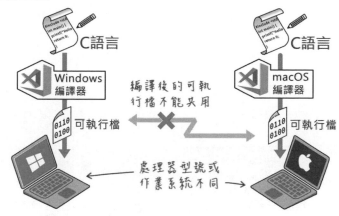

C語言

Windows
編譯器

可執行檔

編譯後的可執行檔不能共用

C語言

macOS
編譯器

可執行檔

處理器型號或作業系統不同

像 Python 這種直譯式語言，比較沒有這個問題，只要寫一次，就可以拿到不同作業系統和電腦上執行，前提是：這些電腦都**要事先安裝 Python 直譯器**。macOS 和 Linux 作業系統都有內建 Python 直譯器，Windows 系統使用者需要自行安裝。

電腦上普遍採用的 Python 直譯器是用 C 語言開發出來的，所以這類直譯器又稱為 CPython。

1-2 在個人電腦上安裝 Python 3.x 版本

目前廣泛使用的 Python 語言版本是第 2 和第 3 版，這兩個版本的語法不完全相容，有些電腦作業系統預設安裝的是 2.x 版，但是 Python 2.7 版在 2020 年除役，官方不會再維護 2.x 版，因此 Python 程式設計師都要採用第 3 版語法。

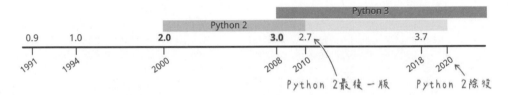

最新版本的 Python 可在 python.org 網站免費下載（www.python.org/downloads）。Windows 的使用者可依系統版本選擇安裝 x86（32 位元版）或 x86-64（64 位元版）；首頁的**下載**鈕下載的是 32 位元版，要下載 64 位元版本，請點選網頁底下的最新發行版本（你的電腦顯示的版本編號可能和此不同），進入**發行（release）** 頁面：

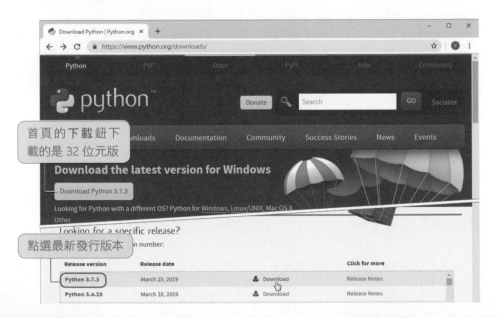

捲到**發行**頁面底下,可選擇下載適用於各個作業系統的版本:

Mac 用的 32 和 64 位元版

Windows 用的 64 位元安裝版

安裝 Windows 版 Python 3

下圖是 Windows 版的安裝畫面。請務必勾選底下的 **Add Python3.7 to PATH**(**將 Python 加入 PATH 變數**)選項,才能在任何路徑執行 Python 程式。

1 勾選這個選項　　**2** 按下**自訂安裝**

系統 PATH 環境變數説明

軟體程式必須從它所在的資料夾啟動。以**記事本**為例,它預設安裝在 C:\WINDOWS\system32 目錄,開啟**記事本**之前,我們原本必須先瀏覽到該路徑,再雙按該 notepad.exe 可執行檔,才能啟動它。

但這樣顯然太麻煩了,所以 Windows 設立了一個**附屬應用程式**的「捷徑」,方便我們從其他地方執行。

系統 PATH 環境變數的作用相當於「捷徑」,每當我們在命令行或終端機輸入應用程式的名稱,系統就會到 PATH 設定的路徑,找尋應用程式。

按下**自訂安裝**選項,看看程式將會安裝哪些東東。

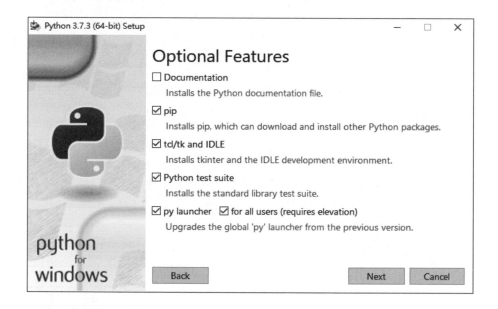

● pip:pip 是 Python 預設的套件安裝程式。「套件 (package)」是 Python 語言的擴充功能,例如,Python 原本不具備下載 YouTube 影片的功能,但透過 pip 安裝適當的套件它就有了相關的操控指令。

● IDLE:IDLE 是 Python 的「整合開發環境」,用來撰寫、編輯和執行 Python 程式。tcl/tk 則是 Python 語言的「視窗套件」,方便程式設計師開發具備圖形操作介面的應用程式，IDLE 本身是完全用 Python 和 tcl/tk 套件寫成的跨平台應用程式。

> Python 程式通常都是在終端機或命令提示字元視窗中執行，沒有圖形操作介面。

● **py launcher**（啟動器）：目前的主流 Python 程式分成 2.x 和 3.x 版，不同版本的執行環境也不一樣，假如電腦同時安裝了 Python 2.x 和 3.x 版，可以透過此「py 啟動器」決定用哪個版本的 Python 來執行程式。

按**下一步**（**next**）鈕進入**進階選項**畫面：

讓所有本機電腦的使用
者帳號都能執行 Python

將 Python 加入環境變數

請勾選 **Add Python to environment variables**（**將 Python 加入環境變數**），搭配前面的 PATH 變數設定，好讓程式在任何路徑都能啟動 Python。

安裝 Mac 版 Python 3

執行 Mac 版的 Python 3 安裝程式後，若想知道究竟有哪些東西被安裝到電腦，請在進行到**安裝類型**時，按下**自定**鈕：

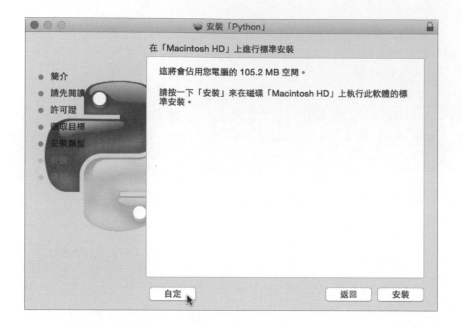

從**自定安裝**選項，可以看到預設會安裝 pip 工具：

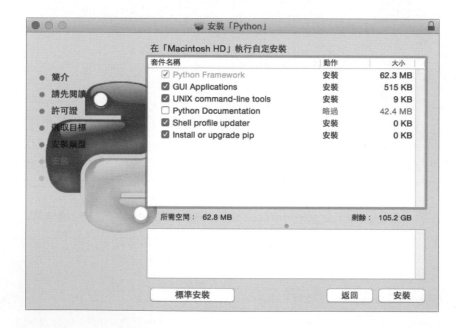

驗收 Python 3 安裝結果

Python 安裝完畢後，開啟**命令提示字元**，輸入 "python -V" 命令，它將回報安裝的 Python 版本，代表安裝成功。如果你沒用過**命令提示字元**，請先閱讀底下的「**認識文字命令操作介面**」單元。

可在任何路徑執行 ——→ C:\> python -V ←—— 大寫V
Python 3.7.3

如果你的電腦系統已預先安裝 Python 2.x 版，上面的命令將回報 2.x 版，請改用 py 命令，它預設將啟動 3.x 版：

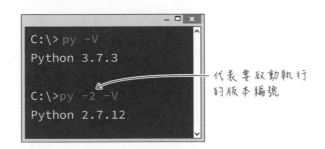

C:\> py -V
Python 3.7.3

C:\>py -2 -V ←—— 代表要啟動執行的版本編號
Python 2.7.12

若輸入 py -2 -V 時出現錯誤訊息 "Python 2 not found!"，代表系統沒有安裝 Python 2。不要緊，本書用不著 Python 2。

在 macOS 上，請輸入 "python3 -V" 命令：

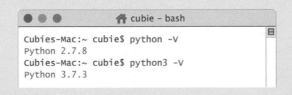

cubie - bash

```
Cubies-Mac:~ cubie$ python -V
Python 2.7.8
Cubies-Mac:~ cubie$ python3 -V
Python 3.7.3
```

1-3 認識文字命令操作介面：命令提示字元、終端機和 PowerShell

Python 程式和其他許多程式語言一樣，仰賴文字命令操作。macOS 和 Windows 使用圖示和視窗操作電腦的介面，稱為**圖形使用者介面**（graphical user interface，簡稱 **GUI**）；透過終端機和早期 MS-DOS，純粹用文字命令操作電腦的介面，稱為**命令行介面**（command-line interface，簡稱 **CLI**）。

既然有直覺的圖像操作介面，為何還要用老掉牙的文字命令來操作電腦？因為有些操作用文字命令比較迅速方便，而且 CLI 介面也支援透過程式執行自動化或批次處理作業（也就是一次執行多項作業）。

作為伺服器的電腦主機，例如，提供網站服務的電腦，為了避免浪費處理器資源和記憶體，並沒有安裝圖形操作介面，也沒有連接顯示器，工作人員大都從遠端的電腦連入伺服器，用文字命令操作，所以文字命令並沒有因視窗操作介面的出現而消失。

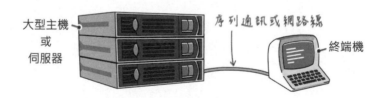

macOS 和 Linux 系統內建的 CLI 叫做**終端機**（**Terminal**），Windows 10 系統甚至包含兩種 CLI 介面：**命令提示字元**，還有 2006 年才問世的 **PowerShell**。本書中經常交替使用**命令提示字元**和**終端機**一詞，它們都是代表 CLI 介面。下圖是 macOS 系統內建的終端機視窗介面：

```
● ● ●              🏠 cubie - bash - 80x24
PowerMac:~ cubie$ python3
Python 3.7.2 (v3.7.2:9a3ffc0492, Dec 24 2018, 02:44:43)
[Clang 6.0 (clang-600.0.57)] on darwin
Type "help", "copyright", "credits" or "license" for more informatio
>>>
```

CLI 最大的缺點也許是指令全是英文，但是用文字命令操作電腦會讓你看起來很酷、非常專業！很多科幻電影當中出現的電腦，都會出現一堆文字命令和程式碼的捲動畫面，電影裡面的專家也經常劈哩啪啦地敲擊鍵盤，而不是用滑鼠操作。假設你要瀏覽網頁，可以這麼做：雙按瀏覽器的圖示，然後在瀏覽器中輸入網址...三歲小孩也會。比較酷的操作方式：

● **Windows 使用者**：按一下鍵盤上的 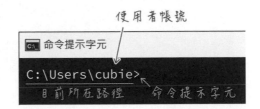 鍵，輸入 explorer "https://swf.com.tw"。

● **Mac 使用者**：在**終端機**裡面輸入 open "https://swf.com.tw"。

> macOS 的終端機位於『**應用程式/工具程式**』路徑，或者按下 ⌘ + space ，輸入 terminal。

按下 Enter 鍵，系統就會啟動預設瀏覽器開啟網頁。

CLI 基本操作

在 Windows 系統上，按一下 鍵，再輸入 cmd，即可開啟**命令提示字元**。

命令提示字元預設會開啟使用者的「家目錄」，若輸入 **dir 命令** (代表 directory，目錄)，可列舉目錄內容。路徑中資料夾**用 '\' 分隔**，最後的 **'>' 是命令提示符號**，代表後面可以接收使用者的輸入。

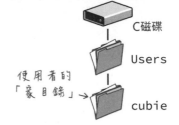

> 若要開啟 PowerShell，請按一下 鍵，輸入 powershell。**PowerShell** 的功能比**命令提示字元**強大，除了指令相容於命令提示字元，還允許使用者自創指令、可透過微軟發明的 C# 語言執行自動化作業，也支援 SSH (讓你透過文字命令連線操作 Linux 系統和網站伺服器的工具程式，內建於 2018 年 4 月版的 Windows 10)。練習本書的內容時，讀者可自由選用 PowerShell 或命令提示字元。

在 macOS 系統上，雙按『**應用程式/工具程式**』裡的**終端機**，即可開啟如下的文字命令介面，若要列舉目錄內容，請輸入 **ls 命令**（代表 list，列舉）。

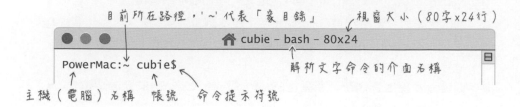

在 **Windows 系統中，文字命令不分大小寫，但 macOS 和 Linux 系統則是大小寫有別**。底下列舉 3 個實用的 CLI 命令：

● ping：確認指定網址是否能連上，以及連結花費的時間。在 Windows 系統，這個指令會執行 4 次後自動結束：

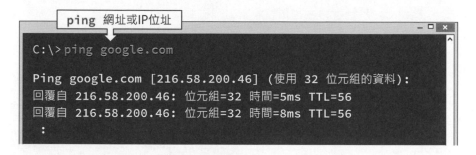

在 macOS 或 Linux 系統，這個指令預設將不停地執行，請在指令後面加上 '-c 4'，代表執行 4 次。

對於在 CLI 中不停執行的指令，可按下 Ctrl 和 C 鍵，中斷程式。

● ipconfig：查看電腦網路卡的設定值；macOS 系統的類似指令是 **ifconfig**。

● **systeminfo**：在 Windows 系統上，顯示電腦型號、作業系統版本和序號、BIOS 版本、記憶體大小...等系統資訊。macOS 系統的類似指令是 **system_ profiler**。

在 CLI 中切換檔案路徑

在 CLI 介面中執行 Python 檔案時，要明確指出 Python 程式檔的路徑，假設 Python 程式檔位於 D 磁碟的 "python" 資料夾，資料夾的路徑要用**反斜線**（**'\\'**）分隔（在 CLI 視窗中，路徑用斜線 "/" 分隔也行）：

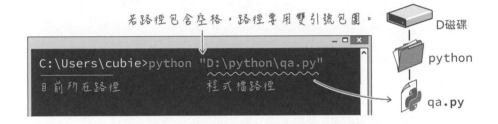

或者，先在 CLI 介面切換到 D 磁碟的 python 資料夾，再執行程式檔：

切換路徑的指令是 "cd"（代表 "change directory"，切換目錄），若要切換到不同**磁碟路徑**，例如，從 C 磁碟切換到 D 磁碟的 python 路徑，請在 cd 後面加上/ d 參數：

macOS 的路徑分隔線是斜線 ('/') ），底下的敘述代表執行桌面上的 hello.py 程式檔，**波浪符號 '~' 代表使用者的家目錄**。

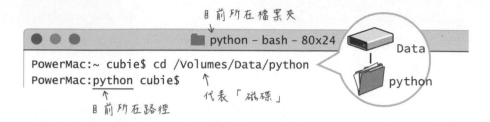

```
PowerMac:~ cubie$ python "/Users/cubie/Desktop/hello.py"
```

切換到不同磁碟路徑時，要在磁碟路徑前面加上 "/Volumes/"，例如，切換到名叫 "Data" 磁碟的 "python" 檔案夾：

除了手動輸入路徑，也可以用滑鼠把資料夾或檔案圖示拖入 CLI 介面，系統會自動填入路徑：

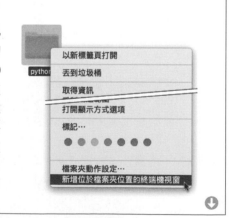

⚡ 從目前的資料夾開啟 CLI

在 macOS 中，在檔案夾上按滑鼠右鍵，選擇**新增位於檔案夾位置的終端機視窗**指令；在 Windows 10 系統中，按住 Shift 鍵並在資料夾上按滑鼠右鍵，選擇**在這裡開啟 PowerShell 視窗**指令，即可開啟終端機或 PowerShell 並切換到資料夾路徑。

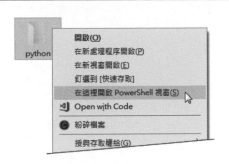

如果 Mac 的右鍵選單沒有出現終端機視窗指令，請開啟『**系統偏好設定/鍵盤/快速鍵**』，勾選下圖中的選項：

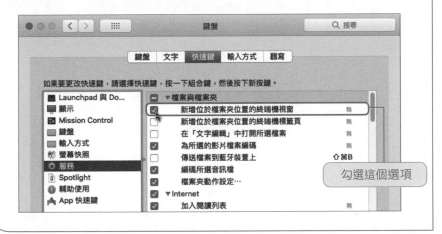

1-4 開始用 Python 解決問題

初學程式所學到的第一個程式碼，多半是在螢幕上顯示 "Hello World!" (你好！)......本書也不例外，但首先要啟動 Python。

啟動 Python 互動式直譯器

Python 提供兩種執行程式的方式：

● 把程式碼用文字編輯器寫成一個檔案，再交給 Python 執行。

● 直接在終端機輸入程式，程式碼在執行之後，不會被保存下來，適合練習和測試程式語法。

在**終端機**輸入 "python"，這將啟動 Python 的互動式直譯器 (也稱為 REPL 模式)，讓我們直接輸入並執行 Python 程式。

可在任何路徑啟動Python　　　啟動訊息第一行包含Python的版本和系統資訊

```
C:\> python
Python 3.7.1 (v3.7.1:260ec2c36a, Oct 20 2018, 14:57:15) [MSC v.191
Type "help", "copyright", "credits" or "license" for more informat
>>>
```

提示字元

在 '>>>' 提示字元之後輸入的內容，都會交給 Python 處理；若要退出 Python，請輸入 "exit()" (代表「離開」) 或者按下 Ctrl + Z ，再按下 Enter 鍵 (macOS 和 Linux 系統不需要再按 Enter 鍵)：

```
C:\> python
Python 3.7.1 (v3.7.1:260ec2c36a, Oct 20 2018, 14:57:15) [MSC v.191
Type "help", "copyright", "credits" or "license" for more informat
>>> exit()          ← 退出Python
C:\>
```

如果啟動訊息中的 Python 版本是 2.x 版，請先退出 Python，再輸入 Python3 或者 py 或 "py -3"。

Hello World～你好！

就像學習外語要背一堆單字和文法規則，程式語言也有單字和語法規則，只是程式語言的核心單字只有幾十個；程式的語法規則也很簡單，既沒有單複數動詞變化，更沒有時式。

在練習編寫程式的過程中，若遇到不熟悉的單字，請把它背下（甚至透過 Google 翻譯之類的服務查詢發音），日後閱讀程式碼會變得輕鬆自然。

我們要學的第一個指令是 print，直譯是「列印」，此處代表「在終端機輸出訊息」。在語法方面，Python 2 和 Python 3 的 print 語句的寫法不太一樣，但程式裡的**文字資料都要用雙引號或單引號包圍**：

在 Python 互動直譯器中輸入上面的敘述，再按下 Enter 鍵，即可看到輸出結果：

```
Python 3
>>> print("你好！")
你好！        ← print的執行結果
>>>           ← 可繼續在此輸入Python程式
```

如果在 Python 3 環境中輸入第 2 版的語法，將會出現錯誤（錯誤訊息裡的 <stdin> 指的是 standard input，代表「標準輸入」或「終端機」介面），因為缺少了必要的小括號：

```
Python 3
>>> print "你好！"
  File "<stdin>", line 1      ← 代表輸入的第1行
    print "你好！"
                ^
SyntaxError: Missing parentheses in call to 'print'. Did you mean
```
↑ 代表「語法錯誤」
← 呼叫print指令時缺少小括號

⚡▶ 一萬小時的練習

作家麥爾坎·葛拉威爾 (Malcolm Gladwell) 在**異數**書中提到,「人們眼中的天才之所以卓越非凡,並非天資超人一等,而是付出了持續不斷的努力。一萬小時的錘煉是任何人從平凡變成超凡的必要條件」。要成為某個領域的專家,需要至少一萬小時的練習。

學習程式沒有捷徑,尤其在日新月異、瞬息萬變的資訊科技領域,除了不斷練習,更要吸收新知。就像文章寫作一樣,剛開始可能會覺得自己的遣詞用字有點拙劣、思維不夠清晰細膩、邏輯條理不明,甚至文不對題。但只要多多觀摩,動手之前先整理思緒、擬定好草稿,再勤加練習與嘗試,將能逐漸建立程式設計的技能。

Python 計算機

「電腦」的英文 computer 中的 "compute" 代表「計算」,可見得電腦很擅長數字運算。指揮電腦執行某事的一行或數行程式碼,叫做**敘述** (statement);運算符號叫做**運算子** (operator)、運算資料稱為**值**或者**運算元** (operand)。

```
print("你好!")
```

運算子　　運算元
　↓　　　　　↓
```
123 x (9 + 4)
```

Python 提供的基本算術運算指令如表 1-1:

表 1-1

運算子	說明
+	加
-	減
*	乘
/	除
%	模除
**	指數
//	整除

模除（modulo）代表傳回除式的餘數，或者「**幾個一數**」，例如底下的**模除 3**，代表 **3 個一數**，依被除數而定，餘數將是 0, 1 或 2。

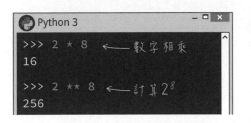

Python 程式的**數字**（number）資料，分成**整數**（integer，簡稱 int）和帶小數點的**浮點數**（float），以及較不常用的**複數**（complex）。除法運算的結果都會產生浮點數，**連續兩個除號代表整除；連續兩個乘號**則代表**指數**運算。

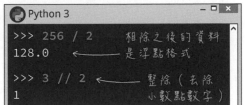

附帶一提，浮點數字可以用科學記號 E 或 e 表示，例如：

$$1.8e3 \;=\; 1800.0 \quad \longleftarrow 1.8 \times 10^3$$
$$2.4E\text{-}4 \;=\; 0.00024 \quad \longleftarrow 2.4 \times 10^{-4}$$
不分大小寫

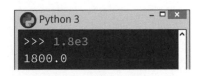

此外，國際通用的數字寫法包含千分位符號（,），例如：1,000 和 9,876,543。Python 也支援類似的寫法，但不是用逗號而是底線（_），而且也不限於千分位，也就是 Python 會忽略數字中的底線。

```
>>> 1_000
1000
```

```
>>> 1_987_6543
19876543
```

電腦會把我們輸入的 10 進制數字轉成 2 進制再執行運算，而 10 進制數字 0.1 換算成 2 進制，會產生無限循環的數字，就好像 10 進制的 1/3。電腦的數字儲存空間是有限的，所以無限循環數字會產生誤差。底下的計算式會產生出乎意料的結果：

```
>>> 0.2 + 0.1
0.30000000000000004
```

```
>>> 3 * 0.1
0.30000000000000004
```

解決的簡單方法是限制浮點數字的精確度，像底下透過 round（代表「四捨五入」）將精確度縮限在小數點後 12 位：

```
>>> round(0.2+0.1, 12)
0.3
```

1-5 安裝程式整合開發環境（IDE）

上文都是使用終端機測試程式，但隨著程式的複雜度提昇，或者希望能重複執行程式碼，我們需要一個編寫程式的工具（程式編輯器）並且把寫好的程式碼儲存在檔案中。

你可以用任何文字編輯器編寫 Python 程式，就連「記事本」也行，但專用的程式編輯器具有語法提示、程式糾錯、自動編排格式…等方便的功能，像這種集程式開發所需工具於一身的軟體，稱為**整合開發環境**（Integrated Development Environment，簡稱 IDE）。

底下是幾款常見的程式開發工具：

● **IDLE**：Python 內建的程式編輯器，功能和操作介面稍嫌陽春了一些。

● **Mu**：採用 Python 編寫而成的開放原始碼編輯器，適合 Python 程式初學者。

> 開放原始碼就是把軟體的原始程式碼全部公開，如果用烹飪來比喻寫程式，就
> 等同公開食譜和料理手法，讓其他人得以學習並改良這一道菜的作法。

● **PyCharm**：深受許多專業程式設計師愛用的 Python 整合開發環境，有免費的 PyCharm Edu（教育版）。

● **Visual Studio Code**：微軟推出的免費、開放原始碼的程式編輯器，使用者眾多，以下簡稱 VS Code。

讀者可自由選用偏愛的程式編輯器，本書採用的是 VS Code。VS Code 是個通用型程式編輯器，並不限於開發 Python 程式，很多程式設計師都會用不同語言來寫程式，例如，開發網路工具程式用 Python，製作互動網頁的時候用 JavaScript，所以像 VS Code 這種能夠支援多種語言和外掛套件的開發工具就很受歡迎。

下載與安裝 Visual Studio Code

VS Code 有 Windows, Mac 和 Linux 版，官網（code.visualstudio.com）會自動判斷使用者的電腦系統，下圖顯示的是 Mac 版，按一下旁邊的三角形可選擇下載其他系統版本，以及**穩定版（Stable）**和**新功能嘗鮮版（Insiders）**，建議安裝穩定版。

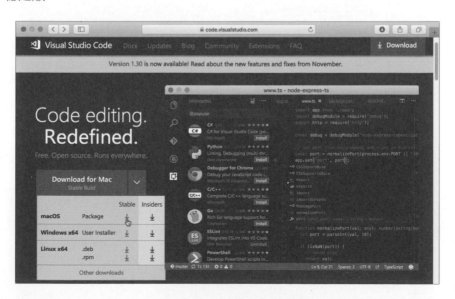

Mac 使用者下載之後，系統會自動解壓縮，不用安裝，只要將 VS Code 程式拖放到**應用程式**或其他資料夾即可使用。

Windows 使用者請雙按下載的安裝程式進行安裝，通常使用預設值按**下一步**安裝到底，底下的安裝畫面的**其他**設定，建議全部勾選，最後一個**加入 PATH 中**選項一定要勾選。

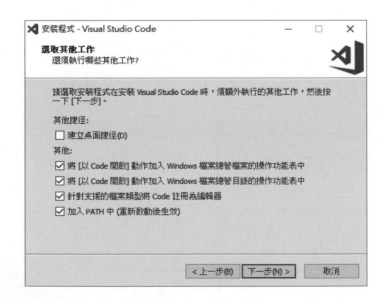

安裝繁體中文語言套件

VS Code 的介面預設是英文，請按一下左邊的**擴充功能**，搜尋 chinese，下載中文（繁體）語言套件：

2 輸入 chinese

1 按一下**擴充功能**　　　　　　**3** 按一下 Install（安裝）

VS Code 將提示需要重新啟動，請按下 **Restart Now（立即重新啟動）**。

安裝 Python 擴充元件

VS Code 的 Python 語言編輯環境需要額外安裝。請在擴充功能中搜尋 python，下載由微軟提供的 Python 語言擴充元件：

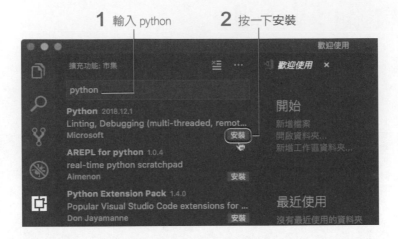

安裝之後，需要按一下**重新載入**鈕，擴充元件才能使用。到此，Python 程式編輯器就準備好了！

在 Python 擴充元件的說明中，有 "Linting" 和 "Debugging" 兩個術語，"Lint" 代表分析語法，標示程式敘述中可能出錯的部份。"Debug" 則是「偵錯」或「除錯」，代表修正程式中的錯誤。

建立工作（專案）目錄

VS Code 最左邊的「活動列」可以開、關檔案總管、擴充功能、設定…等面板，右邊是編寫程式的工作區，它可以同時開啟多個程式檔。

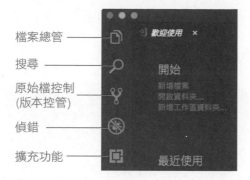

檔案總管

搜尋

原始檔控制
(版本控管)

偵錯

擴充功能

我們可以把自己編寫的 Python 程式檔放在電腦的任何路徑，但是為了方便管理，最好把所有相關的程式檔和其他資源（如：圖檔、文字資料檔）都歸納在同一個目錄。所以在開始編寫程式之前，請先在電腦上建立一個「工作目錄」，也就是預備用來存放 Python 程式碼的資料夾。

筆者在 D 磁碟的根路徑新增一個名叫 "python" 的資料夾：

接著在 VS Code 的檔案總管中，按一下**開啟資料夾**或把「工作目錄（"python"）」拖放到檔案總管面板，日後將能直接從此面板存取程式檔。

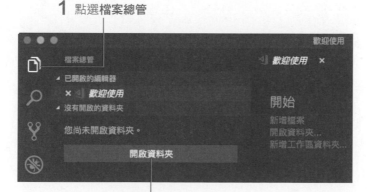

1 點選**檔案總管**

2 按一下**開啟資料夾**，或者
把「工作目錄」拖放到此

我們可以直接在 VS Code 的**檔案總管**新增、刪除檔案：

新增資料夾

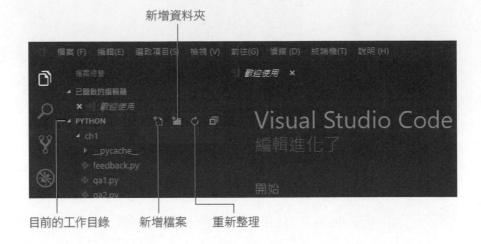

目前的工作目錄　　　新增檔案　　重新整理

> 在**命令提示字元**裡面輸入 **code**，也可以在目前所在路徑開啟 VS Code。

本章重點回顧

● 電腦必須要安裝 Python 直譯器，才能執行 Python 程式碼。

● Python 語言有版本的分別，各個版本的語法、指令不盡相容，目前的主流
   是第 3 版。

● 除了 python.org 官方的 Python 直譯器，還有其他不同公司團體發行的直
   譯器，例如 Anaconda, IPython, IronPython… 等，本書採用官方的 Python 直
   譯器，它們的指令語法都一樣，只是操作介面和安裝的程式模組（外掛）不
   太一樣。

● Python 程式大多是在**命令提示字元**或**終端機（Terminal）**的 **CLI 介面**中執
   行。

● 編輯與測試執行程式語言的工具軟體，叫做 **IDE（整合開發環境）**。

2

00010

變數與條件判斷程式

本 章 大 綱

▶ 認識變數與資料類型

▶ Python 程式寫作風格（PEP 8）

▶ 操作字串

▶ 替程式加上註解

▶ 編寫條件式

▶ 格式化字串（動態字串）

2-1 規劃與製作問答題測驗程式

本章的目標是要建立一個如下功能的問答題測驗程式,一個方塊代表程式的
執行狀態:

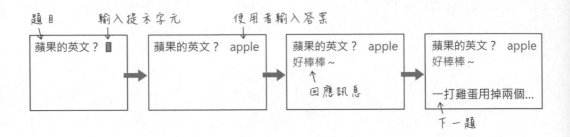

動手寫程式之前,我們要先規劃程式執行過程的各個環節,像上圖的顯示文
字和輸出結果。此 Python 程式最終目標,是在終端機陸續出現幾道問答題,
每次使用者鍵入答案,按下 Enter 鍵,程式將判斷對錯並回應訊息,如:「好棒
棒!」或者「再接再厲~」,然後進行下一題,直到全部題目作答完畢,顯示總成
績。答對一題加 10 分,答錯不計分。

後續章節將透過這個練習來認識 Python 程式語言的基礎語法。

剛開始接觸程式專案時,我們可以簡化任務,先解決一小部份問題。以這個問
答題程式來說,我們先解決「如何顯示一道題目」、「如何取得用戶的輸入文
字」還有「如何判斷答案對錯」...等等,最後再完成處理多道題目的程式。

讀取並用「變數」暫存終端機的輸入值

在終端機顯示文字(題目),就是用 print() 指令。讀取用戶輸入在終端機的內
容,則是透過 **input() 指令**(代表「輸入」)。本單元要解決的問題:接收並顯示
使用者的輸入文字。編寫程式之前,先在紙上規劃本單元的程式執行流程:

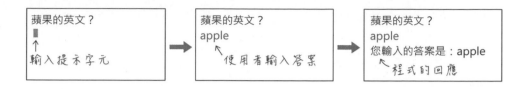

左下圖是「捕捉使用者輸入資料並存入名叫 "ans" 的記憶體空間」的敘述。**暫存資料的記憶體空間，通稱「變數」**，每個變數都要給定一個識別名稱，通常用小寫字母開頭。因為這個程式取得的輸入代表「使用者輸入的解答」，所以筆者將此變數命名成 ans，符合這一行敘述的意義。

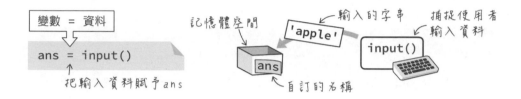

單一等號 ("=") 代表**把右邊的內容設定給左邊，如果等號左邊是從未出現過的名字，程式直譯器就知道我們要建立變數**。因此 "ans = input()" 也可以唸作「把變數 ans 設定成輸入值」。

使用 VS Code 編寫 Python 程式檔

從這一節開始，我們將把程式碼寫成檔案保存下來，**Python 程式檔的副檔名是 .py**。請開啟 VS Code 編輯器，按下 Ctrl + N 鍵（Mac 使用者請將 Ctrl 替換成 ⌘ ，亦即，按下 ⌘ + N 鍵）**開啟新檔**，在程式編輯器中輸入底下的程式碼：

代表「未命名」文件

```
≡ Untitled-1  ✕                                    ⊞  •••

1    print('蘋果的英文？')
2    ans = input()                用戶輸入文字，並按下 Enter 鍵確
3    print('您輸入的答案是：' + ans)    認，程式才會繼續執行下一行。
```

代表「連接」字串

按下 Ctrl + S 鍵（Mac 用戶請按 ⌘ + S 鍵），將此程式命名成 qa1.py 存檔。存檔之後，VS Code 將從 ".py" 副檔名認出它是個 Python 程式檔，檔名標籤左邊將出現 Python 圖示：

編輯器視窗底下的狀態列也將顯示 Python 執行環境版本和語言模式：

確認並修改 Python 程式執行環境

通常，我們需要在 CLI 介面中執行 Python 程式，但 VS Code 已經整合了終端機，可直接執行 Python 程式。

執行 Python 程式之前，請先確認程式執行環境是 3.x 版，如果是 2.x 版，請依下列步驟將它改成 3.x 版：

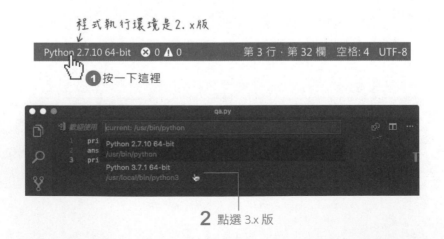

選擇 3.x 版之後，若出現底下的訊息方塊，代表 VS Code 需要安裝 3.x 版的語法檢驗工具，請按下 **Install**（**安裝**）：

點擊**安裝**

安裝 Linter 程式（pylint）時，VS Code 將開啟終端機並執行安裝指令，請等待它執行完畢（亦即，出現命令提示字元）。

安裝完畢後，即可按此鈕關閉終端機

安裝 Linter 程式的過程中，若出現底下的訊息，要求安裝程式編譯工具，請按下**安裝**：

在 VS Code 的終端機執行 Python 程式

在 VS Code 程式編輯器中，按滑鼠右鍵，選擇**在終端機中執行 Python 檔案**指令（如果沒有出現這個指令，請確認此 Python 程式檔有儲存在「工作目錄」中）。

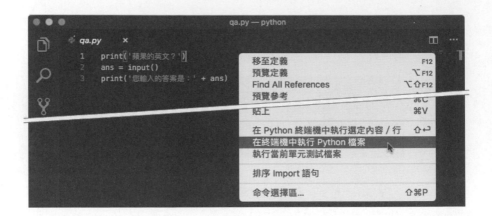

VS Code 將開啟終端機，並啟動 Python 執行程式檔。在終端機裡面輸入資料之前，**請先用滑鼠點擊一下終端機內部**，否則輸入的內容會出現在程式編輯器而非終端機：

先點擊一下終端機，再輸入文字。

輸入提示字元

輸入答案後，按下 Enter 鍵，程式將顯示剛才的輸入值然後結束。

```
PS C:\Users\cubie> & "D:/Program Files/Python3/python.exe" d:/Python
蘋果的英文？
apple          ← 輸入答案
您輸入的答案是：apple
PS C:\Users\cubie>
```

按下 `Ctrl` + `、`（反引號，
位於 `Tab` 鍵上方），也能
開啟或關閉**終端機**面板。

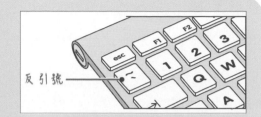

反引號

用不到終端機時，可按下該面板右上角的 ⊠ 關閉它。關閉面板之後，終端
機程式仍在背地裡運行，就像我們開啟**命令提示字元**，然後**最小化**它的視
窗一樣。

新增終端機　　關閉面板

| 問題　　輸出　　偵錯主控台　　終端機　　1: Python ▼ ＋ ⊡ 🗑 ∧ ✕ |

PS C:\Users\cubie>

切換終端機　　　終止終端機

若要真正關閉終端機，請按下**終止終端機**；按下**新增終端機**可開啟新的終
端機，然後從下拉式選單切換終端機畫面。

讓文字插入點出現在輸出文字的後面

print 敘述預設會在輸出文字結尾加上斷行，所以 input() 的文字插入點才會出
現在下一行。

填寫在 print() 指令小括號裡的內容，叫做 "參數值"，許多指令都能接受許多的
參數值，各參數中間用逗號隔開；有些參數能用名稱指定。例如，print() 有個指
定結尾字元的 "end" 參數，設定數個空白給 end 參數，輸出文字後面就會連接
幾個空白：

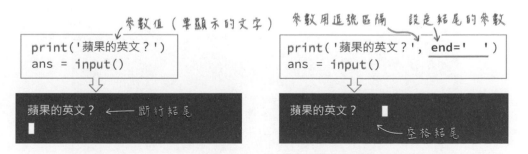

參數值（要顯示的文字）　　參數用逗號區隔　設定結尾的參數

```
print('蘋果的英文？')
ans = input()
```

```
print('蘋果的英文？', end='  ')
ans = input()
```

蘋果的英文？ ←── 斷行結尾

蘋果的英文？ ▮
↖ 空格結尾

變數命名

設定變數名稱時，必須遵守底下兩項規定：

● 變數名稱只能包含字母、數字和底線（_）。

● 不能用數字開頭。

除了上述的規定之外，還有幾個注意事項：

● 變數的名稱**大小寫有別**，因此 diy 和 DIY 是兩個不同的變數！

● 變數名稱應使用有意義的文字，如 score（成績）和 ans（解答），讓程式碼更容易理解。

● 避免用特殊意義的名稱來命名。例如，import 是「匯入程式庫」的指令，為了避免混淆，請不要將變數命名成 import。實際上，把變數命名成 import，會出現**語法錯誤（SyntaxError）**：

```
Python 3
>>> import = "翻桌 (ノ'ロ')ノ彡┻━┻!"
  File "<stdin>", line 1
    import = "翻桌 (ノ'ロ')ノ彡┻━┻!"
           ^
SyntaxError: invalid syntax
>>>        ← 代表「語法錯誤」的訊息
```

像 "import" 這種有特殊意義的名字，在程式語言中稱為**關鍵字（keyword）**。完整的 Python 3 語言關鍵字表列，可在 Python 直譯器裡輸入底下兩行敘述取得：

```
Python 3                                              _ □ x
>>> import keyword
>>> print(keyword.kwlist)  ←  在終端機顯示全部關鍵字
['False', 'None', 'True', 'and', 'as', 'assert', 'break',
'class', 'continue', 'def', 'del', 'elif', 'else', 'except',
'finally', 'for', 'from', 'global', 'if', 'import', 'in',
'is', 'lambda', 'nonlocal', 'not', 'or', 'pass', 'raise',
'return', 'try', 'while', 'with', 'yield']
>>>
```

我們還能透過 iskeyword() 指令確認某個名稱是否為關鍵字，若傳回 False，就代表不是。

測試對象用單引號或雙引號包圍

```
Python 3                                                    _ □
>>> print(keyword.iskeyword('for'))   ←—— 查看for是不是關鍵字
True
>>> print(keyword.iskeyword('num'))   ←—— 查看num是不是關鍵字
False
```

Python 內建的指令名稱也不建議拿來當作變數名稱，例如，設定一個名叫 print 的變數，並不會出錯，但事後若嘗試執行 print() 指令來顯示文字，就會出錯，因為 Python 將取用自訂變數而非原本的 print()。

```
>>> print = '好問題比答案更重要'   ←——— 存入名叫'print'的變數
>>> print('好棒棒！')
Traceback (most recent call last):
  File "<stdin>", line 1, in <module>
TypeError: 'str' object is not callable
>>>   ←—— 代表「類型錯誤」         ←「字串」物件不能被呼叫
```

> 相信你注意到了某些指令後面跟著小括號，像 print() 和 iskeyword()，這種帶小括號的指令叫做「函式」，第 3 章有詳細的介紹。Python 3 共有 69 個內建函式，提供了處理文字、檔案、網路通訊…等常用的功能，用照相軟體來比喻，就是把常用的拍攝場合（人像、風景、美食…）所需要的濾鏡都附在軟體裡面，不用額外安裝即可使用，因而稱為『內建』。完整的名稱列表請參閱官方文件的 "Built-in Functions" 單元（docs.python.org/3/library/functions.html）。

Python 程式寫作風格（PEP8）與輔助工具

Python 之父 Guido van Rossum（吉多‧范羅蘇姆）將自己的程式編寫習慣，紀錄成 Python 風格建議，後來逐漸演變成整個 Python 社群共通的編寫風格，稱為 **PEP 8 風格指南**（PEP 代表 "Python Enhancement Proposals"）。

變數命名的格式，是最典型的程式寫作風格代表。有時候，一個單字無法正確描述變數的意義，若要用多個單字替變數命名，例如，命名代表「解答列表（answer list）」的變數時，有些程式設計師會把兩個字連起來，第二個字的首字母大寫，像這樣：ansList。這種寫法稱為「駝峰式」記法。**Python 的「PEP 8 風格指南」則建議在兩個字中間加底線：ans_list**。

程式設計師花費在閱讀程式碼的時間與次數，遠超過編寫程式碼的頻率。你也許不會再去改寫之前完成的程式碼，但是日後維護升級、除錯，你肯定會再次閱讀它，而且一個軟體開發專案往往是由許多人共同完成，即便是小小的專案作品，也可能運用了其他人開發的程式庫。

也因此，維持一致的程式寫作風格，對所有人都有幫助。程式寫作風格包含變數命名的格式、縮排空格的數量、每一行的最大字數...等等。在網路上搜尋關鍵字 "python pep8" 即可查閱到完整的風格指南。

VS Code 編輯器也有協助讓程式碼依 PEP8 格式排列的外掛，在「擴充功能」中搜尋關鍵字 autopep8，即可找到它。

日後編輯 Python 程式碼時，按 Shift + Alt + F （Mac 使用者請按 shift + option + F）即可自動格式化程式碼；若 VS Code 出現如下圖詢問是否安裝 autopep8 的訊息，請按下 **Yes**：

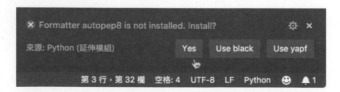

2-2 改變程式流程的 if 條件式

我們的問答題測驗程式已經可以顯示問題，並接收使用者的答案，是時候替它加上判斷答案對錯的機制了：如果答對，則顯示「好棒棒！」，否則顯示「再接再厲～」。程式中，**依照某個狀況來決定執行哪些動作，或者重複執行哪些動作的敘述，稱為「控制結構」。**

基本的控制結構語法是 **if 條件式**，它具有「如果...則...」的意思，語法如下 (else 和 elif 都是選擇性的)：

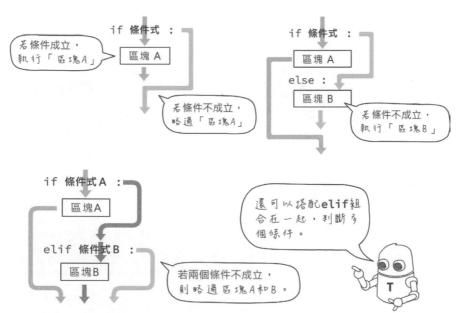

判斷用戶是否輸入 'apple' 的完整程式碼如下：

```python
print('蘋果的英文？', end='   ')
ans = input()

if ans == 'apple':
    print('好棒棒！')
else:
    print('再接再厲～')
```

兩個連續等號代表「相等」

程式用縮排來標示「區塊」→

唯有條件成立，才會執行這個區塊的程式。

縮排 →

如果條件成立，這個區塊的程式將不會被執行。

在 Python 語言中，隸屬**同一區塊的每一行敘述前面都要加上相同數量的空白**，通常是 **4 個空白字元**，或者 **1 個 Tab（退位）字元**。

執行結果如右：

```
蘋果的英文？ banana        ← 輸入答案
再接再厲～
```

Python 透過**縮排**來表示區塊範圍，是表達程式語意相當重要的一環。Python 沒有嚴格規定縮排的空格數量，但是你自己要維持一致的風格，**PEP 8 語法規範建議使用 4 個空格。**

以上面的 if 條件式為例，如果區塊沒有縮排，或者同一區塊內的縮排空格數不一致，Python 直譯器將無法判斷程式區塊的範圍，因而導致 "IndentationError:unexpected indent"（縮排錯誤；未預期的縮排）。

1 這裡指出程式有錯，按一下它...

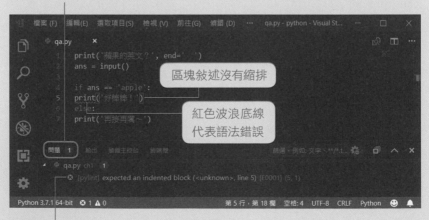

2 「問題」面板指出錯誤的原因以及行數

在 VS Code 編輯器中**按一下** Tab 鍵，它預設會插入 **4 個空格**，而非 1 個 Tab（退位）字元，所以我們可放心地按一下 Tab 來縮排。

比較運算子

if 條件判斷式裡面，經常會用到**比較運算子**以是否相等、大於、小於或其它狀況作為測試的條件。比較之後的結果會傳回一個 **True**（代表**條件成立**）或 **False**（代表**條件不成立**）值，True 和 False 這兩個值統稱**布林值**。常見的比較運算子和說明請參閱表 2-1：

表 2-1：比較運算子

比較運算子	說明
==	如果兩者**相等**則成立，請注意，這要寫成**兩個連續等號**，中間不能有空格
!=	如果**不相等**則成立
<	如果左邊小於右邊則成立
>	如果左邊大於右邊則成立
<=	如果左邊小於或等於右邊則成立
>=	如果左邊大於或等於右邊則成立

條件式當中的且、或和反相測試

使用 if 條件式測試兩個以上的條件是否成立時，可以搭配邏輯運算子的**且（AND）**、**或（OR）**和**反相（NOT）**使用。它們的語法和範例如表 2-2 所示。

表 2-2：邏輯運算子

名稱	運算子	運算式	說明
且（AND）	and	A and B	只有 A 和 B 兩個值**都成立**時，整個條件才算成立；若 A 的值是 False，則 B 就不會被評估
或（OR）	or	A or B	只要 A 或 B **任何一方成立**，整個條件就算成立：若 A 的值是 True，則 B 就不會被評估
反相（NOT）	not	not A	把成立的變為不成立；不成立的變為成立

以問答題程式為例，假設題目有兩個正解，可以用 **or（或）運算子**串連條件運
算式：

```
print('比爾蓋茲創立了哪一家軟體公司？', end='  ')
ans = input()

                          答案是「微軟」或'Microsoft'

if ans == '微軟' or ans == 'Microsoft':
    print('好棒棒！')
else:
    print('再接再厲~')
```

單行 if...else 條件式（三元運算子）

如果條件式不需要使用 else 子句，你可以把 if 條件式簡化成一行，只是這樣
寫可能會降低程式的可讀性，所以 PEP 8 風格不建議：

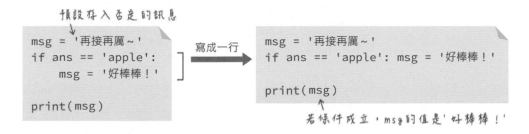

如果真的想把 if 敘述寫成一行，可用稱為**三元運算子（ternary operator）**的
條件判斷敘述，語法格式和範例如下：

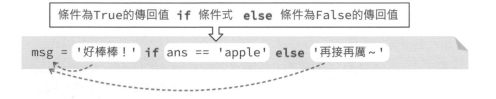

底下是結合三元運算子和 print 的敘述，若 ans 為 'apple'，則輸出 "好棒棒！"：

```
print('好棒棒！' if ans == 'apple' else '再接再厲~')
```

替程式加上註解

註解是寫在程式碼裡面的說明文字，方便人們日後回頭檢閱程式時，能夠快速理解程式碼的用途。Python 的單行註解用井號 (#) 開頭，多行註解則要用 3 個連續單引號或引號包圍；用 3 個引號包圍起來的文字叫做 docstring（以下稱為「註解文字」）

多行註解用3個單引號或雙引號包圍

```
'''
Python物聯網控制板的程式     ← 寫給人看的說明，Python
開關元件接在GPIO 0腳           直譯器會自動忽視。
'''

from machine import Pin

# 把第0腳（D3）設為「輸入」
sw = Pin(0, Pin.IN)
```

單行註解用#號開頭

註解也可以加在敘述的後面：

```
ans = input()      # 讀取鍵盤輸入值
```

編寫程式的過程中，我們有時會因為有了新的想法而打算改寫程式，但是要保留之前的程式碼，只是不執行它。此時，我們可以替舊程式敘述加上註解：

```
# msg = '再接再厲~'
# if ans == 'apple':        保留這三行敘述，但不執行。
#     msg = '好棒棒！'

msg = '好棒棒' if ans == 'apple' else '再接再厲~'
```

在 VS Code 編輯器中，於文字插入點或選取文字的位置按下 `Ctrl` + `/`，將能替該行或數行設定或解除註解。

2-3 處理字串資料

電腦把文字訊息分成**字元**（character）和**字串**（string）兩種類型。一個字元指的是一個文字、數字或符號；字串則是一連串字元組成的資料。字元或字串資料前後要用單引號或雙引號包圍：

如果字串超過一行，或者文字數量比較多，可以用**加號**串接多個字串。

```
>>> "沒有作品" + "只好作秀"
'沒有作品只好作秀'
```

一個指令敘述必須寫成一行，如果像底下這樣，'＋'後面沒有跟著串接內容，就按下 Enter 鍵，Python 將立即執行敘述並回報錯誤（因為它不知道要串接什麼）：

```
>>> "國中會考只會考" +
  File "<stdin>", line 1
    "國中會考只會考" +
                     ^
SyntaxError: invalid syntax
```

語法錯誤

串接數段字串的方法有三種：

- 在每一段結尾加上「續行」符號（反斜線）

- 使用**小括號**包圍每一段字串

- 使用**三個連續單引號**包圍多行文字

請嘗試在 Python 直譯器輸入兩行文字，第一行用「續行」符號結尾：

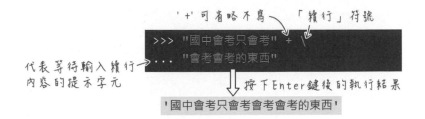

這是用小括號包含多段文字的示範：

以上多行文字，將會結合成一行；用 3 個引號包圍多行文字，將會保留**斷行**，也就是代表「行結尾」的符號：

轉義字元

反斜線符號在字串中代表**轉義**（escape，或者「脫逸」），也就是插入特殊字元，像 "\n" 代表新行，底下的 print 敘述將在終端機出輸出兩行文字：

```
>>> print('求知若飢\n虛心若愚')
```

輸出 →
求知若飢
虛心若愚

表 2-3 列舉常見的轉義字元。

表 2-3

轉義字元	說明
\	放在行尾，代表「續行」
\\	反斜線符號
\'	單引號
\"	雙引號
\n	新行 (LF，Line Feed)
\r	歸位 (CR，Carriage Return)
\t	退位 (Tab)；縮排

要顯示一個反斜線，需要輸入兩個反斜線，像下圖右的敘述：

在字串前面加上 R 或 r，代表保留**原始（raw）字串**，不要轉義，例如：

附帶說明，若不想讓 3 個引號定義的字串分成數行，請加上「續行」字元：

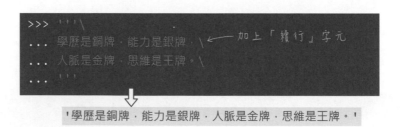

歸位（**Carriage return，簡稱 CR）字元**，寫成 '\r'，是一個讓輸出裝置（如：顯示器上的游標或者印表機的噴墨頭）回到該行文字開頭的控制字元。**新行（Newline 或者 Line feed，簡稱 LF）字元**，寫成 '\n'，則是讓輸出裝置切換到下一行的控制字元。

Mac OS X, Linux 和 UNIX 等電腦系統，採用 LF 當作「換行」字元；Windows 電腦則是合併使用「歸位」和「新行」兩個字元，因此在 Windows 系統上，換行字元又稱為 CRLF。

如果讀者的身邊有 Linux/Mac OS X 和 Windows 系統的電腦，不妨嘗試在 Linux 或 Mac 上建立一個純文字檔，然後用 Windows 電腦開啟看看，您將能看到原本在 Linux/Mac OS X 上的數行文字，全都擠在同一行，這是兩種系統對於「換行」的定義不同所導致。

2-4 字串處理與資料類型轉換

上一節的問答題測驗程式有個瑕疵，像下圖，若作答的內容不是全部小寫，就會被判定是錯誤，因為 "==" (相等) 運算子兩邊的值必須是一模一樣，才算是相等：

字串轉小寫、去除前後多餘的空白字元

考量到使用者的輸入值可能參雜大小寫，判斷解答之前，需要先將輸入值全部轉換成小寫或大寫。把字串轉成大寫的指令叫做 upper()，轉成小寫則是 lower()，語法格式如下：

泛指「可被程式操作」的東西　　　　　　　字串物件

$$物件 \cdot 指令 \xrightarrow{\text{範例}} \text{'HELLO'.lower()} \xrightarrow{\text{結果}} \text{'hello'}$$

代表「在物件上執行」某某指令　　這個指令後面跟著小括號

技術上來說，「物件」代表「資料和操作功能」的綜合體，例如，'你好' 這串字，不僅是表面上的 '你好'（資料），也包含了各種操作字串資料的功能，像上面的 lower()。我們不用煩惱「操作功能」究竟如何被附加到資料上，Python 會自動搞定。詳細說明請參閱本章末尾「變數不是單純的小盒子」單元以及第 8 章。

底下兩個程式都能將使用者的輸入值（字串）轉換成小寫，再進行判斷：

```
print('蘋果的英文？', end='  ')
ans = input()
          ← 把解答轉成小寫

if ans.lower() == 'apple':
    print('好棒棒！')
else:
    print('再接再厲～')
```

或

```
print('蘋果的英文？', end='  ')
ans = input().lower()
      把輸入值轉成小寫

if ans == 'apple':
    print('好棒棒！')
else:
    print('再接再厲～')
```

操作物件的功能指令，統稱「方法（method）」。lower() 方法不影響中文字串。另一個處理輸入文字的常用方法是 **strip()**，其作用是**去除字串前後的多餘空白**，因為空白字元也會影響比對字串的結果，例如，"apple" 不等於 " apple "。底下是修改後的程式碼：

```
print('蘋果的英文？', end='  ')
ans = input().lower().strip() ← 把輸入值轉成小寫再去除前後空白，
                                 方法指令可用點串接依序執行。
if ans == 'apple':
    print('好棒棒！')
else:
    print('再接再厲～')
```

資料類型：10 不等於 '10'

電腦程式把資料分類成不同的類型，底下是其中幾種基本類型：

● 字串（string）：單一字元或者一連串文字。

● 數字：分成**整數**（int）、包含小數點數字的**浮點數字**（float）以及**複數**
（complex，也就是虛數，$\sqrt{-1}$）。

● 布林（boolean）：代表某個條件是否成立，可能值為 **True**（成立）或 **False**
（不成立）。

程式語言透過類型來區分資料所代表的**意義**以及**操作方式**。假如錯用類型，可
能會發生意料之外的執行結果。例如，取得用戶輸入值的 input()，將傳回「字
串」類型的資料：

```
print('一打雞蛋用掉兩個，還剩下幾個？', end='    ')
ans = input().lower().strip()
```
取得的用戶輸入資料是「字串」類型

底下兩個判斷條件式的寫法，一個拿使用者輸入值與**數字值**比較，一個跟**字串
值**比較，左邊的寫法是錯的：

數字類型值

用引號包圍數字，此數
據的類型是「字串」。

```
if ans == 10:
    print('答對了！')
else:
    print('不對喔~')
```
✘

```
if ans == '10':
    print('答對了！')
else:
    print('不對喔~')
```
○

比較兩個不同類型的資料，其結果都是不相等（False），所以上圖左邊的程式
將永遠顯示 "不對喔~"。讀者可以在 Python 直譯器中測試：

```
>>> 10 == '10'
False
```

```
>>> 10 == 10
True
```

```
>>> 10 == 15
False
```

加號（＋）運算子有**數字相加**和**字串相連**兩種用途，但直接連結字串和數字資料會出現**類型錯誤（TypeError）**，因為加號兩邊的資料類型必須一致。

```
>>> print('剩下'+10+'個')
Traceback (most recent call last):
  File "<stdin>", line 1, in <module>
TypeError: can only concatenate str (not "int") to str
```

類型錯誤　　　　　字串只能和字串相連（而非整數）

轉換字串、整數和浮點數字

連接字串和數字時，需要過 **str()** 函式把數字轉換成字串，str 代表 **"str**ing"（字串）：

str(123) → 字串 → '123'　　　str(45.6) → 字串 → '45.6'

連結字串與數字的正確寫法如下：

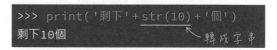

```
>>> print('剩下'+str(10)+'個')
剩下10個
```
轉成字串

附帶一提，字串也能用**乘號（*）運算子**，產生多個連續副本，例如：

```
>>> '嗨！' * 5
'嗨！嗨！嗨！嗨！嗨！'
```

若不確定某個資料的類型，可用 **type()** 函式查看：

```
Python 3
>>> val = True ← T大寫
>>> type(val)
<class 'bool'>
>>>        ← 代表「布林」類別
```

```
Python 3
>>> val = 12 ← 整數
>>> type(val)
<class 'int'>
>>> val = 3.14 ← 浮點數
>>> type(val)
<class 'float'>
```

int() 函式能把被引號包圍的「整數值字串」轉換成整數；也能把包含小數點的浮點數無條件去除小數點：

```
int('789')  ─── 整數 ──→  789        int(12.3)  ─── 整數 ──→  12
```

float() 函式會把包含數字的字串轉成浮點數：

```
float('34')  ─── 浮點數 ──→  34.0       float('56.7')  ─── 浮點數 ──→  56.7
```

若數值字串包含小數點和加、減以外的字元，執行 int() 或 float() 函式將會引發錯誤：

```
>>> int('12a')
Traceback (most recent call last):
  File "<stdin>", line 1, in <module>
ValueError: invalid literal for int() with base 10: '12a'
```

↖ 數值錯誤

使用 print() 函式輸出文字和字串以外的類型資料時，可直接用逗號分隔輸出內容，無須透過 str() 轉換成字串：

```
Python 3                                    _ □ ✕
>>> num = 12
>>> score = 86          用 '+' 連結，資料類型必須都是字串。
>>> print("座號:" + str(num) + ",成績:" + str(score))
座號:12,成績:86
>>> print("座號:", num, ",成績:", score)
座號: 12 ,成績: 86
```

輸出字串和資料之間會有個空格

2-5 格式化字串

要把變數和字串整合在一起,除了透過 + 運算子結合字串和變數,還能用這些方式來格式化字串:

● **% 字元**:沿用自 Python 2,因為歷史悠久,所以經常可以看見這種寫法。

● **format() 函式**:Python 3 新增的寫法,後來也移植到 Python 2.7 版。

● **f 字串**:Python 3.6 版新增的寫法,處理效率最高,允許直接在字串中填入運算式。

使用舊式 % 運算子

假設我們要用變數填入字串當中的兩個預留位置:

```
id = 17
name = '小趙'
```

"姓名:| name |,座號: | id | "

目標字串要加入以 % 符號起頭的字元,替特定格式資料預留位置,常見的 4 種格式如右:

格式	說明
%d	整數 (digit)
%f	浮點數字 (float)
%s	字串 (string)
%x	16 進制數字 (hex)

底下是分別預留一個和兩個變數位置的字串,因為最終字串內容依變數值而定,這樣的字串又稱為「動態字串」。

一個字串參數

```
>>> "姓名:%s" % name
'姓名:小趙'
```

多個參數要用小括號包圍

```
>>> "姓名:%s,座號:%d" % (name, id)
'姓名:小趙,座號:17'
```

底下是插入浮點數字的例子，首先宣告
一個變數：

```
>>> num = 70.8
```

然後在字串中的預留位置輸入 "%f"，執行結果如下：

代表一個百分比符號

取到小數點後2位

```
>>> "海洋佔了地球表面的%f%%" % num
'海洋佔了地球表面的70.800000%'
```

```
>>> "海洋佔了地球表面的%.2f%%" % num
'海洋佔了地球表面的70.80%'
```

若預設位置的資料類型錯誤，將導致程式無法執行：

此參數是字串

```
>>> '姓名：%s, 座號：%d' % ('小趙', '17')
Traceback (most recent call last):
  File "<stdin>", line 1, in <module>
TypeError: %d format: a number is required, not str
```

類型錯誤：%d格式要求數字而非字串

使用 format() 格式字串

format() 函式搭配用大括號加上選擇性的數字編號 (或參數名稱) 預留位置，
填入參數值時無須考量參數的資料類型：

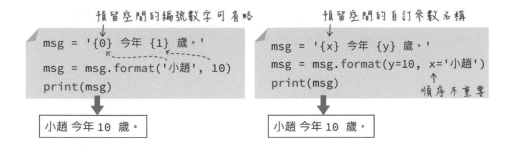

預留空間的編號數字可省略

```
msg = '{0} 今年 {1} 歲。'
msg = msg.format('小趙', 10)
print(msg)
```

小趙 今年 10 歲。

預留空間的自訂參數名稱

```
msg = '{x} 今年 {y} 歲。'
msg = msg.format(y=10, x='小趙')
print(msg)
```

順序不重要

小趙 今年 10 歲。

填入小數點數字時，跟 % 運算子設定小數點位置的語法相同，在預留空間裡
面用冒號開頭 (代表「指定操作內容」)，後面加上格式設定參數。

指定操作內容

```
>>> '體積縮小{:.3f}%'.format(33.45678)
'體積縮小33.457%'
```
取到小數點後3位

冒號前面同樣可以加上參數編號或名稱:

參數編號0　　去除小數點

```
>>> '氮氣佔空氣體積{0:.0f}%，氧氣佔{1:.2f}%。'.format(78.08, 20.95)
'氮氣佔空氣體積78%，氧氣佔20.95%。'
```

冒號後面的整數代表預留空間的字元數,填入的內容預設會靠右對齊,可用 '<', '^' 和 '>' 符號設定齊左、居中和齊右排列:

預留5個字元座間　　居中對齊　　選擇性的資料類型參數,d代表整數。

```
print('{:5},{:^8},{:5d}'.format(12, 34, 56))
```

□□□12,□□□34□□□,□□□56

5字元寬 ⟵　　⟶

預留空間預設填入空格,我們可在冒號後面自訂填入的字元,底下的設定將在預留空間填入等號:

代表居中排列　　選擇性的資料類型參數,s代表字串。

```
print('{:=^40s}'.format('傳說中的分隔線'))
```

指定操作填入' ='

================傳說中的分隔線=================

⟵　　40個字元寬　　⟶

使用「f字串」建立動態字串

3.6 版新增的 f 字串,可在字串的預留位置填入變數和運算式,字串用一個 'f' 字母開頭:

```
r = 9
f'若半徑={r}，圓面積={3.14*r**2}'
```
➡️ `'若半徑=9，圓面積=254.34'`

f 字母開頭　　　　　　　運算式

f 字串也支援 format() 格式設定，語法相同，底下是居中對齊的動態文字示範：

```
txt = '我是分隔線'
print(f'{txt:=^30}')
```
➡️ `============我是分隔線=============`

格式設定

⚡ **變數不是單純的小盒子**

在介紹變數的單元，筆者用容器來比喻變數，但實際上，Python 的變數「容器」並不是直接存放被賦予的值。

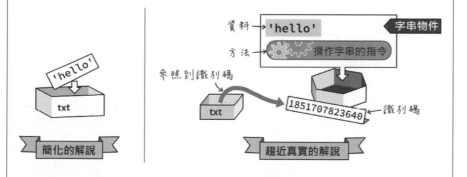

資料 → `'hello'`　　　　　　　字串物件
方法 → ⚙️ 操作字串的指令

參照到識別碼

`'hello'`

txt

txt → `1851707823640` ← 識別碼

簡化的解說　　　　　　　趨近真實的解說

透過 id() 可得知物件的識別碼（變數在記憶體的位址），識別碼是唯一值，你的顯示結果可能和下圖不同：

```
Python 3                    _ □ ✕
>>> txt = 'hello'
>>> id(txt)
1851707823640
```

```
Python 3                    _ □ ✕
>>> id('hello')
1851707823640
            查看字串本身的識別碼
```

dir() 函式可查閱物件或程式庫提供的方法（或者函式）和屬性，例如，從底下的執行結果可知，txt 包含把字串全部轉成大寫的 upper() 函式：

⬇️

```
🌐 Python 3                                            _ □ ✕
>>> txt = 'hello'
>>> dir(txt) ←——— 查看txt（字串物件）的方法與屬性
['__add__', '__class__', '__contains__', '__delattr__',
     :
'strip', 'swapcase', 'title', 'translate', 'upper', 'zfill']
```

字串轉成大寫 ↗

前後有兩個底線的識別字，例如：__add__，代表它是物件內建的屬性或方法，我們平常用不到，相關說明請參閱第 8 章。

再看一個例子，底下兩行敘述先後在 num 變數存入 17 和 42，按照之前的推演，num 的值被改成 42。但實際上，Python 並不是修改變數的值，而是新增一個其值為 42 的數字物件，然後讓 num 參照到它：

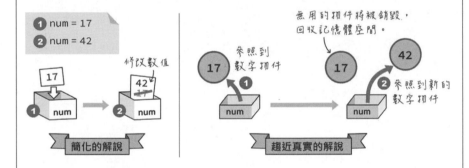

當變數 num 被賦予另一個數字時，最初的數字 17 將因沒有任何變數指向它，而被 Python 內部管理記憶體空間的**垃圾回收（Garbage Collector）**機制刪除，釋出記憶體空間。

若用 dir() 查看**數字物件**，可看到它內建的方法與屬性跟字串物件不同：

```
>>> dir(17)
__abs__', '__add__', '__and__', '__bool__', '__ceil__',
     :
'from_bytes', 'imag', 'numerator', 'real', 'to_bytes']
```

底下的變數 a 和 b 一開始看似各自儲存了數字 13，但實際上是共用一個數字物件；透過 id 函式驗證，變數 a 和 b 其實都指向同一個數字物件，而不是儲存兩個物件的副本，以便節省記憶體用量。變數 a 後來被賦予另一個數字 57，變數 a 和 b 就分別指向不同物件了：

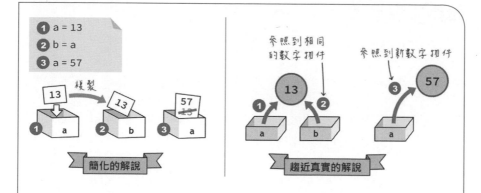

None 代表「沒有值」

None 是一個特別的關鍵字（N 大寫），代表某個變數**沒有值**或者**沒有指向任何值**，像個空盒子。

假設我們在某個變數中存放了幾千字的內容，資料處理完畢後，決定不再使用這個變數，我們可以將它設定成 None，或者用 del 指令刪除它。

None 代表**清空**盒子，但暫時保留該變數，後續的程式可再次利用它、存入值；del 代表**刪除**、摧毀盒子，不能再使用了。設定成 None 是最常見的作法，系統會自動回收沒有指向任何值的變數空間，此舉也稱為「垃圾收集」。

本章重點回顧

● 在程式中存放資料的容器，叫做**變數**。

● 資料分成不同類型，例如數字、字串和布林。

● 「物件」是資料（屬性）和操作功能（方法）的綜合體，透過 dir() 指令可查看物件具備的屬性和方法。

● 單行程式註解用 #（井號）開頭，多行註解用一對連續 3 個單引號或雙引號包圍。

● 依照某個狀況來決定執行哪些動作的「控制結構」是 if...elif...else...，每個動作區塊都要縮排，PEP8 語法規範建議用 4 個空格來建立縮排。

● 不同的字串資料可用 + 號，以及 % 字元、format() 函式和 f 字串等方式相連。

00011

列表、迴圈與
自訂函式

3-1 儲存多筆相關資料的列表（list）

延續上一章的問答題程式，假如我們要在其中新增一道題目，最簡單的作法就是複製之前的敘述，再修改題目和解答就完成了。從底下的程式碼，可以看到判斷解答是否正確的處理邏輯部份，都是一樣的，只是白色背景部份的題目和解答（資料）不同，如果程式碼有成百上千行，要修改題目和解答將變得麻煩。

第一題
```
print('蘋果的英文？', end =' ')
ans = input().lower().strip()

if ans == 'apple':
    print('好棒棒！')
else:
    print('再接再厲～')
```

第二題
```
print('一打雞蛋用掉兩個，還剩下幾個？', end =' ')
ans = input().lower().strip()
if ans == '10':
    print('好棒棒！')
else:
    print('再接再厲～')
```

← 每題的程式執行模式都一樣。

比較好的寫法是把所有題目和解答資料，全都用變數儲存並放在程式碼的開頭，方便日後修改題目和答案，例如，像這樣儲存兩組題目和解答：

```
q1 = '蘋果的英文？'
q2 = '一打雞蛋用掉兩個，還剩下幾個？'
a1 = 'apple'
a2 = '10'
```

更好的寫法是**把所有題目和解答，各自儲存在一個變數**。普通的變數一次只能儲存一個值，如果要儲存多個值，可以使用**列表（list）**。

假如讀者接觸過其他程式語言，像 C, JavaScript 和 PHP，Python 的**列表**其實就像是這些程式語言中的**陣列（array）**。

列表使用方括號包圍資料，每一個資料稱為**元素**，用逗號分開。底下敘述宣告兩個列表，分別叫做 q_list 和 a_list；變數名稱不必用 _list 結尾，在此只是為了**增加程式碼的可讀性**，從名稱就能知道這兩個變數是列表類型。

```
q_list = ['蘋果的英文？', '一打雞蛋用掉兩個，還剩下幾個？']
a_list = ['apple', '10']
```

你也可以用單數或複數，來區別變數的資料型態，例如：

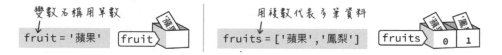

列表元素可以分開寫在不同行，元素之間可以有任意空白，例如：

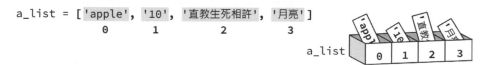

每個列表元素都會被賦予一個編號，從 0 開始依序排列：

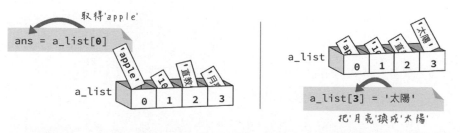

a_list = ['apple', '10', '直教生死相許', '月亮']
         0   1   2   3

存取列表元素時，需要指定元素編號：

取得'apple'

ans = a_list[0]

a_list[3] = '太陽'

把'月亮'換成'太陽'

3-2 使用迴圈執行重複作業

問答題程式的每一道題目的運作邏輯都是一樣的：從資料中取出一個題目到判斷解答是否正確，然後再取出下一道題目，直到題目作答完畢，最後顯示成績並結束。我們已經把問題和解答的資料存成列表，接下來只要反覆出題就好了。

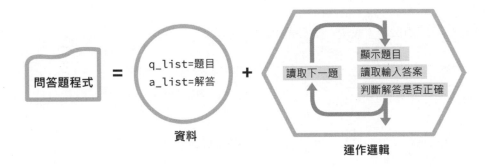

反覆執行相同敘述的指令，統稱為**迴圈**（loop），Python 具有 while 和 for 兩種迴圈指令，下一節先介紹 while 指令的語法。

使用 while 執行已知次數或無限重複的工作

while 指令語法如下，**運算式用冒號結尾**，區塊內容也要縮排。運算式是個運算結果為布林值 **True**（是）或 **False**（否），代表是否要繼續執行 while 區塊裡的敘述。

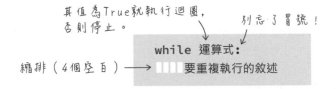

假設我們要在終端機中顯示 5 行星號，程式可以寫成 5 行 print() 敘述，如下圖左；下圖右則是 while 迴圈的寫法。

執行 while 敘述之前，我們首先要準備一個能夠**讓程式脫離迴圈狀態**或者**紀錄迴圈執行次數**的變數，這個變數習慣上被命名成 i。程式語言當中的次數編號，習慣上從 0 開始，所以在 i 值累計到 5 之前，while 區塊程式將被反覆執行。

while 迴圈的執行結果：

縮排的空格數量要一致

若相同區塊的縮排不一致，將導致程式在執行時出錯

使用 while 迴圈出題

本節將使用 while 迴圈改寫問答題程式的運作邏輯,請在宣告題目和解答的
列表變數之後,加入底下 3 個變數宣告:

```
score = 0            # 儲存成績,預設為 0
i = 0                # 題目的索引編號
total = len(q_list)  # 取得題目列表元素數量,也就是題目總數
```

其中的 len() 函式原意是 length(長度),可取得列表(和其他可儲存多個元素
的容器)的元素數量。例如,底下兩個 len() 函式分別取得字串的字元數和列表
的元素數量:

```
motto = '讓未來到來,讓過去過去。'          life = ['柴', '米', '油', '鹽']
len(motto) ⟹ 12                          len(life) ⟹ 4
```

運作邏輯的程式如下,它將從第 1 題開始出題,所有題目出完之後顯示成績然
後結束:

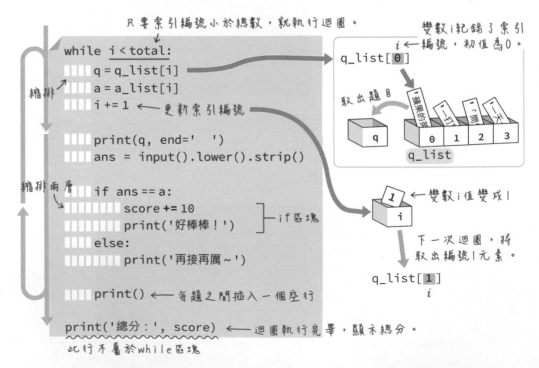

永不嫌煩的迴圈

假設程式要求用戶輸入數字，但用戶始終故意輸入非數字，我們可以透過底下的 while 迴圈，不厭其煩地再次要求用戶輸入數字，直到用戶確實輸入數字為止：

```python
print('請輸入數字：', end =' ')
ans = input()

while not ans.isdigit():
    print('請輸入數字：', end =' ')
    ans = input()

print('剩下', ans, '個')
```

若輸入值不是數字，則執行迴圈敘述。

程式執行結果如下：

```
PS C:\Users\cubie> & "D:/Program Files/Python3/python.exe" d:/Python
請輸入數字：xyz
請輸入數字：abc
請輸入數字：9
剩下 9 個
PS C:\Users\cubie>
```

3-3 使用 for...in 讀取序列結構資料

另一個迴圈指令是 for，它跟 in 指令搭配使用，**"in" 和 "not in" 運算子用於確認某值是否存在於列表**。for...in 宛如自動化機械，會**自動從序列結構資料（如：列表）的第 0 個元素開始，逐一讀取到最後一個**，而 while 指令則需要我們指定要讀取的元素編號。

以讀取並顯示 q_list（問題列表）元素為例，下圖左是用 while 的寫法，是在其他程式語言（如：C 和 JavaScript）常見的寫法；右邊則是用 for...in 的寫法，不但精簡也是比較道地的 Python 寫法：

```
for 暫存元素的變數 in 序列資料:
    □□□□要重複執行的敘述
```

```
i = 0
total = len(q_list)

while i < total:
    q = q_list[i]
    print(q)
    i += 1
```

改用for迴圈

```
for q in q_list:
    print(q)
```

for迴圈

'蘋果的英文？'

q

q_list [0] [1] [2] [3]

請記得 for 敘述後面要用冒號 (:)
結尾，被重複執行的敘述稱為 **for
區塊**程式，實際執行結果如右：

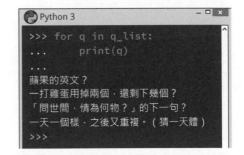

使用 zip 整合多個列表改寫問答題迴圈

for...in 預設只能存取一個序列結構資料，但**搭配 zip() 函式，就能同時存取多
個序列結構資料** (詳細說明請參閱 6-34 頁)。實際用法如下，改寫「使用 while
迴圈出題」單元的迴圈，用 zip 整合兩個列表，每次取出的元素分別存入 q 和
a 變數：

```
score = 0

for q, a in zip(q_list, a_list):
    print(q, end='  ')
    ans = input().lower().strip()

    if ans == a:
        :
```

用zip()整合多個列表

其執行結果和使用 while 迴圈一樣，完整的程式碼請參閱 ch3_6.py 檔。

使用 in 運算子改寫 or 條件式

in（在）以及 not in（不在）運算子能檢測某個資料是否「在」或「不在」列表中，並傳回 True 或 False。底下的程式先建立一個名叫 corrects 的正確解答列表，再用 in 判斷用戶的解答是否存在於正確解答列表中：

```
print('比爾蓋茲創立了哪一家軟體公司？', end='  ')
corrects = ['微軟', 'MICROSOFT', 'MS']    # 正確解答列表
ans = input().upper().strip()

if ans in corrects:                       if ans=='微軟' or ans=='MICROSOFT' \
    print('好棒棒！')           等同            or ans=='MS':
else:
    print('再接再厲~')
```

若一行敘述太長，可加上
續行符號，分成數行來寫

代表「若輸入值位於解答列表…」

iterable（可迭代的）和 iterator（迭代器）

能讓 for 迴圈自動循序取值的東東，又稱為 **iterable**（「可迭代的」或「可用迴圈操作的」）物件。我們可以用 Python 內建的 **iter()** 指令查看某個物件是不是「可迭代的」，例如，查看底下的 fruits 列表，它將傳回一個 **iterator**（迭代器）。

```
>>> fruits = [ '蘋果', '鳳梨' ]
>>> iter(fruits)
<list_iterator object at 0x000002A567DD1A90>
     列表迭代器物件              記憶體位址
```

字串也是可迭代的物件：

```
>>> iter('你好！')
<str_iterator object at 0x000002A567DD1B00>
     字串迭代器物件
```

整數不是可迭代的物件，所以用 iter() 測試會發生錯誤：

```
>>> iter(456)
Traceback (most recent call last):
  File "<stdin>", line 1, in <module>
TypeError: 'int' object is not iterable  ← '整數' 物件不是可迭代的
```

「迭代器」相當於迴圈（loop），搭配 next() 函式，用來操作「可迭代的」物件：

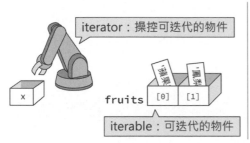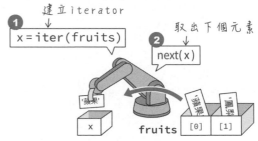

以 fruits 列表為例，執行 iter() 函式產生 iterator 物件後，每次對它執行 next()
就自動傳回下一個元素：

```
>>> fruits = [ '蘋果', '鳳梨' ]  ← 新增列表
>>> x = iter(fruits)  ← 建立 iterator
>>> print(next(x))
蘋果
>>> print(next(x))
鳳梨
>>> print(next(x))  ← 取出下個元素
Traceback (most recent call last):
  File "<stdin>", line 1, in <module>
StopIteration
```

已經沒有下個元素，所以出現錯誤，停止迭代。

其實 for...in 迴圈在背地裡也是透過 iter() 和 next() 完成工作。除了列表和字串，Python 還有其他可迭代的資料類型，像元組（tuple）、字典（dict）和集合（set），請參閱後面章節介紹。

使用 all 或 any 函式改寫條件式

all 代表「全部」、any 代表「任何」。any() 和 all() 函式接受一個**可迭代物件**，如果該物件的**所有元素（all）**或**任何元素（any）**為 True，則傳回 True，否則傳回 False。

底下宣告兩個列表變數做實驗，一個列表可以存放不同類型的元素，甚至另一個列表：

```
a = [8, '你好', 3 > 2, True, -1]
b = ['', 0.0, None, a]
```

在這兩個列表元素執行 all() 和 any() 的結果如下，列表 a 元素全被視為 True，列表 b 只有最後一個元素（列表 a）被視為 True：

所有列表a元素都可視為True   僅部份列表b元素為True

all(a) ➡ True   all(b) ➡ False   any(b) ➡ True

以下數值都會被當成 False：

● False

● 空序列：空字串（""）、空列表（[]）

● 數字 0：浮點數 0.0 也是 False

● None

因此，我們可以用 any() 來取代判斷問答題解答的 or 條件式：

```
if any([ans=='微軟', ans=='MICROSOFT', ans=='MS']):
    print('好棒棒！')
else:
    print('再接再厲~')
```

所有可能解答的運算式列表

使用 for 執行指定次數的迴圈

for 迴圈也可以像 while 一樣，指定重複執行程式碼的次數，只需要搭配一個 range（代表「範圍」之意）函式。例如，顯示 5 個星號的 for 迴圈敘述：

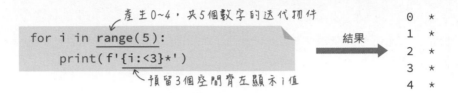

range() 預設從 0 開始，計數到指定結尾的前一個數字結束。我們也能自行指定起始和結尾數字，請注意，產生的數字範圍**包含起頭**，但是**不包括結尾**（記憶口訣：**留頭去尾**）：

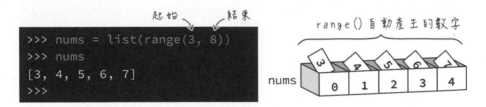

range() 函式還可設定「步長」，也就是每次計數時增加或減少的數字：

```
list(range(1, 10, 2))
```
結果 ➡ [1, 3, 5, 7, 9]

range 的所有參數都可以是負值，底下的敘述將產生倒序數字列表：

```
list(range(10, 1, -2))
```
結果 ➡ [10, 8, 6, 4, 2]

改變迴圈執行流程的 break 和 continue

while 和 for 迴圈都會重複執行區塊裡的程式碼，直到測試條件值為 False，才會離開迴圈，如果想要讓程式提早脫離迴圈，就得使用 break（代表「中止」）或 continue（代表「繼續」）指令。

以底下的 for 迴圈為例，如果沒有中間的 if 條件式，它將列舉、顯示全部 nums 的元素，加入此 if 條件敘述將使得迴圈僅列舉 nums 中的偶數：

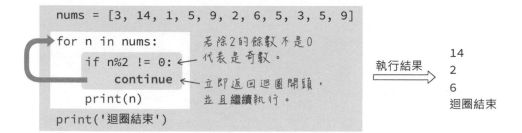

```
nums = [3, 14, 1, 5, 9, 2, 6, 5, 3, 5, 9]
for n in nums:
    if n%2 != 0:
        continue
    print(n)
print('迴圈結束')
```

若除2的餘數不是0代表是奇數。

立即返回迴圈開頭，並且繼續執行。

執行結果 ⟹
```
14
2
6
迴圈結束
```

底下的 if 條件敘述將在遇到數字 5 時退出迴圈：

```
for n in nums:
    if n == 5:
        break
    print(n)
print('迴圈結束')
```

立即中止迴圈

執行結果 ⟹
```
3
14
1
迴圈結束
```

3-4 引用程式庫

為了讓問答題程式的互動回應更活潑，筆者打算讓它能隨機呈現不同的回應文字，程式的處理方式大致是這樣：先把一些回應文字存入列表變數，然後在列表範圍內，隨機取得一個元素：

```
right = ['好棒棒！', '讚啦!', '水喔~', '答對了!']
```

儲存「正解」的回應列表

隨機取得一個回應

right   0   1   2   3

Python 具有從某個數字範圍隨機取出一個數字的功能，但它不屬於 Python 的核心功能，需要借助外力幫忙。核心功能指的是 Python 本身的基礎語法，像條件判斷式、變換資料類型、解析字串...等。

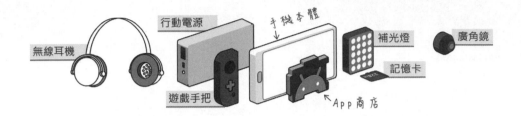

Python 宛如本身已具備常用功能（通話、聯網、照相）的智慧型手機，但仍可透過線上 App 商店或者週邊裝置來擴充功能。Python 官網則把 Python 比喻成「內含電池（Battery Included）」的玩具，買回家拆開包裝即可暢玩。

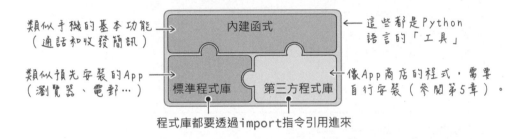

在 Python 中，擴充功能就是**程式庫（library）**；Python 語言內建的程式庫稱為**標準程式庫（Standard Library）**，包括存取電腦系統資訊、讀寫檔案、網路連線、數學函式...等等，隨著 Python 主程式一併安裝；本書交替使用「程式庫」、**模組（module）**和**套件（package）**一詞來代表擴充功能。

產生隨機數字

使用程式庫之前要先執行 import 指令把它引進我們的程式，import 敘述通常放在程式檔的開頭。包含產生隨機數字功能的程式庫，叫做 random，匯入程式庫的基本語法：

```
import 程式庫名稱  ⟹  import random
```

匯入程式庫之後，就可以用底下的語法執行程式庫提供的指令，其中一個叫做 choice() 的指令能從列表中隨機取出一個元素值：

程式庫名稱.指令 $\Rightarrow$ random.choice (可迭代的物件)

底下是在 Python 直譯器測試 random 程式庫的例子：

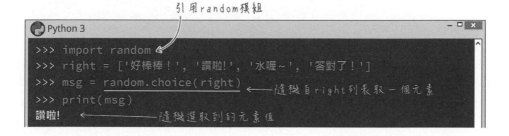

這些是 random 程式庫的其他常用函式：

● **randint(n, m)**：從整數 n 到 m 之間，傳回一個隨機數字。

```
print(random.randint(1, 10))  # 從 1 到 10 之間，取一個隨機數字
                                   (含 1 和 10)
```

● **randrange(n)**：在 0~(n-1) 範圍內，取一個隨機整數。

```
print(random.randrange(10))  # 從 0 到 9 之間，取一個隨機數字
```

● **shuffle()**：隨機分佈列表元素。

```
eats = ['燒餅', '油條', '豆漿']
random.shuffle(eats)
print(eats)  # 顯示隨機排列後的列表，但可能會跟原始值一樣
```

破除規律的亂數種子（random seed）

隨機數字是由 Python 內部的「隨機產生器」，依據某個方程式計算出來的數值，也就是電腦會遵循某個規則來挑選數字。為了提高不重複數字的比率，可以**在執行隨機函數之前，先執行 seed() 函數**（直譯為**隨機種子**），相當於在抽獎之前，先攪拌抽獎箱內容：

seed() 接受一個整數值，相當於攪動抽獎箱的次數，底下的程式將隨機挑選 4 組 0~9 數字（台灣彩券 4 星彩的遊戲規則）：

```python
import random

random.seed(3)      # 初始化隨機種子

for i in range(4):
    print(random.randrange(10))
```

輸出 →
3
9
8
2

無論上面的程式被執行幾次，它都會產生相同序列數字。因為電腦的隨機數字是一種**偽隨機**（pseudo-random）：給定相同的隨機種子，它將產生相同規律的數字序列。

破除規律的方法是在執行隨機函式之前，用不同的隨機種子進行初始化。最常見的作法是不帶參數地執行 seed()，讓它採用系統時間（毫秒值）初始化隨機種子：

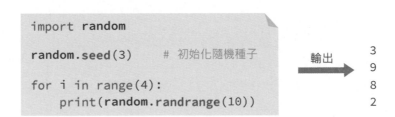

常用的 import 指令語法

執行程式庫提供的指令時，**指令敘述前面要冠上程式庫名稱**，否則 Python 會提示 NameError（名稱錯誤），表示指定名稱的關鍵字未定義：

```
>>> import random
>>> randint(1, 10)   ←──────── 未指名'randint'出處
Traceback (most recent call last):
  File "<stdin>", line 1, in <module>
NameError: name 'randint' is not defined  ←── 「'randint'未定義」錯誤
```

若覺得程式庫的名稱太長，可以用 as 指令改成你要的名稱。底下的敘述將把 random 改名成 rnd，但引用到此程式庫的敘述都要用 rnd 來指定，不能再寫成 random：

```
import 程式庫名稱 as 別名
            │
            ▼
>>> import random as rnd  ←── 將'random'重新命名成'rnd'
>>> rnd.randint(1, 10)
3   ←── 務必用新的名稱引用
```

一個程式庫裡面往往不只有一個指令或模組，假如整個程式只用到 random 程式庫的 randint() 指令，可以用底下的語法匯入：

```
from 程式庫 import 模組或指令
            │
            ▼
>>> from random import randint  ←── 引用'random'中的'randint'
>>> randint(1, 10)
6   ←── 不必寫程式庫名稱
```

你也能用逗號分隔，引用同一個程式庫的多個指令：

```
>>> from random import randint, randrange
>>> randrange(9)
8                     ←── 引用'randint'和'randrange'
```

3-5 建立自訂函式

本單元將介紹如何用「自訂函式」來改寫問答題測驗當中的回應功能,我們先透過一個簡單的例子來認識自訂函式。

函式就像計算機上的功能鍵,把原本複雜的公式計算簡化成一個按鍵,使用者即使不知道計算公式為何,只要輸入資料(或稱為「參數」),就能得到正確的結果,而且功能鍵可以被一再地使用。

自訂函式的語法格式如下:

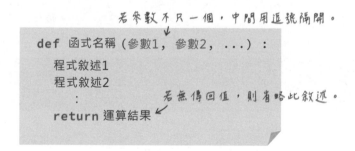

函式名稱後面的小括號的外型宛如一個入口,可以接收參數。函式裡面還可以加入 return 指令傳回計算結果。以計算圓面積的自訂函式為例,程式碼如下:

接收傳入值的變數，稱為「參數」或「引數」。

```
def cirArea(r):
    area = 3.14 * r * r
    return area
```

暫存計算值

函式本體

傳回計算結果

如此就形同建立了一個自創指令。Python 語言有內建圓周率 π（pi），包含在 math（數學）模組裡面，上面的程式可改寫成：

```
import math

def cirArea(r):        圓周率
    area = math.pi * (r ** 2)

    return area    # 傳回圓面積
```

函式本體中的 area 變數將暫存計算結果。在終端機中的執行範例如下：

```
=== def cirArea(r):
===     area = 3.14 * r * r
===     return area
===
>>> cirArea(5)
78.5
```

先定義函式，後面的程式才能執行。

自訂函式名稱(參數值)

傳回的計算結果

return 有「返回」或者「傳回」的意思，也能代表「終結執行」，凡是**寫在 return 後面的敘述永遠不會被執行**，例如：

```
def cirArea(r):
    area = 3.14 * r * r
    return area
    area = 5438
```

傳回結果並且離開函式 ❷

此行永遠不被執行

儲存結果 → ans = cirArea(5)

❶ 呼叫函數時，順帶傳遞參數。

3-19

有些程式語言具有定義「常數」的語法，常數代表「恆常不變的值」，例如，
圓周率始終是 3.14...，不會也不能改變。Python 沒有內建常數定義的語法，
但習慣上，我們用全部大寫的變數名稱來代表「常數」，例如：

```
PI = 3.14159  # 名稱全都大寫，代表常數
r = 10
print('圓周長：', 2 *PI * r)
```

替函式加入註解

在函式內部，我們可以使用三個引號構成的註解文字 (docstring)，來說明函式
的用途以及各個參數的類型和意義。以上一節圓面積計算函式為例，我們可以
加入這樣的註解：

```
def cir_area(r):
    '''計算圓面積    ←——  簡述此函式的用途，各參數
                          的意義和傳回值。說明文字
    參數 r：半徑值          每行建議不超過79字，否則
                          請分成數行。
    傳回值：圓面積
    '''
    area = math.pi * (r ** 2)

    return area  # 傳回圓面積
```

在函式裡面加入註解文字有個明顯的好處，在 VS Code 等支援 Python 的程式
編輯器中，當文字插入點或游標移入呼叫函式敘述的小括號裡面時，編輯器將
自動呈現函式的註解文字：

```
14
15    def cirArea(r)
16    計算圓面積
17    參數 r：半徑值
18
19    傳回值：圓面積
20    cirArea()
```

函式的預設參數值

函式的參數可以預先指定值，以建立計算方形面積的函式為例，若只輸入**一個邊長**值，代表要計算**正方形**面積；輸入**兩個邊長**，代表計算**長方形**面積。

呼叫函式時，輸入的參數順序、數量要和函式設定一致，所以左下圖的最後一個敘述會出錯；右下圖的程式片段將第二個參數有預設值，因此最少可接受一個參數值：

寬　高

```
def rect_area(w, h):
    if h is None:
        return w * w
    else:
        return w * h
```

⬇

area = rect_area(8, 3) ✔

area = rect_area(8) ✘

缺少一個參數

預設None值

```
def rect_area(w, h=None):
    if h is None:
        return w * w
    else:
        return w * h
```

⬇

area = rect_area(8, 3) ✔

area = rect_area(8) ✔

請注意，判斷某個變數值是否為 None，正確是用 **is**（是）或 **is not**（不是）**運算子**比較。函式的參數值也可像底下一樣用參數名稱指定（稱為「具名參數」），如此一來，參數值的順序就不重要了：

設定參數值的等號兩邊，通常不加空格。

具名參數的順序不重要

area = rect_area(h=3, w=8)

這裡的等號前後習慣上會加上空格

產生隨機回應文字的自訂函式

本單元將編寫一個名叫 words 的自訂函式，輸入 True（或者不輸入任何參數），可傳回隨機的正確解答的回應；輸入 False，可傳回錯誤解答的隨機回應，執行結果示範：

```
msg = words(True)      ← 此參數值可省略
print(msg)
```
⇓

答對了！

```
msg = words(False)
print(msg)
```
⇓

要加油喔~

words 自訂函式的程式碼如下，**函式參數可以透過 "=" 運算子設定預設值**，像底下的 status 參數被預設成 True，所以執行 words 函式時，不輸入任何參數就等同傳入 True。

```python
from random import choice
                    ← 接收一個參數，預設值為True。
def words(status=True):
    right = ['好棒棒！', '讚啦!', '水喔~', '答對了！']
    wrong = ['再接再厲~', '要加油喔~', '可惜啊~']

    if status:
        msg = choice(right)    # 從right列表隨機選取一個元素值
    else:
        msg = choice(wrong)

    return msg    # 傳回隨機訊息
```

認識變數的有效範圍

變數的**有效範圍**（**scope**）是一個跟**函式**密切相關的重要概念。

在函式區塊之中宣告的變數，屬於**區域變數**，代表它的有效範圍僅限於函式內部，而且只有在函式執行期間才存在；**函式一旦執行完畢，區域變數將被刪除**，換句話説，函式外面的程式，無法存取區域變數。

下圖左在函式中定義了一個 tea 變數，若嘗試在函式外面存取該變數，將產生如下圖右的錯誤，代表在函式內部定義的變數僅存在於函式之中：

```
def spec():
    tea = '珍珠奶茶'
    print(tea)
```

在函式內宣告的變數

⇨

```
 Python 3                              _ □ ✕
>>> spec()
珍珠奶茶
>>> print(tea) ← 在函式之外存取tea變數
Traceback (most recent call last):
  File "<stdin>", line 1, in <module>
NameError: name 'tea' is not defined
>>>                    'tea' 未定義
```

在函式外面定義的變數稱為「全域（global）變數」，能被所有（函式內、外）程式碼存取。但是底下累加變數值的程式碼仍舊出錯：

在函式外部定義的total，是全域變數。

```
total = 10

def count():
    total += 1
    print(total)
```

嘗試增加total值

⇨

```
 Python 3                              _ □ ✕
>>> count()
Traceback (most recent call last):
  File "<stdin>", line 1, in <module>
  File "<stdin>", line 2, in count
UnboundLocalError: local variable
'total' referenced before assignment
>>>     嘗試存取尚未初設值的區域變數而出錯
```

因為只要**遇到替新的「容器」指派值的敘述，該行敘述就是「定義變數」**，像底下新增一行替 total 指派 0，就是定義變數；此變數位於函式內，所以它是區域變數：

```
total = 10

def count():
    total = 0
    total += 1
    print(total)
```

設定變數值時，建立區域變數。

⇨

```
 Python 3                              _ □ ✕
>>> count()
1
>>> count()
1  ← 始終存取區域變數
>>>
```

區域變數相當於「免洗餐具」，每次執行函式，內部的 total 就被建立並賦予 0 的值；一旦函式執行完畢，total 變數就被回收，下一次執行又重新建立。

要在函式內取用全域變數，必須用 **global 關鍵字**明確表達：

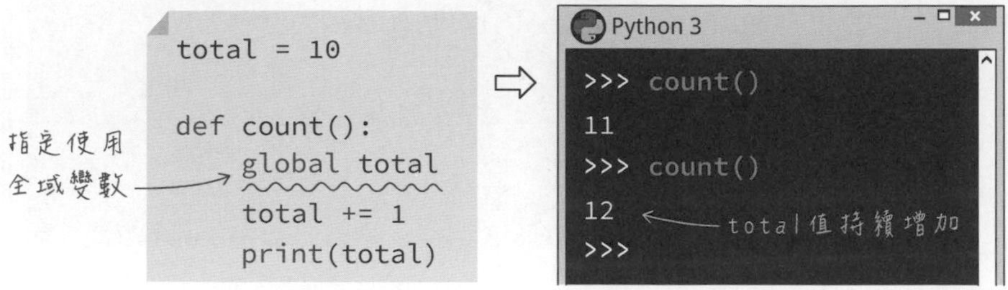

```
total = 10

def count():
    global total
    total += 1
    print(total)
```

指定使用
全域變數 →

```
Python 3                    _ □ ✕
>>> count()
11
>>> count()
12    ← total 值持續增加
>>>
```

3-6 再談列表（List）

列表相當於**具有連續編號的儲存空間**，每個儲存元素都有一個編號，且同一個列表可儲存不同類型的資料，像這個列表包含兩個字串和兩個數字元素：

```
esp8266 = [ "Wi-Fi", "Python", 16, 3.3]
```

列表的操作方法

方法（method）代表某個物件的操作功能，例如，**count() 方法**可計算列表裡的某個元素的數量。

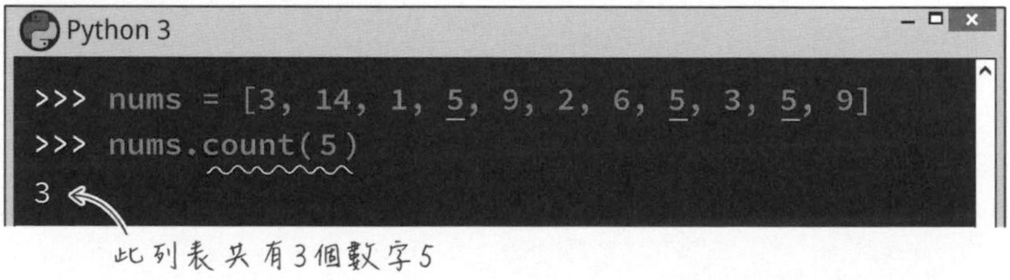

```
Python 3                                      _ □ ✕
>>> nums = [3, 14, 1, 5, 9, 2, 6, 5, 3, 5, 9]
>>> nums.count(5)
3
```

此列表共有3個數字5

元素編號可以是負值，代表「倒數第幾個元素」，例如 '-1' 指的是「倒數第 1 個」，也就是 '妙蛙種子'。若嘗試讀取超出範圍的列表編號，將會發生錯誤：

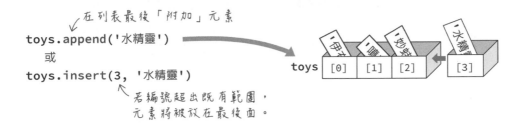

```
>>> toys = ['伊布', '噴火龍', '妙蛙種子']
>>> toys[-1]
'妙蛙種子'
>>> toys[30]
Traceback (most recent call last):
  File "<stdin>", line 1, in <module>
IndexError: list index out of range
>>>
```

列表索引超出範圍

編號可以是負值

下列兩個敘述，都能在 toys 陣列後面添加一個新元素：

在列表最後「附加」元素

```
toys.append('水精靈')
```
或
```
toys.insert(3, '水精靈')
```

若編號超出既有範圍，元素將被放在最後面。

列表的元素內容可以被改變，底下的敘述將把第 2 個元素改成 '皮卡丘'：

```
>>> toys[1] = '皮卡丘'
>>>
```

pop() 方法預設將刪除並傳回列表的**最後一個元素**：

```
>>> toys.pop()
'水精靈'
```

使用 **insert() 方法**在列表指定編號的前面插入新元素，底下的敘述執行之後，"依布" 元素編號將變成 1。

使用 **pop() 方法**刪除並傳回指定編號的**元素**；以下的敘述會讓 "伊布" 變成第一個元素。

列表也支援使用**加號 (+) 串連**或用**乘號 (*) 重複列表值**，底下的敘述將在 toys 列表後面增加兩個元素：

底下的 items 列表經乘號 (*) 運算後的結果是〔'蜂蜜', '檸檬', '蜂蜜', '檸檬'〕：

remove() 方法可移除列表裡的第一個匹配值；**del 指令**可刪除指定編號元素。

本章重點回顧

● **列表**能儲存多個元素資料，每個元素的資料類型不必相同，也就是說同一個列表能混合存放多種資料。

● 列表元素用數字編號存取，編號從 0 開始遞增，因此列表又稱為**循序型**（Sequence Type）資料容器。

● 程式庫（library）、套件（package）和模組（module），都是 Python 程式的擴充功能。除 Python 內建的核心指令，使用新增功能之前，必須先將它們 import 進來。

● **函式**（function）相當於自創指令，包裝達成某個功能（如：計算圓面積）的一段程式碼；其他人不必了解函式內部運作方式，只要知道怎麼用（如：函式名稱及其所需參數）。

● **函式的參數可設定預設值**，不強制填寫的參數值請設成 None；若參數不只一個，**執行函式時必須依序填寫參數**，像「函式的預設參數值」一節的 rect_area(8, 3)，第 1 個參數是寬、第 2 個參數是高。

● **參數值可用名稱指定**，不用按照函式定義的順序填寫參數。

● **變數有作用範圍**（**scope**），定義在函式裡的變數，稱為**區域變數**。在函式內部設定在外部定義的**全域變數**時，要在函式內部用 **global** 宣告該變數。

M E M O

4

00100

操作資料夾與文件：
同步備份檔案

4-1 同步備份檔案

為了避免硬體故障造成重要資料損毀，我們通常需要定時備份檔案，也就是將某些檔案複製到其他儲存媒體。本單元將透過 Python 進行檔案操作，把來源路徑裡的檔案（含子目錄），複製到目標路徑。筆者將此程式碼命名成 sync.py，執行示範如下：

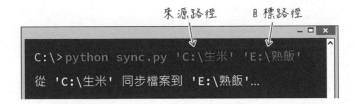

同步檔案操作並不是單純的複製檔案，如果目標路徑已經有同名的檔案，比較嚴謹的作法是先比較兩者的修改日期，然後用較新的覆蓋舊檔。本單元程式的作法是，比較兩者的修改日期，若目標路徑的檔案比較舊，則用來源路徑的檔案覆蓋，否則不改動。

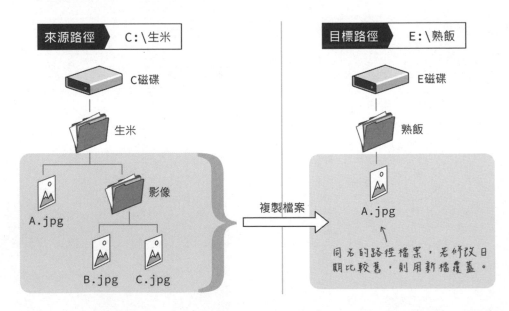

本單元程式涉及兩大問題：

● 操作檔案

● 擷取並解析命令行的指令參數

跟前幾章節建立問答題程式一樣，我們先簡化專案需求，從基本的部份開始編寫，最後再整合在一起。底下首先認識如何使用 Python 操作檔案。

4-2 使用 os 程式庫操作檔案

os 是 Python 內建的程式庫，用於取得作業系統的資訊，例如，取得作業系統版本、讀取系統變數，也能執行檔案操作，比方說瀏覽目錄、查看檔案資訊、修改檔名、新增目錄...等等。os.environ 可取得作業系統的所有環境參數，而底下敘述將傳回系統的 PATH（路徑）參數值：

```
>>> import os
>>> os.environ.get('PATH')
'D:\\Program Files\\Python37\\Scripts\\;D:\\Program Files\\
Python37;C:\\Program Files (x86)\\;...'
>>>
```

本單元程式將要透過 os 程式庫取得「使用者家目錄」。Windows 和 macOS 的使用者家目錄，都有一個影像（圖片）資料夾，但這兩個系統的路徑分隔字元不一樣：Windows 用反斜線（\）、macOS 用斜線（/），底下假設電腦使用者的名稱是 "cubie"：

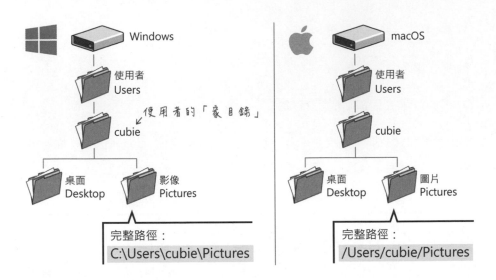

為了讓同一個 Python 程式無礙地在這兩個系統中存取影像資料夾，需要使用 os 程式庫的這兩個方法：

● **path.expanduser()**：取得使用者「家目錄」路徑。

● **path.join()**：連接路徑字串。

底下是分別在 Windows 和 macOS 系統執行程式，取得「家目錄」路徑的結果：

```
import os
home = os.path.expanduser('~')
```

Windows ➡ 'C:\\Users\\cubie'

macOS ➡ '/Users/cubie'

波浪號代表使用者「家目錄」

path.join() 可連結多個字串路徑並自動加上正確的路徑分隔字元，以建立家目錄「影像」資料夾中的一張影像檔路徑為例：

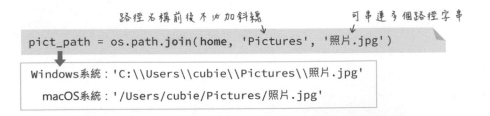

路徑名稱前後不必加斜線　　　　可串連多個路徑字串

```
pict_path = os.path.join(home, 'Pictures', '照片.jpg')
```

Windows系統：'C:\\Users\\cubie\\Pictures\\照片.jpg'
　macOS系統：'/Users/cubie/Pictures/照片.jpg'

除了上面兩個函式，本單元將用到 os 裡的這些函式：

- **listdir()**：列舉目錄（資料夾），不含子目錄，dir 代表 "directory"（目錄）。

- **getcwd()**：傳回目前所在的目錄名稱，cwd 代表 "current working directory"（目前的工作目錄）。

- **chdir()**：切換目錄，ch 代表 "change"（改動）。

- **mkdir()**：新增目錄，mk 代表 "make"（建立）。

- **rmdir()**：移除目錄，rm 代表 "remove"（移除）。

- **rename()**：重新命名檔案。

- **remove()**：刪除檔案。

- **stat()**：傳回檔案的資訊（status）。

- **walk()**：瀏覽包含子目錄在內的整個路徑內容。

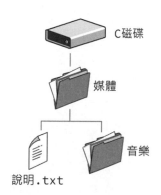

我們可以使用 os 程式庫的 path 模組的 isfile() 和 isdir() 方法，確認路徑是否為檔案（file）或資料夾（directory）。

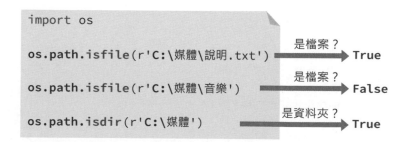

瀏覽來源資料夾內容

同步複製檔案之前，要先知道來源資料夾的目錄結構，才知道要比對哪些資料夾和檔案。os 程式庫的 walk() 方法可瀏覽整個目錄，它將傳回包含路徑、子目錄列表和檔案列表的**迭代器**。假設來源路徑是如下圖的「工作」，筆者把 walk() 方法的傳回值，分別存入檔案路徑（dirPath）、資料夾名稱（dirNames）和檔名（fileNames）3 個變數；一個目錄裡面的資料夾和檔案數量往往不只一個，所以它們的資料類型是**列表**：

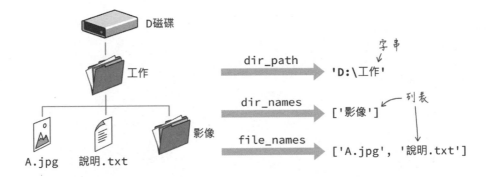

透過 for 迴圈循環取出 walk() 迭代器內容的範例程式如下：

```
import os
                      要列舉檔案的路徑
目前所 path = r'D:\工作'
在路徑          子目錄列表     檔案列表
for dir_path, dir_names, file_names in os.walk(path):
    print('目前路徑：', dirPath)      遍覽指定路徑裡
                                      的檔案和子目錄
    if len(dir_names) != 0:
        print('子目錄：', dir_names)
    else:
        print('這裡面沒有子目錄')

    if len(file_names) != 0:      確認「列表」資料長度
        print('檔案：', file_names)
    else:
        print('這裡面沒有檔案')
                              目前路徑        檔名
    for f in file_names:
        print('檔案完整路徑：', os.path.join(dir_path, f))

              連接路徑字串
```

上面的程式使用 len() 函式，確認 dirNames（子目錄）和 fileNames（檔名）列表資料的數量，若其值為 0，代表沒有子目錄或檔名。筆者將此程式命名成 listDir.py，執行結果如下。

```
D:\>python listDir.py
目前路徑：D:\工作
子目錄：['影像']
檔案：['A.jpg', '說明.txt']
檔案完整路徑：D:\工作\A.jpg
檔案完整路徑：D:\工作\說明.txt
目前路徑：D:\工作\影像
這裡面沒有子目錄                    }「影像」子目錄
這裡面沒有檔案
```

使用 shutil 程式庫查詢磁碟容量及複製檔案

Python 內建查詢磁碟資訊、複製檔案、移除檔案...等功能的 shutil 程式庫（原意是 shell utitlies，代表「系統介面工具程式」），以查詢磁碟資訊的 disk_usage() 函式為例，它將傳回位元組（byte）單位的磁碟容量、已使用空間以及可用空間值，範例如下：

```
import shutil
                容量    已使用    可用           '.' 代表目前所在路徑
total, used, free = shutil.disk_usage('.')

gb = 2 ** 30                                 把位元組換算成GB

print('磁碟容量：{:.2f} GB'.format(total / gb))
print('已使用空間：{:.2f} GB'.format(used / gb))
print('可用空間：{:.2f} GB'.format(free / gb))
```

$KB = 2^{10}$
$MB = 2^{20}$
$GB = 2^{30}$

把「位元組」單位除以 2^{30}，可得到 GB 單位值，再透過 {:.2f} 格式取到小數點後兩位，執行結果：

```
磁碟容量：911.84 GB
已使用空間：316.06 GB
可用空間：595.78 GB
```

複製檔案的 copy 指令格式如下：

```
shutil.copy('來源檔案', '目的檔案或資料夾')
```

若要一併複製檔案的附屬資料 (metadata)，例如：檔案的修改日期，請使用 copy2 指令：

```
shutil.copy2('來源檔案', '目的檔案或資料夾')
```

假設我們要將目前所在資料夾裡的 '照片.jpg' 檔，複製到相同路徑並命名成 '照片_bak.jpg'，指令寫法如下：

```
shutil.copy2('照片.jpg', '照片_bak.jpg')
```

若已有同名檔案，將被此檔覆蓋。

底下的敘述會把 '照片.jpg' 複製到 '相片' 資料夾：

```
shutil.copy2('照片.jpg', '相片')
```

資料夾

複製

照片.jpg　　相片

複製資料夾的方法是 copytree()，底下的敘述代表把目前路徑裡的 temp 資料夾，複製到**新增的** '備份' 資料夾：

```
shutil.copytree('temp', '備份')
```

若已存在此資料夾，則會發生錯誤！

移動檔案的指令是 move()，底下的敘述把目前路徑裡的 '照片.jpg' 檔，移入 '備份' 資料夾：

```
shutil.move('照片.jpg', '備份')
```

來源和目的都可以是資料夾

4-3 使用 argparse 套件處理命令參數

argparse 是 Python 語言內建用來接收與處理命令行參數的套件，它的名字是兩個單字的組合：arg（argument，代表「參數」）和 parse（解析）。使用 argparse 解析命令行參數，大致需要 3 個步驟：

1 執行 ArgumentParser() 建立解析命令的物件：

2 透過 add_argument（代表「新增參數」），加入要處置的命令參數名稱：

```
parser.add_argument('自訂的參數名稱', help='自訂的參數說明')
```

3 透過 parse_args（代表「解析參數」），取出命令參數值：

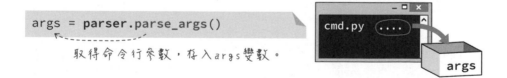

本單元將建立一個名叫 cmdTest.py 的程式檔練習接收與解析命令行參數，它將接收兩個參數：

完整程式碼如下，解析命令行的物件通常命名為 parser，參數名稱相當於變數名稱，筆者將兩個參數分別命名為 src（代表 'source'，來源）和 dest（代表 destination，目的地）：

```
import argparse

parser = argparse.ArgumentParser()   # 建立解析命令的物件
                      參數名稱 ↘
parser.add_argument('src', help="來源資料夾路徑")
parser.add_argument('dest', help="目標資料夾路徑")
                                         ~~~~~~~~~~~~
儲存命令參數 ↘                                    ← 參數說明
args = parser.parse_args()   # 解析命令參數
print('來源路徑：', args.src)
print('目標路徑：', args.dest)
        ~~~~~~~~~~~~
            讀取參數
```

這個程式只是把接收到的參數顯示出來，執行結果如下：

```
C:\code> python cmdTest.py C:\生米 E:\熟飯
來源網址：C:\生米                        ↑       ↑
目標路徑：E:\熟飯                      參數1   參數2
```

若執行此程式檔時沒有附加參數，它將回應錯誤訊息，提醒要加上 src 和 dest 兩個參數：

```
D:\python> python cmdTest.py              說明後面要加上兩個參數
usage: cmdTest.py [-h] src dest     ←
cmdTest.py: error: the following arguments are required: src, dest
```

argparse 程式庫會自動加入「顯示指令說明」用的 -h 或 --help 選擇性參數，底下指令將顯示這個程式檔的參數說明：

```
D:\python> python cmdTest.py -h      ←── -h或--help參數代表
usage: cmdTest.py [-h] src dest          顯示指令說明

positional arguments:
  src          來源資料夾路徑      } 參數及其說明
  dest         目標資料夾路徑

optional arguments:
  -h, --help  show this help message and exit  ←── 選擇性參數的說明
                                                   (-h或--help)
```

結束 Python 程式

本單元的「備份資料夾」程式，要求使用者輸入兩個不同路徑的資料夾參數，若輸入參數不是資料夾路徑，或者兩個路徑相同，那就顯示「請輸入資料夾路徑」或者「兩個資料夾路徑不能相同」訊息，然後退出程式。

強置結束 Python 程式的方法是執行 sys 程式庫的 exit() 函式。請先在程式開頭引用 os 和 sys 程式庫：

```
import argparse
from os import path
import sys
```

接著修改處理命令行參數的程式碼：

代表「不是」

```
args = parser.parse_args()   # 解析命令參數
                               ←── 若參數是「資料夾路徑」則傳回True
if not path.isdir(args.src):
    print('"{}" 不是資料夾路徑！'.format(args.src))
    sys.exit(2)    ←── 退出Python程式

if not path.isdir(args.dest):
    print('"{}" 不是資料夾路徑！'.format(args.dest))
    sys.exit(2)

print('沒事~我離開了。')
sys.exit()
```

os 程式庫的 path 模組的 isdir（原意是 "is directory"，「是目錄」之意）用於判斷參數是否為資料夾。

exit() 函式可接受一個代表「退出程式原因」的 0~255 數字代號，例如，0 代表正常退出、126 代表指令無法執行（權限不足）。然而，不同系統平台並沒有統一的錯誤代碼規範，所以程式設計師通常只會在 exit() 填入下列三個數字之一，詳細的 Unix 系統關閉程式代碼列表，請搜尋關鍵字 "unix exit codes"：

● 0：代表正常退出。

● 2：代表命令行語法錯誤。

● 1：代表其他錯誤。

執行此程式時，輸入非資料夾路徑的結果：

```
D:\python> python cmdTest.py 12  34
"12" 不是資料夾路徑！
```

輸入確實存在的資料夾路徑，程式將正常結束：

```
D:\python> python cmdTest.py C:\生米 E:\熟飯
沒事～我離開了。
```

複製檔案的時候，若目標檔案已經存在，程式要比較來源和目標檔案的修改日期，若來源檔的修改時間大於目標檔，才需要複製。底下先認識從 Python 讀取時間的方法。

4-4 嘿 Python～現在幾點？

處理時間相關的指令收納在 time 程式庫裡面，Python 的時間是自 1970 年 1 月 1 日零時至今的**浮點數字**秒數。在電腦領域，一個時間的紀錄稱為時間戳記（timestamp），time 程式庫的 time() 函式，可傳回目前時刻，請在 Python 互動直譯器中實驗看看：

```
Python 3                                          _  □  ×
>>> import time
>>> ticks = time.time()
>>> print('現在時間：', ticks)
現在時間： 1547135734.509842   ←— 自1970年1月1日零時以來的秒數
```

localtime() 能將浮點秒數換算、解析成結構化的本地時間資料，例如，底下的 now 變數將儲存現在的日期和時間：

```
now = time.localtime(time.time())
print('本地時間：', now)          〜 此參數可省略
```

```
                        年              月            日
                        ↓               ↓            ↓
本地時間： time.struct_time(tm_year=2019, tm_mon=1, tm_mday=11,
tm_hour=0, tm_min=12, tm_sec=26, tm_wday=4, tm_yday=11, tm_isdst=0)
    ↑           ↑           ↑            ↑              ↑              ↑
    時          分          秒         星期幾      一年的第幾天      是否為
                                    （週一是0）                   夏令時間
```

格式化時間戳記

time 程式庫包含格式化時間的 strftime 函式（代表 "string format time"，字串格式時間），底下的敘述能把結構化的本機時間，格式成時間字串，字串裡的 % 符號是時間值的預留位置和格式：

格式化時間字串　　　年　月　日

```
date_str = time.strftime('%Y/%m/%d', time.localtime())
print('本地日期：', date_str)
```

結構化本機時間

本地日期：2019/01/10

表 4-1 列舉 Python
常見的時間日期格
式字元：

表 4-1

格式字元	說明
%y	兩位數字的年份
%Y	四位數字的年份
%m	兩位數字的月 (01~12)
%d	兩位數字的日 (01~31)
%H	24 時制的時數 (0~23)
%I	12 時制的時數 (01~12)
%M	分鐘數 (00~59)
%S	秒數 (00~59)

在 Windows 平台上，若嘗試在時間格式字串當中加入中文，將會發生編碼錯誤，因為 Windows 的 Python 時間函式預設採用西歐文字編碼 (Latin-1)；在 macOS 和 Linux 系統平台則不會出現亂碼。

```
>>> date_str = time.strftime("%Y年%m月%d日", time.localtime())
Traceback (most recent call last):
  File "<stdin>", line 1, in <module>
UnicodeEncodeError: 'locale' codec can't encode character
'\u5e74' in position 2: encoding error
```

◀── 編碼錯誤

解決 Windows 平台亂碼的辦法是在執行時間格式化敘述之前，先把 Python 的執行區域環境設置成中文 (Chinese)。跟本地化區域相關的指令，歸納在 locale 程式庫，把 Python 的本地區域設定成本機 (繁體中文系統) 的敘述如下：

```
>>> import locale          ← 處理電腦區域環境的程式庫
>>> locale.setlocale(locale.LC_CTYPE, 'chinese')   ← 設置為
'Chinese_Taiwan.936'       ← 設置成功              「中文區」
>>> date_str = time.strftime("%Y年%m月%d日", time.localtime())
>>> print(date_str)
2019年01月10日
```

綜合以上說明，底下的程式能將「檔案修改時間」的浮點數字格式化成日期時間字串：

```
import os
import time

mt_sec = os.path.getmtime('照片.jpg')              1547039355.9980476
mt = time.strftime('%Y/%m/%d %H:%M:%S', time.localtime(mt_sec))
                                         把秒數轉成本地結構化時間
print('檔案修改時間：', mt)
                   產生格式化日期時間字串
```

檔案修改時間： 2019/01/09 21:09:15

加入比較檔案的修改日期的檔案備份程式

完整的同步備份程式碼如下，先在程式開頭設定命令行參數處理程式如下：

```
import argparse
import os
from os import path
import shutil
import sys


parser = argparse.ArgumentParser()        # 建立解析命令行參數的物件
parser.add_argument("src", help= "來源資料夾路徑")
parser.add_argument("dest", help= "目標資料夾路徑")
args = parser.parse_args()                # 解析命令行參數
```

```
if path.isdir(args.src):    # 如果 src 參數值是 "資料夾路徑"
    # 在路徑後面加上路徑分隔字元 ( 如：' \')
    src = path.join(args.src, '')

else:
    print('"{}" 不是資料夾路徑！'.format(src))
    sys.exit(2)

if path.isdir(args.dest):
    dest = path.join(args.dest, '')
else:
    print('"{}" 不是資料夾路徑！'.format(dest))
    sys.exit(2)
```

接下來，透過 os.walk() 遍覽整個來源路徑，把檔案複製到目標路徑。下圖左的目標路徑存在 dest 變數，檔名存在變數 f，兩者結合即可得到完整的「存檔路徑」；下圖右的「複製」資料夾，其實是在目標路徑「新增」資料夾。

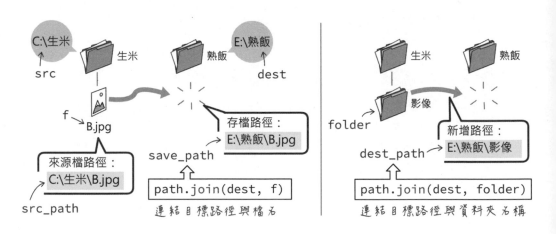

遍覽來源資料夾的部份程式如下，如果目前不在根目錄，且目標路徑不包含資料夾，則新增資料夾：

目前所在路徑　　子目錄列表　　檔案列表　　　　　來源路徑

```
for dir_path, dir_names, file_names in os.walk(src):
    folder = dir_path.replace(src, '')
    dest_path = dest  # 目標路徑
    print('目前路徑：', dir_path)

    if folder == '':
        print('目前在根目錄')
    else:
        print('資料夾路徑：', folder)
        dest_path = path.join(dest, folder)

        if not path.isdir(dest_path):
            print('新增資料夾：', dest_path)
            os.makedirs(dest_path)  # 新增資料夾
```

取出路徑的資料夾名稱：

C:\生米\ ➡ ''

C:\生米\影像 ➡ '影像'

合併成目標路徑，如：
E:\熟飯\影像

如果目標路徑不是資料夾…

在上面的 for 迴圈程式中，加入另一個 for 迴圈準備複製同一個路徑中的全部檔案：如果目標路徑沒有該檔，則直接複製過去，否則就要比較兩者的修改日期，再決定是否複製檔案。

從檔名列表逐一取出每個檔名

```
for f in file_names:
    src_path = path.join(dir_path, f)
    save_path = path.join(dest_path, f)

    if not path.isfile(save_path):      # 若目標檔案不存在...
        shutil.copy2(src_path, save_path)  # 則直接複製檔案
    else:
        src_time = int(path.getmtime(src_path))   # 來源檔修改時間
        dest_time = int(path.getmtime(save_path))  # 目標檔修改時間

        if src_time > dest_time:        # 若來源檔修改時間大於目標檔...
            shutil.copy2(src_path, save_path)  # 則複製檔案
```

結合目標路徑和檔名

只保留整數部份秒數

使用 shutil.copy2() 複製檔案及其附屬資料時，有時會因為浮點數字精確度的問題，造成小數點最後一位數字和原始檔不同。不過，比較檔案修改日期並不需要精確到零點幾秒，所以筆者用 int() 函式，去除「修改時間」的小數點秒數，再進行比較。

日期的比較

比較兩個日期字串時，例如："2019/03/13" 和 "2019 年 12 月 25 日"，請先把日期字串轉換成時間物件再比較，像這樣：

```python
import time

date1 = '2019/03/13'
date2 = '2019年12月25日'


tm1 = time.strptime(date1, '%Y/%m/%d')
tm2 = time.strptime(date2, '%Y年%m月%d日')
```

代表 string parse into time
（字串解析成時間物件）

原始時間字串的格式

```python
if tm1 > tm2:
    print('date1比較新')
else:
    print('date2比較新')
```

程式執行結果，將顯示 "date2 比較新"。

4-5 設定命令行指令的選擇性參數和參數動作

本章最後的這一個單元，將補充説明 argparse 套件的選擇性參數設置。假設我們要建立一個接收 YouTube 網址的命令行參數，根據上文「使用 argparse 套件處理命令參數」的説明，程式可以這樣寫：

```
import argparse

parser = argparse.ArgumentParser()   # 建立解析命令的物件
                參數名稱
parser.add_argument("url", help="指定YouTube視訊網址")

args = parser.parse_args()   # 解析命令參數
print('視訊網址：', args.url)
```
儲存命
令參數

執行程式時，url 參數不可省略；但有些命令行參數屬於**可省略的選擇性參數**，例如 help（指令説明），選擇性參數名稱都用一個或兩個引號開頭：

● **-h**：1 個引號開頭的**短參數**，後面通常跟著一個字元，代表「簡寫的選擇性參數名稱」。

● **--help**：2 個引號開頭的**長參數**，後面通常跟著完整的參數名稱。

新增選擇性參數的指令也是 add_argument，只是參數名稱前面要加上一個或兩個引號：

```
add_argument('短參數名稱', '長參數名稱', action='動作' help='參數說明')
```
　　　　　　　用1個引號開頭　　2個引號開頭　　指定處理參數值的方式

action（動作）參數的意義如下，若不設定 action，預設為 'store'（儲存）：

● **store**：儲存參數值，此為預設值。

● **store_true**：將參數值設定成 True。

● **store_false**：將參數值設定成 False。

● **append**：將參數值存入列表。

「長參數名稱」可以省略，假設我們要替命令行指令加入 -hd（高畫質）和 -t（標題）兩個選擇性參數，程式寫法如下：

```
parser.add_argument("url", help="指定YouTube視訊網址")
parser.add_argument("-hd", action="store_true", help="HD（720P）畫質")
parser.add_argument("-t", "--title", action="store", help="影片標題")
```

選擇性參數用'-'或'--'開頭　　　動作

底下是處理選擇性參數的條件判斷式，若使用者在命令行中輸入 -hd 參數，則 hd 參數值將被設成 True，程式將輸出 "你選擇 HD 畫質 (720P)"，否則不輸出那段文字。

存取參數時，名稱不用加上引號。

```
if args.hd:
    print("你選擇HD畫質（720P）")

if args.title:
    print("影片標題：", args.title)
```

參數名稱以長參數為主

若title參數不是空的，則顯示此參數值。

附帶一提，底下兩個程式片段是相同的，若使用者沒有輸入 -t 或 --title 參數，title 的值將是 None：

若有值，就不是None。　　　　　　　　　　　　　不是空的

```
if args.title:
    print("標題：", args.title)
```

```
if args.title is not None:
    print("標題：", args.title)
```

執行結果如下：

```
D:\python> python cmdTest.py https://youtu.be/ -hd -t 日常
視訊網址：https://youtu.be/
你選擇HD畫質（720P）
影片標題：日常
```

輸入選擇性參數

指定參數資料類型

命令行參數類型預設為字串，在某些場合，例如執行科學計算，我們需要把參數預先轉換成**整數（int）**或**浮點數（float）**。新增參數的 add_argument() 具備轉換資料類型的 type 參數，假若要建立一個計算加總的命令行程式，它會顯示所有參數的相加結果：

```
D:\python> python calc.py --sum 1 3 5 7
sum參數列表：[1, 3, 5, 7]          ← 每個參數都用空白隔開
加總結果：16
                此必填參數寫成-s或--sum都行
```

完整的程式碼如下：

```python
import argparse

parser = argparse.ArgumentParser()
                    至少一個輸入值        ← 轉成整數
parser.add_argument('-s', '--sum', nargs='+', type=int,
                    required=True, help='計算加總', action='store')
                    將此參數設為「必填」
args = parser.parse_args()
total = 0
                                    action參數可省略不設，
                                    其預設就是'store'。
print('sum參數列表：', args.sum )
for val in args.sum :
    total += val    ← 逐一取出參數列表值，予以加總。

print('加總結果：', total)
```

nargs 用於定義參數值的數量，其可能值如下：

● **數字**：參數值的絕對數量，例如：nargs=5，代表一定要有 5 個參數值。

● **?**：0 或 1 個參數。

● ***：0 或更多參數。

● **+**：至少一個參數。

執行此程式時，若沒有指定 -s 或 --sum 參數，或者參數值不是整數，都會出現錯誤訊息提示：

```
D:\python> python calc.py -s 24 a  ← 非整數
usage: calc.py [-h] -s SUM [SUM ...]
calc.py: error: argument -s/--sum: invalid int value: 'a'
```
不是整數值：'a'

4-6 直接執行 Python 程式檔

在 macOS 和 Linux 平台上的 Python 程式檔，可以直接在終端機輸入 .py 檔名執行它，前面不需要再加上 "python3"。假設目前的路徑有個 demo.py 程式檔，在終端機執行它：

'./' 代表當前目錄   Linux 系統的終端機視窗

```
                        pi@raspberrypi:~            _ □ ×
檔案(F)  編輯(E)  分頁(T)  說明(H)
pi@raspberrypi:~ $ ./demo.py
```

能直接在終端機執行的 Python 程式檔，必須先滿足兩個條件：

1. 程式碼開頭有指出執行此程式所需的 Python 直譯器所在路徑。

2. 程式檔具有**執行**權限，否則它就只是一般文件。

指出 Python 直譯器所在路徑的敘述，要寫在程式碼第一行，用 #!（井號和驚嘆號）開頭，後面跟著 Python 直譯器路徑，不同系統的預設路徑也不一樣：

● **macOS 系統**：#!/usr/bin/env python3

● **Linux 系統**：#!/usr/bin/python3

以上文計算加總的 calc.py 程式檔為例，在 macOS 系統上，請在它的第一行加入：

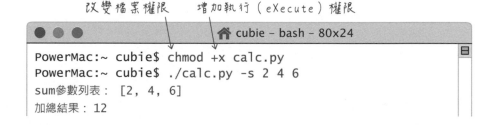

其中的 #! 這兩個字元，合稱 Shebang 或 Hashbang。存檔之後，透過 chmod（代表 change mode，直譯為「改變模式」或「改變權限」）命令，替此檔案增加執行權限，就能夠直接執行它了。檔名前面必須加入 './'，否則系統會找不到檔案。

```
改變檔案權限        增加執行（eXecute）權限

PowerMac:~ cubie$ chmod +x calc.py
PowerMac:~ cubie$ ./calc.py -s 2 4 6
sum參數列表： [2, 4, 6]
加總結果： 12
```
（🏠 cubie – bash – 80x24）

在 Windows 平台直接執行 Python 程式檔

上一節的作法不適用於 Windows 系統；Windows 系統支援把執行命令寫成一個 .bat 檔（代表 "batch"，批次），並且認定 .bat 是可執行檔。**.bat 是純文字檔**，可用記事本或 VS Code 建立。假設要被執行的 calc.py 程式檔位於 D 磁碟的 python，請在記事本中輸入左下角那一行敘述，並將檔案命名成 calc.bat（**檔名不重要，但副檔名必須是 .bat**），儲存在任意路徑。

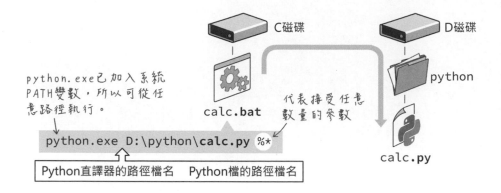

實際的記事本內容像這樣：

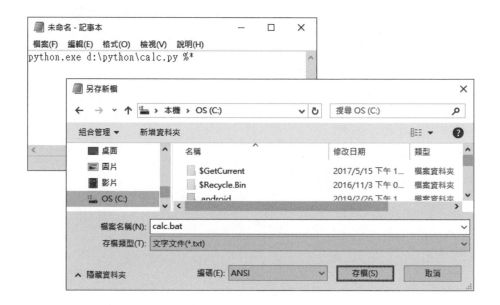

接著即可在命令提示字元或 PowerShell 中執行 .bat 檔，若是在 PowerShell 中，.bat 檔前面的 '.\' 不能省略，在命令提示字元中可以省略：

4-7 「可變」與「不可變」的資料類型和 Tuple（元組）

若依內容能否被修改（變動）來區分，Python 資料分成兩大類：

- 可變（mutable）：列表（list）、集合（set，參閱第 5 章）、字典（dict，參閱第 7 章）、自訂類別（參閱第 8 章）和位元組陣列（bytearray，主要用於序列埠和網路通訊，請參閱《**超圖解 Python 物聯網實作入門**》一書第 6 章）。

- 不可變（immutable）：元組（tuple）、range（範圍）、字串、布林、整數...等其他所有類型。

字串是個由多個字元組成的循序型資料（sequence，也就是元素依數字編號），可透過索引取出其中的字元，但程式無法修改字串的某個字元：

```
>>> txt = 'hello'
>>> txt[1]    ←———— 讀取字元1
'e'
>>> txt[1] = 'a'    ←———— 設定字元1
Traceback (most recent call last):
  File "<stdin>", line 1, in <module>
TypeError: 'str' object does not support item assignment
```

類型錯誤：字串物件不支援元素設定

底下是另一個例子。若查看變數的 id 識別碼，可以發現列表在修改前後，識別碼都一樣，代表 data 變數始終參照到同一個列表；而右下方程式裡的數字值改變後，同一個變數的 id 識別碼也變了：

```
>>> data = [True, 'python', 3.7]     >>> num = 10
>>> id(data)                          >>> id(num)
2074701226632                         140728774812784
>>> data[0] = False  ← 修改元素值     >>> num += 2  ← 改變數字值
>>> id(data)                          >>> id(num)
2074701226632  ← 識別碼相同          140728774812848  ← 識別碼不同
```

因為數字值不可變，所以每次修改變數值，變數實際上是參照到新的數字物件
（參閱第 2 章）：

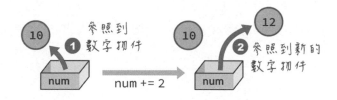

用 is 判斷變數是否參照到相同的物件

判斷兩個變數的值是否相同時，使用 "=="（兩個連續等號）；判斷兩個變數是
否參照到同一個物件，則是用 is。例如：

```
>>> s1 = [3, 6, 9]
>>> s2 = [3, 6, 9]
>>> s1 == s2  ← 判斷資料值是否相同
True
>>> s1 is s2  ← 判斷是否為同一組資料
False
```

如果把 s1 設定給 s3 變數，它們就參照到同一組資料了。

```
>>> s3 = s1  ← 讓 s3 參照到 s1 的資料
>>> s1 is s3
True
```

內容不可變的循序類型：tuple（元組）

除字串外，Python 語言的三個基本循序類型為：

● **list**（列表），例如：[True, 'python', 3.7]，包含從 0 開始編號的 3 個元素
資料。

● **range**（範圍），例如：range(3, 8)，代表從 3~7 的數字序列，通常用在 for
迴圈。

● **tuple(元組)**，例如：(True, 'python', 3.7)，包含從 0 開始編號的 3 個元素
資料。

「元組」相當於內容不可被修改的「列表」。列表使用方括號包圍元素，元組選
擇性地使用小括號。

列表（list）

users = ['小明', '小華']

元組（tuple）

types = ('AB', 'A', 'B', 'O')

選擇性地用小括號包圍　　用逗號分隔元素

指定一組資料時，只需要用逗號分隔，整個資料將以**元組**格式儲存，例如：

```
Python 3                                              _ □ ✕
>>> user = '小明', 'O', 145, '38KG'  ←── 一串逗號分隔資料
>>> type (user)
<class 'tuple'>  ←── 確認是元組類型
```

元組也跟列表一樣使用方括號取得其中某個元素：

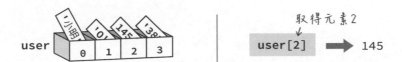

取得元素2

user[2] ➡ 145

如果要設定僅包含一個元素的元組，請採用底下任一語法：

逗號結尾

id = (13 ,)　　　　或　　　　id = 13 ,

同時指派多個變數值

Python 允許在同一行敘述，透過**逗號**分隔指派多個變數值，例如，底下兩個程式片段都能設定 var1 和 var2 的值：

```
var1 = 123
var2 = 'abc'
```

簡化成一行　➡

```
var1, var2 = 123, 'abc'
```

這項特異功能可用於交換兩個變數內容，底下的敘述中，x 值原本是 10，執行到第 2 行之後就和 y 值交換，變成 20：

```
x, y = 10, 20
x, y = y, x
```

一次指派多個變數值的敘述，適用於**字串**、**列表**和**元組**等循序類型的資料格式，像右圖的 val 是包含 3 個元素的元組，執行到第 2 行之後，元組的值將分別設定給 x, y 和 z 變數：

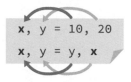

```
val = 12, 34, '方形'
x, y, z = val
```

12　　34　　'方形'

附帶一提，同時指派多個值時，若變數和資料的數量不同，將會引發錯誤：

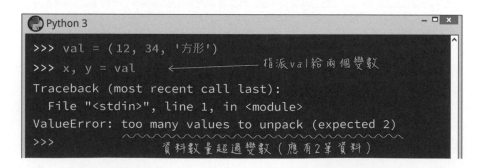

Python 3

```
>>> val = (12, 34, '方形')
>>> x, y = val           ← 指派 val 給兩個變數
Traceback (most recent call last):
  File "<stdin>", line 1, in <module>
ValueError: too many values to unpack (expected 2)
>>>
```

資料數量超過變數（應有 2 筆資料）

擷取部份範圍資料

擷取循序資料元素時，方括號裡的數字可以是負數，代表「從後面」計算。例如：

```
she = ['Selina', 'Hebe', 'Ella']
she[-2]
```

⬇ 取得倒數第 2 個元素

'Hebe'

```
msg = 'Maker'
msg[-3]
```

⬇ 取得倒數第 3 個字元

'k'

也可以用冒號界定擷取範圍，最後一個元素索引編號要加 1：

```
Python 3
>>> msg = 'Keep Hacking'
>>> msg[5:9]
'Hack'
```

```
Keep Hacking
0 1 2 3 4 5 6 7 8 9 10 11
          ↑       ↑
         開始      結束
```

若省略冒號後面的數字，代表取到最後一個元素；省略前面的數字，代表從第一個元素開始擷取。

```
                0      1      2      3      4      5
picts = ( 'JPG', 'PNG', 'GIF', 'BMP', 'TIF', 'SVG' )
```

picts[1:3] ➡ ('PNG', 'GIF')

picts[3:] ➡ ('BMP', 'TIF', 'SVG')

picts[:3] ➡ ('JPG', 'PNG', 'GIF')

透過 *args 讓函式接收任意數量參數與 assert（斷言）指令

字串物件有個 join() 方法，能把元組或列表資料，用指定的字串或單一字元串接在一起，例如：

用此字元串接

字串.join(元組或列表) ➡ '|'.join(('下雨天', '留客天')) ➡ '下雨天|留客天'

元組

假設我們要建立一個可用指定字元（預設為 '/'）串接任意字串的函式，右邊是執行結果：

3個參數

concate('blog', 'img', 'pict.jpg') ➡ 用斜線串接 ➡ 'blog/img/pict.jpg'

自訂函式

4個參數

concate('標題', '圖片', '價格', '網址', sep=',') ➡ 指定串接字元 串接 ➡ '標題,圖片,價格,網址'

此自訂函式的寫法如下，"*args" 代表任意數量參數，args 的原意是 **arg**uments（參數），可以用其他名稱命名，但習慣上都命名成 "args"。傳入函式的任意數量參數是元組格式值。

代表任意數量參數   後面可接選擇性參數

```
def concate(*args, sep='/'):
    return sep.join(args)
```

取得參數值（元組格式）

若函式有「必填」參數，請加在任意數量參數前面，像這樣：

必填參數   assert 測試內容, '錯誤訊息'

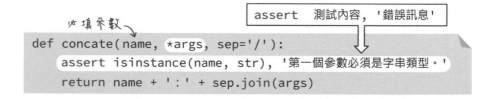

```
def concate(name, *args, sep='/'):
    assert isinstance(name, str), '第一個參數必須是字串類型。'
    return name + ':' + sep.join(args)
```

其中的 assert（直譯為「斷言」）指令，用於確認「測試內容」是否為**真**（**True**），如果不是的話，則拋出 **AssertionError**（**斷言錯誤**），停止程式並顯示後面的「錯誤」訊息。

isinstance() 函式則用於確認資料類型並傳回 True（是）或 False（否），類型參數值可以是 int（整數）、float（浮點數）、bool（布林）、complex（複數）str（字串）、list（列表）、dict（字典）、set（集合）或 tuple（元組）。執行結果如下：

```
>>> concate(10, 'img', 'pict.jpg')
Traceback (most recent call last):
  File "<stdin>", line 1, in <module>
  File "<stdin>", line 2, in concate
AssertionError: 第一個參數應該是字串類型。
```

```
>>> concate('網址', 'img', 'pict.jpg')
'網址：img/pict.jpg'
```

⚡ 透過 **kwargs 讓函式接收任意數量的具名參數

函式也可以透過 **kwargs（代表 **k**ey**w**ord **arg**uments，關鍵字/具名參數）接受任意數量的具名參數，接收到的參數值類型是字典格式。範例如下：

代表任意數量具名參數

```
def goods(**kwargs):          「字典」類型資料
    for key in kwargs:
        print(f'{key}的值是{kwargs[key]}')
```

執行此函式的結果：

```
>>> goods(name='燈塔水母', price=199, qty=2)
name的值是燈塔水母
price的值是199
qty的值是2
```

本章重點回顧

● Windows 和 macOS 系統的檔案路徑分隔字元不同，透過 os 程式庫的 path.join() 可連結路徑並加上正確的路徑分隔字元。

● 需要接收使用者在 CLI 介面的輸入參數時，可採用 argparse 套件處理，選擇性的參數名稱用 '-' 或 '--' 開頭，例如：'-h' 或 '--help'。

● time 程式庫的 time() 函式傳回時間的是自 1970 年 1 月 1 日零時至今的**浮點數字**秒數，搭配 localtime() 將能轉成本機的現在日期與時間。

● 在 Windows 系統上格式化包含中文的日期時間字串時，需要先用 locale 程式庫把 Python 的執行區域環境設置成中文。

● 在 macOS 和 Linux 系統中，透過在程式碼第一行設置 Python 直譯器路徑，並替檔案賦予「執行」權限，即可直接在終端機中執行該程式檔。Windows 平台則需要額外設置 .bat（批次）執行檔。

● Python 資料分成**「可變」**和**「不可變」**兩大類，不可變代表其值不可被修改（如：字串裡的字元），或者每次修改資料時（如：10＋2），都會產生一個新資料物件，舊的資料物件將被刪除。

● 元組（tuple）是不可變的循序類型，其值是由逗號分隔的一串資料；如果只有一個元素，元素資料要用逗號結尾，像這樣：(10,)。

● 存取循序型資料元素的索引值，可以是負值，代表「倒數第幾個」；方括號裡面可以用冒號 (:) 指定擷取範圍。

5

00101

建立命令行工具：
下載 YouTube 影片

5-1 使用 pip 安裝 Python 套件

除了內建的標準程式庫，Python 還有大量由其他程式設計師開發的程式庫，以模組或**套件（package）**的形式收錄在 PyPI（Python Package Index，Python 套件索引）網站（pypi.org）。套件是一組執行某項功能的模組的集合，用餐點來比喻，模組是「單點」，套件則是「套餐」。例如，「公車動態查詢」程式可能由網路通訊、資料擷取和篩選等模組構成，這樣的一組工具程式就稱為「套件」。

一杯飲品（模組）

一份套餐（套件）

下文將採用 Nick Ficano 先生開發的 pytube 程式庫來下載 YouTube 視訊，我們可在 PyPI 網站搜尋並閱讀 pytube 程式庫的說明：

輸入套件關鍵字進行搜尋

如同網頁上的說明，套件可以透過 **pip 套件管理工具**，在命令提示字元進行安裝。在某些電腦安裝套件時，會出現權限不足的錯誤，例如：終端機裡的紅色訊息 "ERROR: Could not install packages due to …:"（因為〇〇原因而無法安裝套件），請在 pip 命令後面加上 --user 參數：

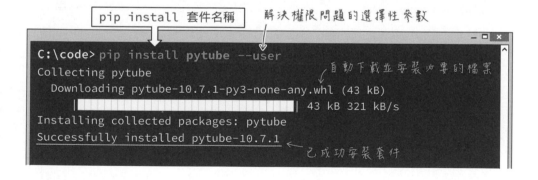

在 macOS 的終端機操作示範如下，**pip3 命令代表安裝 Python 3 的程式庫**；macOS 內建 Python 2.x 版，執行 pip 則是安裝 Python 2 的程式庫。**sudo 是 Linux/Unix 的系統指令**，代表「以系統管理員身份執行」命令。因為某些程式庫會被安裝在系統文件夾，需要有管理員的權限才能順利安裝（pytube 程式庫並不需要管理員權限才能安裝，但是加上 sudo 也無妨）。

代表替Python 3安裝程式庫

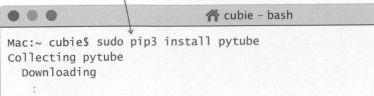

```
Mac:~ cubie$ sudo pip3 install pytube
Collecting pytube
  Downloading
          :
```

pip 會自動搜尋、下載並安裝指定的套件。**假如 Windows 系統之前也安裝了 Python 2.x 版,請把 "pip" 指令換成 "pip3"。**執行 pip 指令若出現底下的訊息,代表目前執行的是 Python 2.x 版的 pip:

這段訊息指出,Python 2.7的生命週期將於2020年1月1日終止,未來的pip工具也不再支援2.7版。

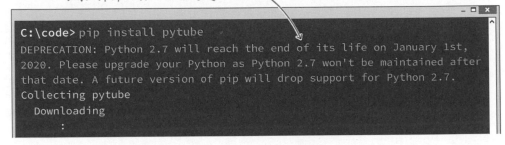

```
C:\code> pip install pytube
DEPRECATION: Python 2.7 will reach the end of its life on January 1st,
2020. Please upgrade your Python as Python 2.7 won't be maintained after
that date. A future version of pip will drop support for Python 2.7.
Collecting pytube
  Downloading
         :
```

使用 pip 檢視、更新和解除安裝套件

pip 套件管理員具備**列舉 (list)、更新 (upgrade)** 和**解除安裝 (uninstall)** 等功能。例如,list 參數可列出目前已安裝的所有套件,搭配 "─outdated"(代表「過期」)或單一字母 **"-o"** 參數可僅列出有新版本可用的套件:

列舉過期版本的套件

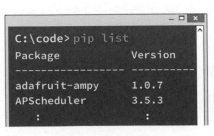

```
C:\code> pip list
Package          Version
---------------  ---------
adafruit-ampy    1.0.7
APScheduler      3.5.3
    :              :
```

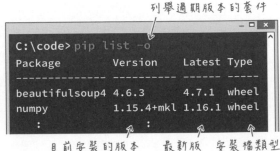

```
C:\code> pip list -o
Package          Version     Latest  Type
---------------  ----------  ------  -----
beautifulsoup4   4.6.3       4.7.1   wheel
numpy            1.15.4+mkl  1.16.1  wheel
    :
```

目前安裝的版本　　最新版　安裝檔類型

Python 套件管理工具也隨程式語言演進，最早期的套件管理工具是 distutils，目前的主流工具是 pip。每一種套件管理工具支援的套件封裝格式也不太一樣，「封裝」代表把套件的原始碼和相關資源全都壓縮成一個檔案，easy_install 支援 .egg 格式；因為 Python 原意是「蟒蛇」，而蛇類是卵生，因此套件封裝格式用 .egg（卵）命名。

PyPI 套件索引網站也稱為 "Cheese Shop"（起司店），因為 Python 語言命名來源的英國 "Monty Python" 表演團體，有一齣喜劇名叫 Cheese Shop，而許多起司的外觀多呈扁平輪狀（wheel），也因此 pip 套件的封裝格式命名為 .whl。

show 參數可顯示套件的開發者、網址、安裝路徑、相依模組...等詳細資料，例如：

若套件有新版本，可透過 --upgrade 或者 -U 參數進行更新：

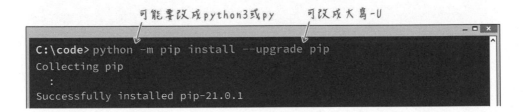

```
C:\code> pip install -U pytube
Collecting pytube
    :
Successfully installed pytube-10.7.1
You are using pip version 20.2.3, however version 21.0.1 is available.
You should consider upgrading via the 'python -m pip install --upgrade p
```
U大寫　　已成功安裝最新版　　　這個訊息指出 pip 工具有新版本

如果 **pip 工具本身**有新版本，請執行底下的命令升級：

可能要改成 python3 或 py　　　可改成大寫 -U

```
C:\code> python -m pip install --upgrade pip
Collecting pip
    :
Successfully installed pip-21.0.1
```

輸入 "pip install -U pip" 也能升級 pip 工具，命令前面的 python -m 用於指定要升級的 python 版本；假設你的系統安裝了 Python 2 和 3 兩個版本，底下的命令將指定升級 Python 3 的 pip 工具，**"-m" 參數代表最低需求版本**（**minimal**）：

```
python3 -m pip install -U pip
```

pip 的 **uninstall 參數用來解除安裝指定的套件**，實際解除安裝之前，它會先列舉該套件的檔案路徑和內容讓我們確認是否刪除。底下是解除安裝 autopep8 套件的命令示範：

```
C:\code> pip uninstall autopep8
Uninstalling autopep8-1.4.3:
  Would remove:
    c:\users\cubie\appdata\roaming\python\python37\scripts\autopep8-scri
    :
Proceed (y/n)? n
```
列舉將要移除的檔案
← 按 y 確認刪除；按 n 取消

5-2 YouTube 影音的 Codec 與下載視訊

編寫下載 YouTube 影音程式之前，先認識一下視訊壓縮的術語。為了縮減視訊和聲音檔的大小，影音資料都會透過所謂的「**壓縮編解碼程式**」（**co**mpress 和 **dec**ompress，亦即「壓縮」和「解壓縮」前幾個字母的組合，簡稱 **CODEC**）來壓縮，並且在播放時由播放器軟體進行解壓縮。視訊和聲音通常採用不同的壓縮編解碼程式，例如，藍光影片的視訊採用 **H.264 壓縮編碼**，而音訊則採用 DTS 或其他編碼技術，但是視訊和聲音都會存放在同一個檔案裡面。

如果不壓縮視訊的話，標準畫質的 NTSC（台港地區的電視訊號標準，720x480 像素）視訊每秒鐘將佔用 27MB（位元組）的磁碟空間：一張單面單層的 DVD 光碟（可用空間約 4.5GB）大約只能存放 2.8 分鐘的未壓縮視訊（未壓縮的聲音每秒鐘約 150KB）。

我們常看到的影片副檔名，諸如：AVI, MP4, MKV...等等，都只是承載影音資料的容器（載體），檔案裡面的視訊和聲音，有各自的壓縮格式。

為了讓不同裝置（遊戲機、手機、電腦和電視）與軟體都能順利播放影片，當我們上傳一段影片到 YouTube 之後，YouTube 會以不同編碼格式將影片轉存成不同解析度。YouTube 的視訊存檔格式包括：

● **MP4**：高畫質視訊壓縮編碼採用與藍光影片相同的 H.264，軟硬體廠商需要支付權利金。

- **WebM：**視訊壓縮編碼採用 Google 資助的免權利金 VP8 或 VP9 格式，在相同傳輸率或檔案大小的情況下，視訊品質通常優於 H.264 壓縮的 MP4。

- **3GP：**專為早期低頻寬的 GSM 手機開發的低解析度格式。

下載 YouTube 視訊的程式開發步驟

使用 pytube 程式庫開發 YouTube 視訊下載程式的步驟如下：

1   在 Python 直譯器中，輸入底下敘述建立名叫 yt 的 YouTube 物件：

```
Python 3
>>> from pytube import YouTube
>>> yt = YouTube('https://youtu.be/siQJhIp-UTU')
>>>
```

物件名稱 = **YouTube('YouTube視訊網址')**

包含下載YouTube
功能的物件

接著就能透過此物件存取影片的資訊，例如，透過 title 屬性取得影片標題：

```
>>> yt.title
'Angela Aki - 手紙~拜啟 給十五歲的你~ 電影《再會吧！青春小鳥》主題曲'
```

在 macOS 執行上面的 pytube 程式敘述，若出現如下的 "certificate verify failed" 憑證驗證錯誤（錯誤訊息通常都是看最後一行，憑證相當於驗證使用者身份的證書，用於安全連網，請參閱第 7 章說明）：

```
urllib.error.URLError:<urlopen error [SSL:CERTIFICATE_VERIFY_
FAILED] certificate verify failed:unable to get local issuer
certificate (_ssl.c:1056)>
```

請雙按 Python 3 安裝檔案夾裡的 "Install Certificates.command"（安裝憑證）檔，此檔案夾預設位於「應用程式」路徑，例如：「應用程式（Applications）/Python 3.7」。

它將開啟終端機並安裝憑證檔案：

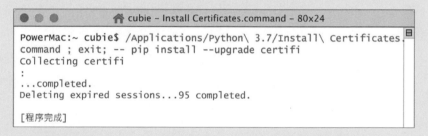

上面的操作等於自行在終端機執行底下的 pip 命令，安裝 "certifi" 套件。

"certifi" 套件安裝完畢後，即可順利執行 pytube 程式敘述。

2　　查看視訊的全部檔案格式：

上面指令將傳回所有檔案格式的列表：

```
[<Stream:itag= "22" mime_type= "video/mp4" res= "720p" fps=
"30fps" vcodec= "avc1.64001F" acodec= "mp4a.40.2" >, ...中略...
<Stream:itag= "251" mime_type= "audio/webm" abr= "160kbps"
acodec= "opus" >]
```

列表的每個元素各自代表一個媒體檔案的資訊，像底下這個元素指
出它是 720p 畫質的 MP4 影片檔：

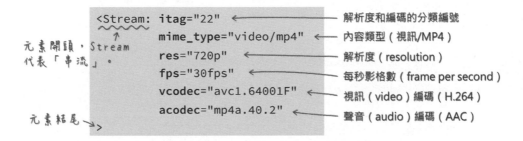

YouTube 將不同影音格式用 itag 編號分類，編號 22 代表 720p 的高
畫質影片、編號 85 代表 Full HD 的 3D 高畫質影片、編號 172 代表
256 Kbps 高品質音訊檔...等等，我們不用理會這個編號。

05

3 pytube 物件具有 filter() 方法，能幫助我們從檔案格式列表中篩選出
指定格式。底下敘述將篩選出所有 1080p（Full HD 高畫質）的視訊：

```
>>> yt.streams.filter(resolution="1080p")
```
　　　　代表「篩選」　　　代表「解析度」

從傳回值可看出，這個影片有兩個 1080p 格式的檔案：

```
[<Stream:itag= "137" mime_type= "video/mp4" res= "1080p" fps=
"30fps" vcodec= "avc1.640028" >, <Stream:itag= "248" mime_
type= "video/webm" res= "1080p" fps= "30fps" vcodec= "vp9" >]
```

若指定條件的媒體檔案不存在，它將傳回空列表。"resolution"（解
析度）屬性可簡寫成 "res"，我們也能用列表索引數字，擷取第一個
1080p 格式的視訊：

第一筆符合條件的媒體格式

```
>>> yt.streams.filter(res="1080p")[0]
<Stream: itag="137" mime_type="video/mp4" res="1080p"
fps="30fps" vcodec="avc1.640028">
```

也能用 first() 方法擷取第一個元素，或用 last() 擷取最後一個元素；
first() 和 last() 都是 pytube 物件提供的操作列表元素的方法。

第一筆符合條件的媒體格式

```
>>> yt.streams.filter(res="1080p").first()
<Stream: itag="137" mime_type="video/mp4" res="1080p"
fps="30fps" vcodec="avc1.640028">
```

filter() 方法可接受多個篩選參數，參數之間用逗號分隔。底下的敘述
將篩選出 1080p 畫質、採用 "VP9" 編碼的全部視訊：

指定視訊編碼格式

```
>>> yt.streams.filter(res="1080p",video_codec="vp9")
[<Stream: itag="248" mime_type="video/webm" res="1080p"
fps="30fps" vcodec="vp9">]
```

這個敘述將篩選出 1080p 畫質的 "WebM" 格式視訊：

指定檔案格式

```
>>> yt.streams.filter(res="1080p",subtype="webm")
```

4　決定好要下載的視訊格式之後，執行 download() 即可下載它。下載
過程中，它不會顯示任何訊息，下載檔將以視訊標題命名，儲存在目
前執行 Python 程式的路徑。

```
>>> stream = yt.streams.filter(res="1080p").first()
>>> stream.download()
>>>                    ← 下載指定的媒體格式
```

5-3 YouTube 下載器的程式規劃

本單元程式叫做 tube.py，執行此程式時在命令後面添加 'h' 參數，它將顯示各個選擇性參數以及一個必要的 url 參數和說明：

```
C:\code> python tube.py -h
usage: tube.py [-h] [-sd] [-hd] [-fhd] [-a] url

                              方括號代表選擇性參數
positional arguments:
  url           指定YouTube視訊網址

optional arguments:
  -h, --help  show this help message and exit
  -sd           選擇普通 (480P) 畫質
  -hd           選擇HD (720P) 畫質
  -fhd          選擇Full HD (1080P) 畫質
  -a            僅下載聲音
C:\code>
```

執行此程式時，在後面添加 YouTube 影片的網址以及下載的解析度，假如該影片沒有指定的解析度，它將列舉可用的解析度讓使用者選擇；輸入選擇編號並按下 Enter 鍵之後，就開始下載影片。

```
                tube.py YouTube視訊網址 解析度

C:\> python tube.py https://youtu.be/HdkJ9N1QtvM -fhd
沒有您指定的解析度，可用的解析度如下：      代表Full HD
1) 720p
2) 480p
3) 360p
4) 240p                    輸入選擇編號
5) 144p
請選擇 ( 預設720p ) : 1
```

若輸入 -a 參數，就只有聲音被下載。下載過程中，命令行將顯示下載進度百分比值。

```
C:\code> python tube.py https://youtu.be/siQJhIp-UTU -a
下載中... 77.49%                                      只下載聲音
```

筆者把完成上述功能的程式碼，分別寫成四個自訂函式：

tube.py

download_video()	video_res()	onProgress()	pyTube_folder()
下載YouTube影片	列舉可用的解析度	顯示下載進度	設置儲存影片的資料夾

依解析度參數下載影片，或提供解析度清單讓使用者選擇。

產生並排序可用的解析度清單

判斷用戶端是Windows或Mac

處理下載 YouTube 的命令行參數介面

根據上文的規劃，新增與處理 YouTube 參數的程式碼如下：

```python
def main():
    parser = argparse.ArgumentParser()
    parser.add_argument('url', help="指定YouTube視訊網址")      # 必填的參數
    parser.add_argument('-sd', action="store_true", help="480P畫質")
    parser.add_argument('-hd', action="store_true", help="720P畫質")
    parser.add_argument('-fhd', action="store_true", help="1080p畫質")
    parser.add_argument('-a', action="store_true", help="僅下載聲音")

    args = parser.parse_args()
                                              # 自訂函式
    yt = YouTube(args.url, on_progress_callback=onProgress)
    download_video(yt, args)                   # 下載進度的回呼參數
```

下載影片的自訂函式

YouTube() 函式的選擇性 on_progress_callback 參數，可以傳入自訂函式，它會在有更新下載進度時，自動被程式呼叫執行。像這種**當發生某個事件而自動被呼叫執行的函式，統稱回呼（callback）函式**。請注意，指定回呼函式的敘述中，函式名稱後面**不要**加小括號，因為小括號代表「立即執行」函式。

在命令行顯示下載進度

宣告 YouTube 物件時，可一併設定偵聽「下載進度 (progress)」和「下載完畢 (complete)」事件的回呼函式。一旦設定了「下載進度」回呼函式，在影片下載過程中，該函式就會不停地被觸發，程式將能藉此顯示如下圖的下載進度：

```
C:\code> python tube.py https://youtu.be/siQJhIp-UTU -hd
下載中... 13.68%
```

筆者將「下載進度」回呼函式命名為 onProgress，它接收 4 個參數，但程式通常只用到第一和最後一個。

● **stream**：串流物件

● **chunk**：接收到的媒體檔案資料

● **bytes_remaining**：尚未載入的剩餘檔案位元組大小

下載進度百分比的計算方式如下：

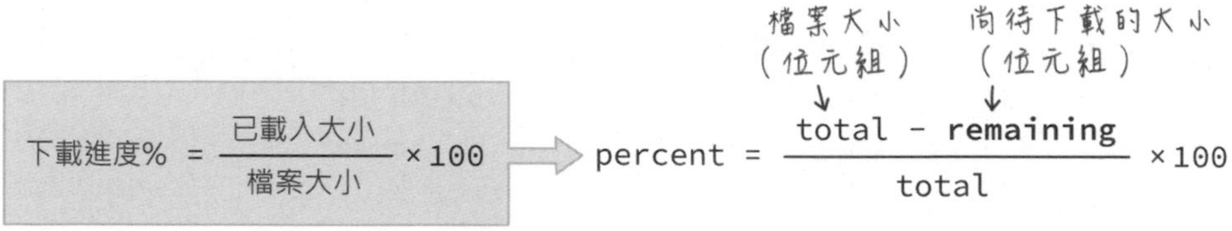

$$下載進度\% = \frac{已載入大小}{檔案大小} \times 100 \Longrightarrow percent = \frac{total - remaining}{total} \times 100$$

（檔案大小（位元組）、尚待下載的大小（位元組））

「檔案大小」資訊可從 stream 的 filesize 屬性取得，完整的顯示下載進度的自訂函式程式碼如下：

```python
def onProgress( stream, chunk, remaining ):
    total = stream.filesize
    percent = ( total - remaining ) / total * 100
    print ( '下載中...{:05.2f}%'.format( percent ), end='\r' )
```

串流物件　　檔案資料內容　　尚待下載的位元組大小

格式化浮點數字

為了讓下載進度訊息更新顯示在同一行，而不是呈現在不同行，print() 要用「\r」（歸位）字元結尾；**'\r' 代表「把游標移到一行的開頭」**，所以每次顯示時，文字都會呈現在同一行。

格式化浮點數字的 **{:05.2f}**，代表「預留 5 個字元空間，小數點後留兩位，不足部份補 0」，例如：

```
percent = 3.7
print ( '下載中...{:05.2f}%'.format( percent ) )
```
➡ 下載中...03.70%

```
percent = 65.4321
print ( '下載中...{:05.2f}%'.format( percent ) )
```
➡ 下載中...65.43%

下載影片的自訂函式

負責下載影片的 download_video() 函式，將接收兩個參數。程式本體需要執行數次 yt.streams.filter 方法，為了少打一些字，筆者將它存入一個變數，此舉相當於建立簡寫。

```
                    YouTube物件           命令行參數物件
def download_video(yt, args):
    filter = yt.streams.filter   ← 把冗長的常用敘述存入變數

    if args.hd:              ← 等同輸入：yt.streams.filter
        target = filter(type='video', resolution='720p').first()
    elif args.fhd:
        target = filter(type='video', resolution='1080p').first()
    elif args.sd:
        target = filter(type='video', resolution='480p').first()
    elif args.a:
        target = filter(type='audio').first()   ← 選定第一個可用的聲音檔
    else:   # 未輸入任何選擇性參數
        target = filter(type='video').first()   ← 選定第一個可用的視訊檔

    target.download(output_path=pyTube_folder())      # 開始下載
              指定存檔路徑            傳回系統路徑的自訂函式
```

這個函式將依照命令行的參數，將指定解析度影片下載到系統預設的「影片」路徑；若原始影片沒有指定的解析度，則自動選定第一個可用的解析度。

5-4 將影片存入系統的預設路徑： 辨別系統平台

Windows 和 macOS 系統都有存放視訊檔的預設路徑，筆者打算在此路徑新增一個 "PyTube" 資料夾，存放從 YouTube 下載的視訊檔。此預設路徑為：

● **Windows：**C:\Users\使用者名稱\Videos

● **macOS：**/Users/使用者名稱/Movies

由於兩個系統的路徑名稱不同，所以 Python 必須依據目前執行的系統平台決定存檔路徑。Python 的 platform（平台）程式庫的 system() 函式能傳回平台名稱，release() 函式可傳回版本編號。

> 中文版下存放視訊檔的路徑都叫做「影片」。

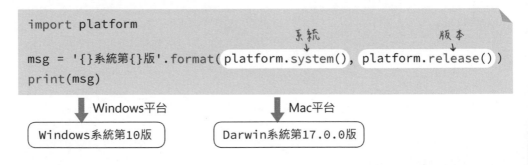

判斷系統平台並在預設的「影片」路徑新增 PyTube 資料夾的自訂函式程式碼如下，假設電腦使用者名稱叫 'cubie'，在 Windows 上執行此函式，它將傳回：'C:\Users\cubie\Videos\PyTube'。

```
from os import path
import platform

def pyTube_folder():
    sys = platform.system()
    home = path.expanduser('~')    # 使用者家目錄

    if sys == 'Windows':
        folder = path.join(home, 'Videos', 'PyTube')
    elif sys == 'Darwin':    # macOS系統
        folder = path.join(home, 'Movies', 'PyTube')

    if not os.path.isdir(folder):    # 若'PyTube'資料夾不存在...
        os.mkdir(folder)             # 則新增資料夾

    return folder    # 傳回資料夾路徑
```

Users

使用者家目錄

Videos

PyTube

5-5 使用 set（集合）建立 不重複的選項列表

從上文「下載 YouTube 視訊的程式開發步驟」一節可知，yt.streams.filter() 方法
可能傳回同一個解析度、多種格式的檔案列表：

```
yt.streams.filter(type='video', resolution='720p').all()
```

傳回4筆資料
（列表）

```
[ <Stream: itag="136" ... res="720p" ...>,
  <Stream: itag="247" ... res="720p" ...>,
  <Stream: itag="298" ... res="720p" ...>,
  <Stream: itag="302" ... res="720p" > ]
```

若是執行 yt.streams.all()，重複的解析度選項又更多了，我們需要剔除重複選
項，整合成選項列表：

Python 本身具備剔除重複元素的容器，叫做**「集合(set)」，用於儲存多筆無排列順序且不重複資料值**。底下是集合和列表 (list) 類型的簡單比較：

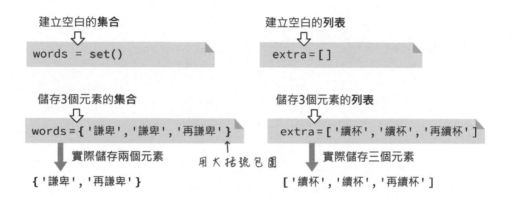

從左上圖可知，「集合」會自動刪除重複的元素。set() 也能將列表轉換成集合：

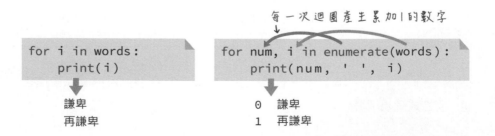

「集合」也是一種**可迭代物件**，所以能用 for 迴圈或 iter() 逐一取出內容，或者搭配 enumerate() 函式產生編號：

```
for i in words:                    for num, i in enumerate(words):
    print(i)                           print(num, ' ', i)
```

每一次迴圈產生累加的數字

```
謙卑                                 0    謙卑
再謙卑                               1    再謙卑
```

在其他程式語言的迴圈敘述之中產生自動累加的數字，需要自行編寫累加的敘述，像左下圖的寫法；這樣的寫法沒有錯，但使用 enumerate（直譯為「列舉」）自動產生累加 1 的數值，程式碼比較精簡、道地：

傳統程式思維寫出的程式碼

```
num = 0

for i in words:
    num += 1      ← 累加數字
    print(num, ' ', i)
```

道地的Python寫法

```
for num, i in enumerate(words):
    print(num, ' ', i)
```

enumerate() 不僅能用於「集合」，也能用在所有循序型資料。

若嘗試用索引編號存取集合元素，將發生錯誤，因為集合是無序類型：

```
>>> words[0]                    類型錯誤：'集合'物件不支援索引
Traceback (most recent call last):
  File "<stdin>", line 1, in <module>
TypeError: 'set' object does not support indexing
```

如果真的需要透過索引取得集合元素，必須先**把集合轉換成列表**，但請留意，因為**集合資料不是循序排列儲存**，所以轉換成列表再讀取，元素的索引位置可能跟預想的不同。

```
w_list = list(words)
print(w_list[0])
```
可寫成一行
```
print(list(words)[0])
```
顯示 → 謙卑

轉成列表再取出元素

操作集合類型資料

「集合」資料物件具有下列操作方法：

● add()：新增一個元素，不限資料類型。

● update()：新增多個元素，**元素必須是「可迭代」類型**。若嘗試存入不可迭代物件（如：數字），將引發錯誤。

- **pop()**：取出第一個元素並刪除。

- **discard()**：刪除指定元素值，若指定元素不存在則忽略。

- **remove()**：刪除指定元素值，若指定元素不存在則引發錯誤。

- **clear()**：清空整個集合。

執行「集合」的各種方法的範例如下，首先宣告一個包含 '1080p' 元素的集合：

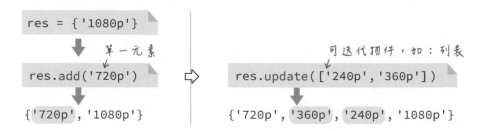

若像右下的程式，透過 update 新增字串，它將把字串拆解成單一字元存入集合：

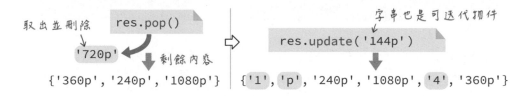

下列兩段敘述將分別刪除 '1080p' 和 '240p' 元素值：

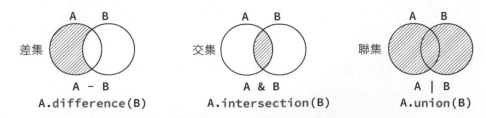

集合類型也支援**差集**、**交集**和**聯集**操作：

差集　A − B　A.difference(B)　　交集　A & B　A.intersection(B)　　聯集　A | B　A.union(B)

假設我們有兩組商品資料集合，底下的敘述將能找出兩者的不同處：

```
A = {'商品5', '商品4', '商品3'}
B = {'商品3', '商品2', '商品1'}
R = A - B
```

此行可改寫成 ➜ `R = A.difference(B)`

差集 ➜ `{'商品5', '商品4'}`

5-6 資料排序

「排序」是資料處理最普遍的操作功能之一，像是購物網站依照價格或者銷售量排列商品。列表 (list) 本身即具備 sort (排序) 方法，預設從小到大排列，透過選擇性 reverse (「反轉」之意)，可改變排列順序：

```
nums = [108, 74, 0.24, 39]
nums.sort()
```

從大到小排列
```
nums.sort(reverse=True)
```

`[0.24, 39, 74, 108]`

`[108, 74, 39, 0.24]`

字串資料則透過**字元的編碼值**來排列。電腦上的每個字元都用一個唯一的數字碼來代表。例如，字元 'a' 的數字碼是 97 (十進位)，'b' 是 98。目前**最通用的標準文/數字編碼，簡稱 ASCII** (American Standard Code for Information and Interchange，美國標準資訊交換碼)，還有另一個**支援多國語系的 Unicode 編碼**。Python 3 語言預設採用 Unicode 編碼系統中，跟 ASCII 相容的版本，叫做 **UTF-8**。

```
foods = ['bread', 'apple', 'candy']
foods.sort()
```
➜ `['apple', 'bread', 'candy']`

由於字串排序預設從第一個字元依序比較，所以排列「數字字串」的結果可能跟預期相左：

```
txts = ['108', '7.4', '24', '39']
txts.sort()
```

➡ ['108', '24', '39', '7.4']

自訂排序函式與 lamba 匿名函式語法

sort() 方法可透過自訂函式擴展排序功能。以左下圖的列表為例，假若要指定
採每一筆資料的第 2 個元素（重量）來排序，可以像右下圖一樣建立一個傳回
第 2 個元素值的自訂函式，並**將此函式設定給 sort() 方法的 key 參數**。

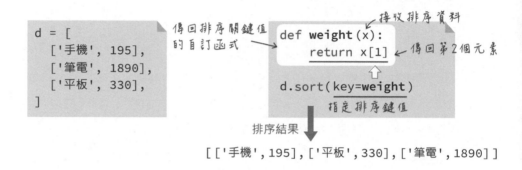

由於自訂的排序函式碼很簡短，而且僅用於 sort()，函式程式碼可用「匿名」的
方式，直接寫在 sort() 裡面。**普通的函式定義需要設定一個名字，稱為「具名」
函式**，底下是一個傳回兩個參數相加結果的具名和匿名函式的寫法，匿名函式
要用 lambda 關鍵字開頭，用冒號分隔參數和傳回值：

```
def add(x, y):
    return x + y
```

寫成匿名函式 ➡

用冒號分隔　前面不可加return

```
lambda x, y : x + y
```
參數　　傳回值

因此，上面的排序程式可以改寫成底下的型式，就不需要額外的 weight() 自訂
函式了：

```
d.sort(key=lambda x: x[1])
```
匿名函式

使用 sorted 函式排序：自訂 YouTube 畫質排序選項

我們需要把從 YouTube 串流物件取得的畫質參數，組成類似這樣的集合：

```
res_set = {'360p','240p','720p','1080p'}
```

「集合」屬於「內容不可變（immutable）」型物件，本身不具備 sort() 方法。排序集合內容，要透過 Python 內建的 **sorted() 函式**。這個函式的語法和列表的 sort() 方法一樣，支援 reverse（反向排序）及 key（自訂排序）參數。sorted() 也能排序列表，它和 sort() 的差別在於：**sort() 會改變原有的列表資料排列，sorted() 會產生新的列表，原有列表資料不變**。

```
sorted(res_set, reverse=True)
```
　　　　　↑
　　　可迭代物件 ➡ `['720p', '360p', '240p', '1080p']`
　　　　　　　　　　　　　　列表格式資料

每個畫質參數後面均有個字母 'p' 結尾（代表 progressive，逐行掃描），為了讓包含數字的字串能依照數字大小排列，程式必須：**取出其中的數字、轉換成數字類型，再進行排序**。取出數字並轉成整數的函式程式如下：

```
def num(s):
    return int(s[:-1])
```
匿名函式 ➡ `lambda s:int(s[:-1])`

從第一個取到最後一個字元之前　↓ -1
　　　　　　　　　　`'1080p'`

YouTube 畫質排序選項程式碼如下，輸入集合資料，輸出列表：

原始集合：`{'360p','240p','720p','1080p'}`

```
sorted(res_set, reverse=True, key=lambda s:int(s[:-1]))
```

排序後的列表：`['1080p', '720p', '360p', '240p']`

綜合以上說明，我們可以把「傳回 YouTube 解析度選項排序」的程式，寫成如下的自訂函式：

```
<Stream: itag="247" mime_type="video/webm" res="1080p" ...>
```

接收一個YouTube物件

```
def video_res(yt):
    res_set = set()
    video_list = yt.streams.filter(type='video').all()

    for v in video_list:
        res_set.add(v.resolution)

    return sorted(res_set, reverse=True, key=lambda s:int(s[:-1]))
```

取得全部視訊類型的串流物件

從列表的串流物件元素取出解析度值(字串)

傳回排序後的列表

執行此自訂函式，顯示解析度排序列表的程式片段，完整的程式碼請參閱 tube.py 檔。

傳入YouTube物件

```
res_list = video_res(yt)

for i, res in enumerate(res_list):
    print('{}) {}'.format(i+1, res))
```

['720p', '480p', '360p']

讓編號從 1 開始

→ 1) 720p
2) 480p
3) 360p

5-7 使用 try...except 捕捉例外狀況

在程式執行過程所發生的非預期狀況，稱為**例外 (exception)**。例如，若輸入錯誤的 YouTube 網址，影片下載程式將出現錯誤，並顯示錯誤的原因 (這個動作稱為「拋出例外」)，然後程式就停擺並關閉。

```
Python 3                                              _ □ ✕
>>> from pytube import YouTube
>>> yt = YouTube('https://swf.com.tw/')  ← 非有效的視訊網址
Traceback (most recent call last):
  File "<stdin>", line 1, in <module>

pytube.exceptions.RegexMatchError: regex pattern ...
>>>                    pytube網址解析錯誤
```

Python 語言提供 try 和 except 指令來處理例外狀況。

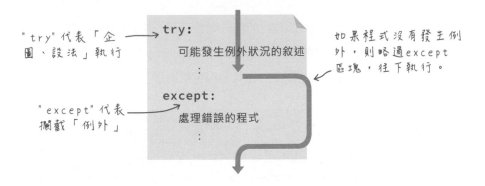

"try" 代表「企圖、設法」執行 → **try:**
　　　可能發生例外狀況的敘述
　　　　　:

如果程式沒有發生例外，則略過except區塊，往下執行。

"except" 代表攔截「例外」 → **except:**
　　　處理錯誤的程式
　　　　　:

由於影片下載程式運作過程,可能會遇到「網址解析」例外,所以請把產生 YouTube 物件的敘述放在 try 區塊裡面。執行底下的程式碼,將在終端機顯示「下載影片時發生錯誤...」的訊息。

```
from pytube import YouTube
url = 'https://swf.com.tw/'
try:
    yt = YouTube(url)     ← 嘗試取得YouTube影片
except:
    print('下載影片時發生錯誤,請確認網路連線和YouTube網址無誤。')
                          ← 若取得影片發生錯誤,則顯示此訊息。
```

另一個常見的例外處理程式,是捕捉使用者按下 `Ctrl` + `C` 鍵的**按鍵中斷**（**keyboard interrupt**）**例外**。底下的程式透過 time 程式庫的 sleep() 函式,設定暫停程式的休息時間,讓迴圈每隔 0.1 秒再執行:

```
import time

i = 0
try:
    while True:
        i += 1
        print('\r計數：{}'.format(i), end = '\r')
        time.sleep(0.1)    ← 暫停0.1秒
except KeyboardInterrupt:
    print('結束計數，i=', i)
```
唯有發生「鍵盤中斷」例外，才會執行底下的程式區塊。

except 關鍵字後面可以加入欲捕捉的例外類型名稱，像上面的程式明確指定「鍵盤中斷」例外。在終端機貼入執行此程式，它將每隔 0.1 秒增加計數值（如下圖左）；當你按下 Ctrl + C 鍵，程式將被中斷而顯示「結束計數」。

```
... except KeyboardInterrupt:
...     print('結束計數，i=', i)
...
計數：32
```

```
... except KeyboardInterrupt:
...     print('結束計數，i=', i)
...
結束計數，i= 49    ← 按Ctrl和C鍵
```

5-8 使用 FFmpeg 轉換多媒體 檔案格式

FFmpeg 是知名且被廣泛使用的免費多媒體工具程式，"FF" 代表 "Fast Forward（快轉)"，最初由 Fabrice Bellard 先生開發，它具備影音壓縮、轉檔、剪輯、合併、視訊截圖、加字幕...等諸多功能，支援 Windows, Mac 和 Linux 等系統。本單元將用它來轉換聲音檔案。

從官網 (ffmpeg.org) 下載 FFmpeg 之後，解壓縮免安裝即可執行。FFmpeg 包含 3 個文字命令工具程式，都位於 bin 資料夾，本單元只會用到其中的 ffmpeg：

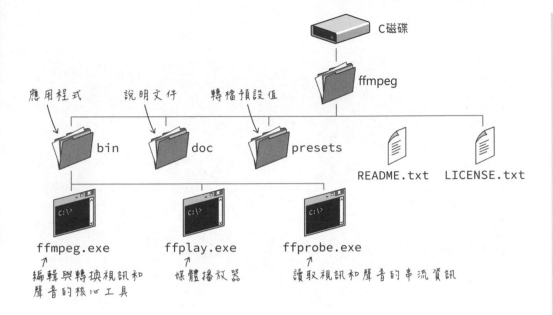

為了方便操作，筆者先把一個 MP4 檔案複製到 ffmpeg.exe 程式所在路徑：

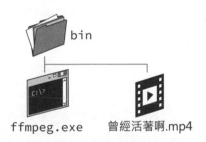

然後開啟命令提示字元，瀏覽到 ffmpeg.exe 程式所在路徑，下文假設它位於 C:\ffmpeg\bin。

轉換 MP3 音訊

最簡單的 ffmpeg 用法是透過 -i 參數取得媒體檔案資訊，指令執行後，它將提示我們沒有設定輸出檔名，請忽略這個訊息：

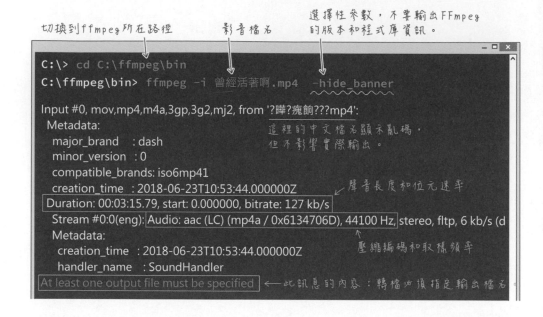

切換到ffmpeg所在路徑　　　　影音檔名

選擇性參數，不要輸出FFmpeg的版本和程式庫資訊。

```
C:\> cd C:\ffmpeg\bin
C:\ffmpeg\bin> ffmpeg -i 曾經活著啊.mp4 -hide_banner

Input #0, mov,mp4,m4a,3gp,3g2,mj2, from '?曄?瘣餉???mp4':
  Metadata:
    major_brand     : dash
    minor_version   : 0
    compatible_brands: iso6mp41
    creation_time   : 2018-06-23T10:53:44.000000Z
  Duration: 00:03:15.79, start: 0.000000, bitrate: 127 kb/s
    Stream #0:0(eng): Audio: aac (LC) (mp4a / 0x6134706D), 44100 Hz, stereo, fltp, 6 kb/s (d
    Metadata:
      creation_time   : 2018-06-23T10:53:44.000000Z
      handler_name    : SoundHandler
At least one output file must be specified
```

這裡的中文檔名顯示亂碼，但不影響實際輸出。

聲音長度和位元速率

壓縮編碼和取樣頻率

←此訊息的內容：轉檔必須指定輸出檔名

使用 -i 參數，後面加上原始檔名以及輸出檔名，ffmpeg 將依據輸出檔案的副檔名（如：.mp3）自動轉檔。不過，如果你在乎轉換後的 MP3 品質，最好自行設定位元速率，以上一節的 MP4 資訊為例，音訊的位元速率是 124Kbps，所以轉換 MP3 時，位元速率設定成 128Kbps 即可；

```
C:\ffmpeg\bin> ffmpeg -i 曾經活著啊.mp4 -vn -ab 128k 曾經活著啊.mp3
```

輸入檔名　　　　　位元速率　　輸出檔名

忽略視訊和影像資料

如果你的音訊是無損耗格式（FLAC），轉換成 MP3 時，可以選擇較高的位元速率，比方說 320Kbps，ffmpeg 支援這些音訊位元速率值：96k, 112k, 128k, 160k, 192k, 256k, 320k，位元速率越高，代表每秒紀錄的資料越多，檔案也越大。

ffmpeg 指令參數說明：

- **-ab**：設定音訊的位元速率。

- **-ar**：設定音訊取樣頻率，常見值：22050, 44100 或 48000Hz。

- **-ac**：設定聲道數，立體聲為 2。

- **-vn**：不要輸出影音檔案裡的視訊。

> 文字命令行的參數值若包含空行，像底下的媒體檔名，請用雙引號包圍參數；
>
> ```
> ffmpeg -i "Taipei 101.mp4" -vn -ab 128k "愛上 101.mp3"
> ```

⚡ 合併視訊

筆者經常使用的一項 ffmpeg 功能是把手機拍攝的數段 .mp4 視訊，在不重新編碼（也就是保持原始格式）的情況下，合併成一個視訊檔。

先把要合併的視訊檔路徑和檔名寫在一個純文字檔裡面，筆者將它命名成 videos.txt：

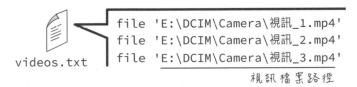

```
file 'E:\DCIM\Camera\視訊_1.mp4'
file 'E:\DCIM\Camera\視訊_2.mp4'
file 'E:\DCIM\Camera\視訊_3.mp4'
```

視訊檔案路徑

假設 videos.txt 和 ffmpeg 放在同一資料夾，合併視訊的命令如下：

```
C:\>ffmpeg -f concat -safe 0 -i videos.txt -c copy 合併視訊.mp4
```

視訊檔紀錄   合併後的視訊檔名

YouTube 的高畫質影片通常不帶音軌（無聲），需要額外下載音軌再和視訊合併。檢查影片是否有聲音並且自動下載和合併音軌的程式，請參閱筆者網站的「YouTube 影片下載（一）：合併視訊和音軌的 Python 程式」貼文，網址：https://swf.com.tw/?p=1357

5-9 從 Python 程式執行系統命令轉換媒體檔案

從 Python 程式執行 CLI 命令行指令，最簡單的方法是透過 os 程式庫的 system() 函式，像底下這樣把 "Taipei 101.mp4" 轉成 "愛上 101.mp3" 音訊：

```
import os

os.system('ffmpeg -i "Taipei 101.mp4" -vn -ab 128k "愛上101.mp3"')
```
系統命令字串

若要執行上面的敘述，Python 程式以及 ffmpeg 和媒體檔案都必須位於相同的資料夾。

底下程式宣告 4 個變數，儲存 ffmpeg 程式所在路徑（BINPATH）、位元速率（bps）、來源檔案路徑（file）及輸出檔名（name），所以 Python 程式不需要和其他檔案放在相同路徑執行。

```
import os
          用原始 ( raw ) 包圍內含單一反斜線 ( \ ) 的字串
BINPATH = r'C:\ffmpeg\bin'    # ffmpeg程式所在資料夾路徑

                            'C:\\ffmpeg\\bin\\ 曾經活著啊.mp4'
bps = '128k' # 位元速率
file = os.path.join(BINPATH, '曾經活著啊.mp4')    # 來源 ( 原始 ) 檔案路徑
name = os.path.join(BINPATH, '曾經活著啊')        # 輸出檔名

os.system(BINPATH + r'\ffmpeg -i "{0}" -vn -ab {1} "{2}.mp3"'
          .format(file, bps, name))
```
執行ffmpeg程式   輸出檔案的
                                          副檔名是.mp3

批次轉換媒體檔案

若要轉換多個影音檔，就得分別執行多次 ffmpeg 程式。本節將建立一個名叫 mp3.py 的程式，透過如下的命令行指令，即可把指定資料夾裡的全部影音檔轉換成 MP3 格式。

os 程式庫的 listdir 函式（原意是 list directory，列舉目錄），可傳回指定路徑裡的全部檔案和資料夾名稱（不包括子目錄）。程式要先透過它取得所有檔名，逐一交給 ffmpeg 轉換。

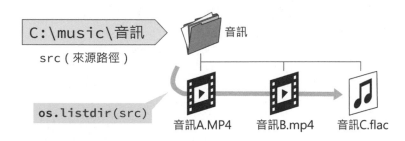

程式首先定義命令行參數：

```
import os
import argparse

FFPATH = r'C:\ffmpeg\bin\ffmpeg'   ← ffmpeg程式的路徑

parser = argparse.ArgumentParser()
parser.add_argument("src", help="來源資料夾路徑")
parser.add_argument("-b", "--bps", action="store", default='128k',
                    help="指定位元速率96, 112, 128, 160, 192, 256或320kbps")
```

底下是處理命令行參數的程式片段。為了方便比對 bps 參數值，程式讀入該參數之後，就將它全轉成小寫，如此，不管用戶輸入 "320K" 或 "320k"，其值都是 "320k"。

```
args = parser.parse_args()
src = args.src
bps = args.bps.lower()   # 字串參數全部轉成小寫

# 如果"-b"參數值非下列之一，則設定成128k。
if bps not in ('96k','112k','128k','160k','192k','256k','320k'):
    bps = '128k'
```

listdir() 函式的傳回值是**迭代器**，需要透過 for 迴圈逐一取出檔名。

```
def main(src):                        確認是資料夾
    if os.path.isdir(src):                  列舉路徑內容
        for file in os.listdir(src):               分割檔名的名稱和副檔名
檔名字串      name, ext = os.path.splitext(file)
            if ext.lower() in ('.mp4', '.flac'):   # 若副檔名是.mp4或.flac
副檔名轉小寫       file = os.path.join(src, file)
                name = os.path.join(src, name)
執行系統命令      os.system(FFPATH + ' -i "{0}" -vn -ab {1} "{2}.mp3"'
                          .format(file, bps, name))
                                          來源路徑和檔名
if __name__ == '__main__':
    main(src)
```

為了把轉換後的檔案以原始檔名（但不同副檔名）存回原始路徑，上面的程式使用 os.path 的 splittext() 方法，分割出檔名（如："音訊 A"）和副檔名（如："mp4"），再透過 join() 方法合併路徑，分別存入 file 和 name 變數：

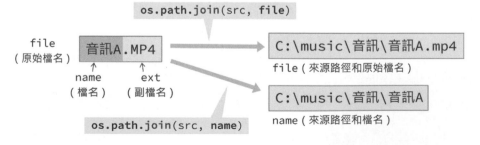

筆者將此程式命名成 mp3.py，將來執行時輸入音訊檔路徑，即可自動轉換 MP3 檔。

5-10 自訂程式模組

Python 的程式模組，其實就是一個獨立的 Python 程式檔（副檔名為.py）。 本單元將把第 3 章的隨機評語產生程式製作成一個名叫 feedback（代表「回應」）的模組，讓產生評語的程式碼可以讓其他不同的程式檔共用。請開啟新檔，貼入第 3 章「產生隨機回應文字的自訂函式」一節的 words() 自訂函式，再將檔案命名為 "feedback.py" 存入與問答題程式相同路徑的資料夾內：

```
import feedback
```

包含words自訂函式的程式檔

```
from random import choice

def words(status=True):
    right = ['好棒棒！', '讚啦!', ...]
    :
    return msg  # 傳回隨機訊息
```

qa.py   feedback.py

如此，我們就完成一個名叫 feefback 的自訂模組了。其他程式檔（亦即，「外部程式」）可以存取自訂模組裡的資源（函式或變數）。存取程式模組的資源之前，要先執行 import 敘述匯入模組。

右圖是引用 feedback 模組的問答題程式碼，原本的回應評語改由自訂模組處理：

模組名稱就是Python程式檔名，但是不加 ".py" 結尾。

```
import feedback      # 引用feedback自訂模組

for q, a in zip(q_list, a_list):
    print(q, end =' ')
    ans = input().lower().strip()

    if ans == a:                      用模組.函式()格式
        score += 10                   執行程式庫指令
        msg = feedback.words(True)
    else:
        msg = feedback.words(False)

print(msg)
print()
```

qa.py檔

程式模組的路徑

為了方便管理程式，我們可以把程式庫檔案另外用資料夾分類存放，例如，存入一個叫做 lib 的資料夾：

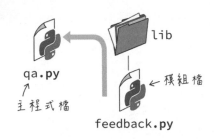

一旦改變了程式檔的路徑，引用程式庫的 import 敘述也要修改。引用位於 lib 的程式庫，以及執行該程式庫函式的語法如下，這種寫法稱為「相對路徑」格式：

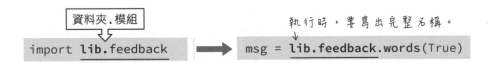

另一種寫法是**用點分隔路徑**，稱為「絕對路徑」格式：

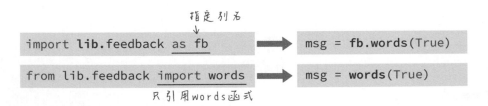

「絕對路徑」格式也能用 **as 設定別名**，也可以混合「絕對路徑」和「相對路徑」格式：

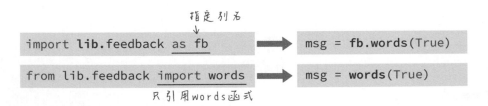

每當引用程式模組時，Python 會從程式檔的目錄以及預設的路徑找尋模組，在 Python 直譯器中執行底下的 sys.path，即可傳回內建程式庫的預設路徑列表：

```
● Python 3                                                    _ □ ×
>>> import sys
>>> sys.path
['', 'D:\\Program Files\\Python37\\python37.zip', ...]
    ↑
   代表當前路徑
```

本章重點回顧

● 當前的 Python 套件管理工具主流是 pip，套件的封裝格式命名為 .whl。在 PyPi 網站（pypi.org）可搜尋 Python 的程式套件。

● 使用者上傳影片到 YouTube 之後，YouTube 內部的程式將會把影片轉換成適用於不同裝置的影音格式和解析度。

● **集合（set）** 類型用於儲存多筆無排列順序且不重複資料值。建立空集合時，必須執行 set()；宣告包含預設值的集合時，使用大括號包圍資料。

● 匿名函式用 lambda 關鍵字開頭，用冒號分隔參數和傳回值，例如：lambda x, y : x+y，代表接收兩個參數並傳回兩個參數加總的值。

● 處理程式執行過程發生的非預期狀態的程式碼，叫做**例外處理**。使用 try 包含可能發生狀況的敘述，用 exception 來執行發生例外時的程式敘述。

● 終端機視窗的 CLI 命令行指令，可透過 os 程式庫的 **system() 函式**執行。

● 本文的應用也可以透過手機完成，請參閱〈透過 Termux 在 Android 手機執行 Python〉貼文，網址：https://swf.com.tw/?p=1705。

另一個執行外部程式的方法是透過 subprocess 程式庫，請參閱「執行外部命令的 subprocess.call() 以及 subprocess.Popen() 方法」，網址：https://swf.com.tw/?p=1366

 M E M O

6

00110

自動收集網路資訊

本章大綱

▶ 認識構成網頁的 HTML 和 CSS 基礎語法以及
網頁結構

▶ 透過 Selenium 操控瀏覽器、擷取網頁內容、
輸入表單欄位文字並提交表單

▶ 使用 XPath 的相對路徑和絕對路徑語法選定
HTML 元素與 HTML 標籤屬性

▶ 認識查詢字串、處理 URL 編碼

▶ 用 zip() 函式合併多筆可迭代資料

本章將說明如何用程式自動擷取與彙整不同網站來源的資料，例如，擷取各大拍賣網站的某項商品的價格和刊登網址。在此之前，讀者必須對構成網頁的 HTML 語言有一定的基礎認知，才能自如地活用程式擷取網頁內容。

6-1 認識網頁與 HTML

網頁文件是副檔名為 .html 或 .htm 的純文字檔。網頁的原始碼包含許多標籤（tag）指令，也就是指揮瀏覽器要如何解析或呈現網頁的指令。網頁標籤指令語言稱為 **HTML**（Hypertext Markup Language，**超文本標記語言的縮寫**）。

標籤指令是用 < 和 > 符號，包圍瀏覽器預設的指令名稱所構成，例如，**代表斷行（break）的標籤指令寫成：
，**在文字編輯器（如 Windows 的記事本或 macOS 的 TextEditor）輸入左下圖的內容，命名成 "index.html" 儲存，此檔將能在瀏覽器呈現右下圖的畫面：

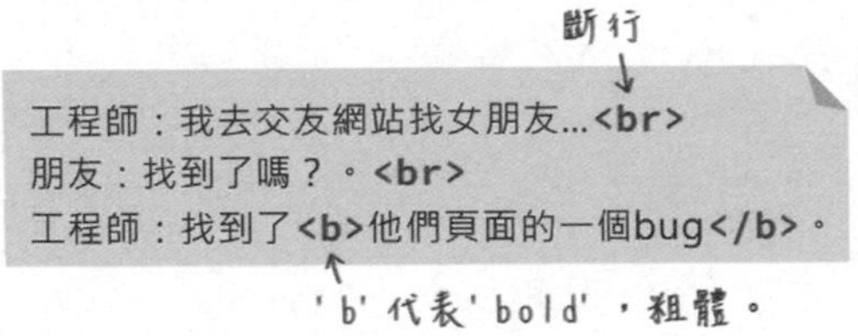

斷行

工程師：我去交友網站找女朋友...**
**
朋友：找到了嗎？。**
**
工程師：找到了**<b>**他們頁面的一個bug**</b>**。

'b' 代表 'bold'，粗體。

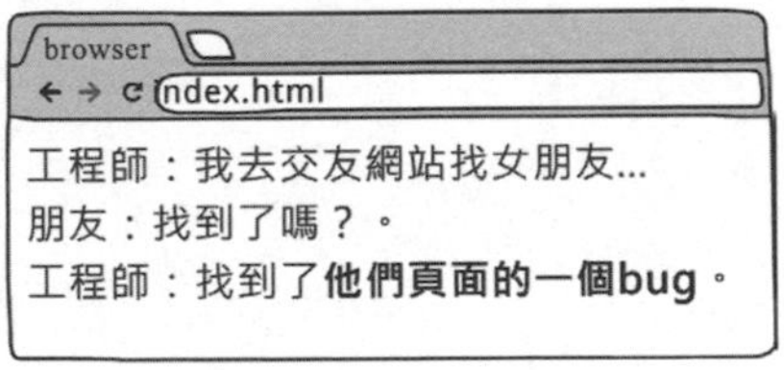

browser
← → C index.html
工程師：我去交友網站找女朋友...
朋友：找到了嗎？。
工程師：找到了**他們頁面的一個bug**。

附帶說明，若未使用
 標示斷行，僅用 Enter 鍵分行，並不會在瀏覽器中顯示成兩行。**許多標籤指令都是成雙成對的**，像左上圖裡的 <b> 和 </b>（結尾的標籤前面有個斜線符號），告訴瀏覽器這個區域裡的文字用**粗體（bold）**呈現。

HTML 標籤指令以及 Web 相關科技的規範，由**全球資訊網協會**（World Wide Web Consortium，簡稱 W3C 或 W3 協會）這個國際組織制定並督促網路程式開發者和內容提供者遵循這些標準。

網頁的檔頭區和內文區

除了傳達給閱聽人的訊息，**網頁文件還包含提供給瀏覽器和搜尋引擎的資訊。** 例如，設定文件的標題名稱和文字編碼格式，這些資訊並不會顯示在瀏覽器的文件視窗裡。

為了區分文件裡的描述資訊與內文，網頁分成**檔頭（head）**與**內文（body）**兩大區域，分別用 <head> 和 <body> 元素包圍，這兩大區域最後又被 <html> 標籤包圍，例如：

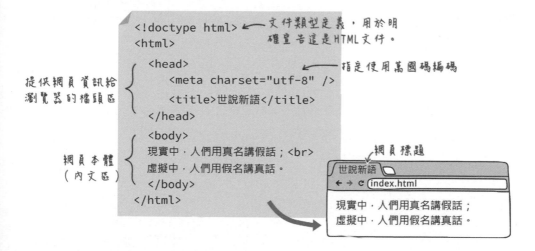

總結上述的說明，基本的網頁結構如下：

● **<!doctype html>**：網頁文件類型定義，告訴瀏覽器此文件是標準的 HTML。

● **<html>...</html>**：定義網頁的起始和結束。

● **<head>...</head>**：檔頭區，主要用來放置網頁的標題（title）和網頁語系的文字編碼（charset，字元集）。當瀏覽器讀取到上面的檔頭區資料時，就會自動採用 UTF-8 格式來呈現網頁內容。

● **<body>...</body>**：放置網頁的內文。

HTML 的本質是「串聯」資源：嵌入影像

拿 Word 文件和 HTML 相比，Word 文件把所有資源（文字和影像）都包含在一個 .doc 檔案中，HTML 則是標記引用的資源位置，像右下圖的網頁示意，影像和谷歌地圖並沒有存在 HTML 裡面。

網頁的影像檔習慣上都存放在名叫 images 或 img 的資料夾，而引用影像檔的 HTML 標籤指令是 <img>，影像標籤指令裡面還有個名叫 src（代表 source，來源）的屬性，指出影像檔的來源路徑。

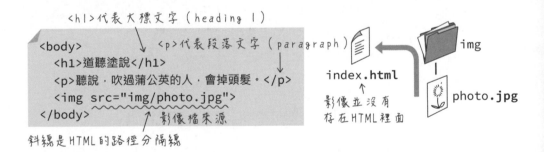

實際上，影像、聲音…等媒體檔案，可以轉成 base64 編碼格式文字，存入 HTML 檔案中，相關資訊請搜尋關鍵字「base64 影像」。大多數網站的媒體檔案都是分別存放，讓 HTML 引用。

6-2 認識 CSS 樣式

階層式樣式表（Cascading Style Sheet，以下簡稱 CSS 樣式表）是建構網頁的另一種「語言」，若用蓋房子來比喻 CSS 和 HTML 語言的關係，**HTML 就好比是規劃房子結構的建築師，CSS 則是裝潢設計師**。蓋房子少不了建築師，裝潢設計人員並非必要，但是他們能把房子妝點得更美觀舒適。

換句話説，HTML 標示了文件的結構語意，決定了哪個部分是標題、哪個部分是段落，哪個部分是超連結...至於標題和段落文字的字體、顏色、大小...等外觀樣式，都交給 CSS 決定；網頁的另一個關鍵部份是提供互動功能的 JavaScript 程式碼。

| HTML | HTML+CSS | HTML+CSS+JavaScript |

CSS 樣式指令通常寫在**檔頭區（<head> 與 </head> 之間）**，並且放在 **<style> 與 </style> 標籤之間**，基本語法規則如下：

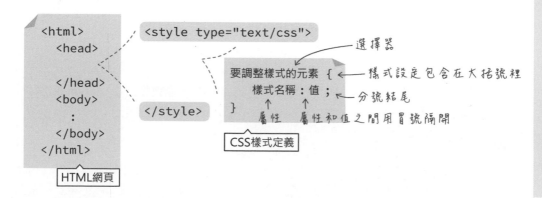

識別標籤元素的利器：id 和 class 屬性

HTML 標籤元素可以運用 id 和 class（類別）屬性來設定識別名稱和分類名稱，id 屬性經常搭配 <div> 標籤（原意為 **div**ision，區塊，主要用於劃分版面區域），定義網頁版型區塊的名稱。

網頁設計師在設計版面時，通常會先在紙上規劃版面，然後替每個區域設定一個 id 名稱，像這樣：

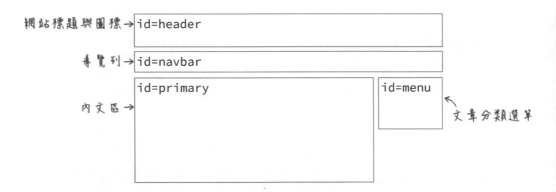

id 名稱屬性在整個網頁中是唯一的，不重複。class（類別）屬性則用來標示一組具有相同特質的元素，通常用於讓多個元素套用相同的樣式設計，例如，替網頁的部份文字填入淡藍背景色，形成螢光筆般的重點註記效果：

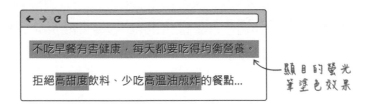

我們可以定義一個名叫 "marker" 的螢光筆效果 CSS 樣式，然後在每個欲引用此效果的 HTML 元素，加入 marker 類別屬性；**把 p 標籤設定成 marker 類別，整段文字都會有水藍色底**。若只想改變部份文字的樣式，可用 <span> 標籤來標定設置範圍。

類別樣式名稱
用點符號開頭 ──→ `.marker {`
　　　　`background-color : #0ff;` ←── 水藍色（aqua）的
`}`　　　「背景色」屬性　　　　　16進位色彩編碼

設定類別屬性

```
<body>
  <p class="marker">不吃早餐有害健康，每天都要吃得均衡營養。</p>
  <p>拒絕<span class="marker">高甜度</span>飲料、少吃<span
class="marker">高溫油煎炸</span>的餐點...</p>
</body>
```
標定一部份
內文的範圍

有了基本的 HTML 和 CSS 概念，我們就可以開始使用 Python 程式擷取網頁內容。

6-3　認識瀏覽器操控工具：Selenium

Selenium（以下簡稱 Se）是一組能讓我們用程式操控瀏覽器的免費、開放原始碼的工具軟體和程式庫（網址：seleniumhq.org）。它可以像真人一樣，執行開啟瀏覽器、輸入網址、填寫表單、點擊按鈕...等作業，假設你想要定期查詢某個商品在各個拍賣網站上的價格和更新動態，即可用它來寫一個自動化程式，自動擷取、彙整不同網頁上的資料。

Selenium 涵蓋下列四組工具，最重要的是 WebDriver（直譯為「Web 驅動程式」）；人們談到 Se，通常是指 WebDriver。

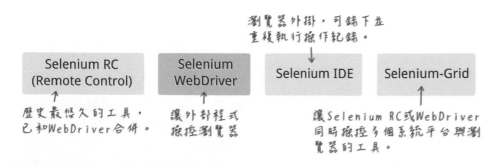

瀏覽器外掛，可錄下並重複執行操作紀錄。

| Selenium RC (Remote Control) | Selenium WebDriver | Selenium IDE | Selenium-Grid |

歷史最悠久的工具，已和WebDriver合併。

讓外部程式操控瀏覽器

讓Selenium RC或WebDriver同時操控多個系統平台與瀏覽器的工具。

WebDriver：瀏覽器自動化的 API

瀏覽器上的按鈕、視窗捲軸、欄位...等，都是提供給人類使用的操作介面。提供給程式語言和應用軟體（如：瀏覽器）溝通與操作的管道，則是**應用程式介面（Application Program Interface，簡稱 API）**。API 必須有共通的規範，程式才得以順利地跨瀏覽器操作，這就好比電視機都有紅外線遙控介面，但各家廠商制定的遙控訊號格式都不同，所以不同型號的電視遙控器並不相容。

Selenium WebDriver（以下簡稱 WebDriver）就是程式語言和瀏覽器的溝通管道，也是 W3C 協會推動的業界標準，各大瀏覽器都有支援。每種瀏覽器可能有些不同的功能或操作方式，WebDriver 將它們統一成簡單易用的 API 給外部程式。

安裝驅動程式

每個瀏覽器都有對應的 WebDriver 驅動程式，Chrome 瀏覽器的驅動程式叫做 chromedriver，macOS 內建的 Safari 瀏覽器的驅動程式則是 safaridriver。

Safari 的驅動程式已經內建在 macOS，位於/usr/bin/safaridriver 路徑。本書統一採用 Chrome 瀏覽器做示範，請先到 ChromeDriver 網頁（http://chromedriver.chromium.org/downloads）下載驅動程式。筆者在撰寫本文時，Windows 只有 32 位元版可下載，但 64 位元版的 Windows 一樣通用。

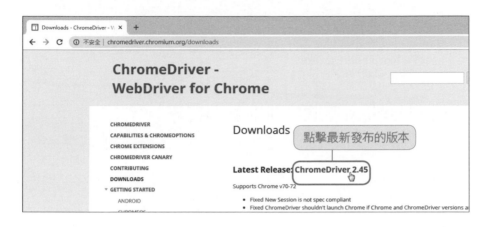

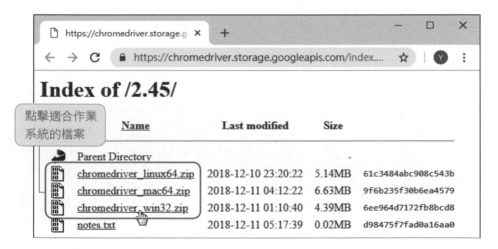

下載之後，你可以將驅動程式解壓縮在任意資料夾，在 Windows 系統上，筆者將它解壓縮到 C 磁碟的新建 webdriver 資料夾；在 macOS 系統，則是解壓縮到使用者家目錄底下的新建 webdriver 文件夾（路徑：/Users/使用者名稱/webdriver）。

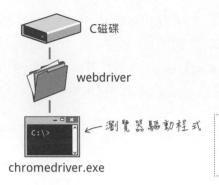

C磁碟

webdriver

← 瀏覽器驅動程式

chromedriver.exe

執行本章節的程式之前，請確認你的電腦有安裝 Google Chrome 瀏覽器。

安裝 selenium 程式庫並啟動瀏覽器

請在命令提示字元執行 pip install，安裝 Python 的 selenium 程式庫：

```
pip install selenium
```

安裝完畢後，請在 Python 互動直譯器輸入底下的程式碼建立 WebDriver 物件，它將開啟空白的 Chrome 瀏覽器：

Mac使用者請修改驅動器路徑 → '/Users/cubie/webdriver/chromedriver'

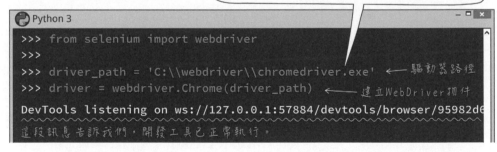

```
Python 3
>>> from selenium import webdriver
>>>
>>> driver_path = 'C:\\webdriver\\chromedriver.exe'   ← 驅動器路徑
>>> driver = webdriver.Chrome(driver_path)   ← 建立WebDriver物件
DevTools listening on ws://127.0.0.1:57884/devtools/browser/95982d6
```

這段訊息告訴我們，開發工具已正常執行。

執行上面的指令若出現如下的錯誤訊息，代表驅動程式的路徑有誤：

```
selenium.common.exceptions.WebDriverException:Message:'driver'
executable needs to be in PATH
```

此外，驅動程式和瀏覽器的版本要相互匹配，若透過程式啟動的瀏覽器在開啟後隨即閃退，通常代表驅動器的版本需要更新，請重新下載驅動器（WebDriver）。

若執行無誤，請接著執行驅動器物件的 get() 方法開啟網頁，此例將開啟
Google 首頁：

```
>>> url = 'https://www.google.com.tw'
>>> driver.get(url)              # 指揮瀏覽器開啟指定的網址
```

Chrome 目前受到自動測試軟體控制。　✕

從WebDriver啟動的瀏覽器，都會出現這個訊息。

順利開啟瀏覽器之後，執行驅動器物件的 quit() 方法，即可關閉瀏覽器並結束
程式。

```
>>> driver.quit()
```

6-4 透過 Chrome 瀏覽器和 Selenium 選定網頁元素

網頁是做給人類看的，當我們看到搜尋欄位時，就知道那裡可以輸入搜尋關鍵
字；但是電腦在「閱讀」網頁的時候，並不是看到頁面的呈現結果，而是網頁的
原始碼。因此，若要用程式指揮瀏覽器到 Google 網站輸入關鍵字，我們要告
訴程式，網頁原始碼的哪個部份是輸入欄位、哪一段是「搜尋」鈕。

現代的瀏覽器都有內建開發人員工具，並提供查詢網頁上的某個元素的原始
碼的功能。以 Chrome 瀏覽器為例，先開啟 Google 首頁（google.com.tw）之後，
在 Google 首頁的欄位內按滑鼠右鍵，選擇**檢查**指令：

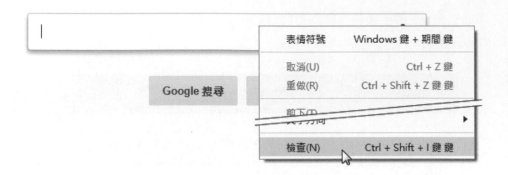

表情符號	Windows 鍵 + 期間 鍵
取消(U)	Ctrl + Z 鍵
重做(R)	Ctrl + Shift + Z 鍵 鍵
前下(D)	
書寫分向	▶
檢查(N)	Ctrl + Shift + I 鍵 鍵

瀏覽器將顯示**開發人員工具**面板，並反白選取輸入文字欄位的 HTML 碼：

網頁元素的 HTML 碼　　　關閉面板

目前選取元素的 CSS 樣式

顯示目前選取元素的邊框和留白大小

從網頁原始碼檢視畫面可以看到，單行文字欄位以及 **Google 搜尋**鈕的 HTML 標籤指令都是 <input>，相關說明請參閱第 8 章「處理表單」單元。選定或者說「定位」到某個元素，經常透過下列幾個方法：

● **標籤名稱：**例如，選定網頁上的所有 <h1>（大標題文字）元素。

● **標籤的結構順序：**例如，網頁上第幾個 <h1> 元素。

● 標籤的 id 屬性：id 是不重複的名稱值，是定位元素的最佳選擇。

● 標籤的 class 屬性

● 標籤的 name 屬性：表單欄位都有 name 屬性，代表該欄位的內容名稱。

● 混合使用上面的方法

網頁的設計可能會隨時變動，像 Google 的搜尋欄位，原本有設定 id 名稱，後來刪除了。如果程式仰賴 id 名稱來選定**搜尋**欄位，在網頁修改之後，程式就失效，必須改用另一種定位方式。

透過檢查元素的 HTML 碼，可得知 Google 搜尋欄位的名稱是 'q'：

Google 網頁上面只有一個名叫 "q" 的輸入欄位，所以透過程式指揮瀏覽器在 Google 搜尋關鍵字的步驟是：

1	選定名叫 "q" 的 <input> 標籤。
2	在選定的標籤元素（輸入欄位）中，鍵入搜尋關鍵字。
3	按下 Enter 鍵。

使用 Selenium 選定網頁元素

Se 提供多種定位元素的方法，底下列舉其中幾個；指令名稱 "find_element_by_○○○" 代表「藉由○○○找尋元素」：

- find_element_by_id：元素的 id（唯一識別）名稱

- find_element_by_class_name：元素的 class（類別）名稱

- find_element_by_name：元素的 name（欄位名稱）屬性

- find_element_by_tag_name：元素的標籤名稱

這些指令分成「單數」和「複數」，如果找到的元素不只一個，單數型始終傳回第一個，而複數型則會傳回所有找到元素的列表。

多個 's'
↓

find_element_by_tag_name()	find_element**s**_by_tag_name()
單數型指令：僅傳回一個值	複數型指令：傳回列表類型值

請先在 Python 互動直譯器中執行底下的敘述，透過 Se 瀏覽到 Google 首頁。

```python
from selenium import webdriver

driver_path = 'C:\\webdriver\\chromedriver.exe'
driver = webdriver.Chrome(driver_path)

url = 'https://www.google.com.tw'
driver.get(url)
```

接著用找尋標籤的「複數型」語法，看看 Google 首頁上有多少 <input> 標籤元素：

```
>>> tags = driver.find_elements_by_tag_name('input')
>>> len(tags)
8
```

複數型，傳回列表類型值。

然後看看這個網頁上有幾個名叫 "q" 的標籤元素，再透過 Se 物件的 **tag_name 屬性**，查看這個元素的**標籤指令**名稱：

```
>>> tags = driver.find_elements_by_name('q')      找尋'q'名稱
>>> len(tags)                                      屬性的標籤
1
>>> type(tags[0])   查看driver傳回的元素資料類型
<class 'selenium.webdriver.remote.webelement.WebElement'>
>>> tags[0].tag_name   選定元素的標籤名稱
'input'
```

測試結果顯示：Google 首頁只有一個叫做 'q' 的元素，而且該元素正是 <input> 標籤，所以我們可以放心地執行底下的敘述，用「單數型」語法選定唯一的**搜尋**欄位，並將它存入自訂的 search_field (代表**搜尋**欄位) 變數。

```
>>> search_field = driver.find_element_by_name('q')
                                      單數型
```

輸入文字到欄位並提交表單

選定搜尋欄位之後，即可對它執行 send_key() 方法，代表「送出按鍵或文字」。底下兩行敘述將在找到 'q' 文字欄位後，在其中輸入 "玫瑰星雲"：

```
search_field = driver.find_element_by_name("q")
search_field.send_keys('玫瑰星雲')
```

接下來，準備提交**搜尋**欄位值，方法有三種：

1 按下欄位底下的 **Google 搜尋**鈕。

2 輸入搜尋關鍵字後，按下 Enter (或 Return) 鍵。

3 在文字輸入欄位物件上執行 submit() 方法 (代表「提交」表單)。

最簡單的方法是執行 submit() 方法；繼續在命令行視窗輸入底下的指令，提交搜尋關鍵字：

```
>>> search_field.submit()  ←── 提交表單
```

瀏覽器將呈現如下的搜尋結果頁面：

回上一頁、輸入 Enter 和方向鍵等控制字元

請繼續在 Python 互動直譯器當中輸入底下敘述，令瀏覽器回到上一頁、在搜尋欄位輸入 "時間旅行"；**回上一頁**的方法是 **back()**、**到下一頁**則是 **forward()**。

```
>>> driver.back()  ←── 令瀏覽器回上一頁
>>> search_field = driver.find_element_by_name('q')
>>> search_field.send_keys('時間旅行')
```

切換頁面之後，必須重新定位到欄位。

這一次，我們將透過程式在搜尋欄位中按下 Enter 鍵。Se 包含可透過程式按下特殊鍵的 Keys 模組，底下列舉部份特殊鍵的指令名稱：

- Enter 鍵：Keys.ENTER 或 Keys.RETURN

- Shift 鍵：Keys.SHIFT

- Ctrl 鍵：Keys.CONTROL

- 功能鍵：Keys.F1～Keys.F12

- ↑、↓ 鍵：Keys.PAGE_UP、Keys.PAGE_DOWN

- 方向鍵：Keys.UP（上）、Keys.DOWN（下）、Keys.LEFT（左）、Keys.RIGHT
  （右）

以按下 Enter 鍵為例，首先執行 import 敘述引用 Keys 模組，再透過 send_keys() 方法執行按下 Enter 鍵：

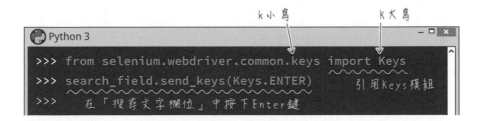

執行上述的程式敘述，將令 Google 執行搜尋並顯示結果。底下的敘述將在選定整個頁面（'body' 標籤元素）之後，在它上面按 Page Down 鍵，讓網頁往下捲動。

```
🐍 Python 3                                               _ □ ✕
>>> body = driver.find_element_by_tag_name("body")
>>> body.send_keys(Keys.PAGE_DOWN)          定位到網頁本身
>>>            按「下一頁」鍵
```
網頁只有一個body標籤

6-5 使用 XPath 語法選定 HTML 元素

假如指定的 HTML 標籤元素沒有 id、class（類別）或 name（名稱）等協助定位的屬性，上文的 "find_element_by" 系列指令，就難以選到指定的元素。

Se 支援 XPath（全名是 XML Path，代表「XML 路徑」）查詢語言來選定 HTML 文件的任何元素。XPath 把 HTML 文件看待成樹狀階層結構，每個標籤元素視為節點，以這個網頁（http://swf.com.tw/scrap/simple.html）為例：

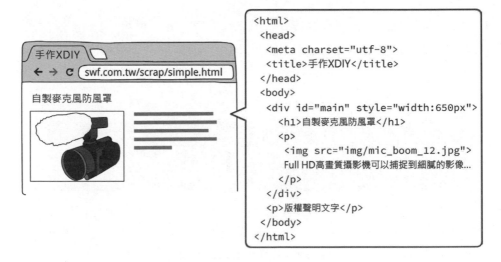

在 XPath 眼中的 HTML 文件，是依照標籤指令的先後層次組成如下的階層結構，**最上層的 'html' 標籤又稱為「根節點（root）」**：

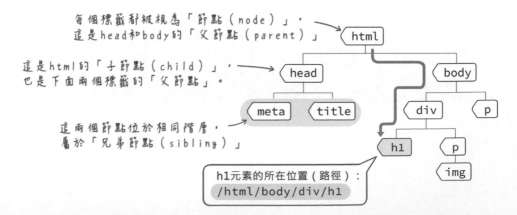

XPath 用「路徑」來選定標籤元素，不同階層的元素節點之間用斜線（/）分隔；XPath 提供兩種路徑定位方式：

● **絕對路徑**：從根節點開始到指定節點的完整路徑，總是以 '/html' 起頭。

● **相對路徑**：選取出現在任意路徑的所有節點，始終用雙斜線（//）開頭。

simple.html 網頁只有一個 h1 標籤元素，可以直接用相對路徑選定它；底下是定位到 h1 元素的**絕對路徑**和**相對路徑**的寫法：

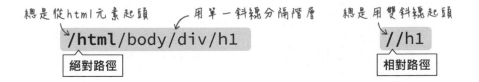

這個頁面有兩個 p 元素，相對路徑 "//p" 會選到兩個元素，選取到單一 p 元素的 XPath 寫法如下：

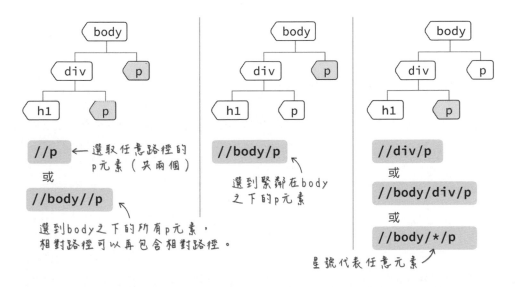

XPath 語法有納入 W3 協會的建議規範，Chrome 瀏覽器本身也有支援。請在 Chrome 瀏覽器中按下 F12 **功能鍵**，在 Mac 電腦請按 ⌘ + option + I 鍵，開啟**開發人員工具**面板，然後依照底下的操作選定 h1 元素：

1 切換到 Elements (元素) 畫面

被選定的 h1 元素

2 按下 Ctrl + F 鍵開啟搜尋欄位, 這裡顯示找到 1 個元素
　輸入絕對或相對 XPath 路徑

選定元素的 XPath 語法

底下程式片段透過 WebDriver 驅動器物件的 **find_element_by_xpath()** 方法
和 XPath 語法,選定 h1 元素,並取得該元素的文字內容:

```python
from selenium import webdriver


driver_path = "C:\\webdriver\\chromedriver.exe"
driver = webdriver.Chrome(driver_path)          # 建立驅動程式物件


url = 'https://swf.com.tw/scrap/simple.html'  # 要擷取的網頁位址
driver.get(url)
h1 = driver.find_element_by_xpath('//h1')
print('標題文字:', h1.text)
driver.quit()
```

選定 h1 元素

取出元素的文字

<h1>自製麥克風防風罩</h1>

程式執行結果如下：

```
>>> h1 = driver.find_element_by_xpath('//h1')
>>> print('標題文字：', h1.text)
標題文字：自製麥克風防風罩
>>> driver.quit()
```

指定標籤屬性的 XPath 語法

XPath 語法也支援透過標籤的屬性來選取元素。以選取 Google 的搜尋文字欄位為例，上文提到搜尋欄位的名稱是 'q'，而文字欄位的標籤是 'input'；使用 XPath 選定**搜尋**欄位和**搜尋**按鈕的相對路徑語法如下：

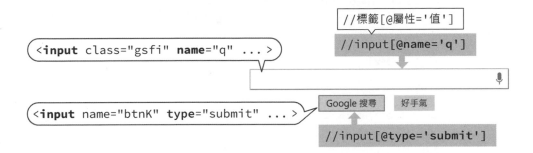

底下的程式片段將在搜尋欄位輸入 "超圖解 Python 物聯網"，然後按下**搜尋**鈕：

```
search_field = driver.find_element_by_xpath("//input[@name='q']")
search_field.send_keys('超圖解Python物聯網')

search_btn = driver.find_element_by_xpath("//input[@type='submit']")
search_btn.click()
```
按一下按鈕   選定搜尋鈕

指定特定編號節點的 XPath 語法

大多數網頁的結構都不像 Google 首頁那麼單純，所以需要花費一點心思編寫選定元素的 XPath 敘述。以底下的網頁為例（swf.com.tw/scrap），假設要選取第一篇文章的標題文字：

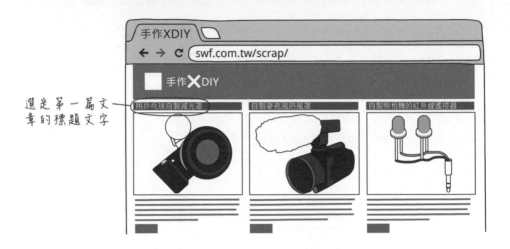

選定第一篇文章的標題文字

從原始碼可以看出，所有文章內容都被包圍在內文的第 1 個 <div> 元素，也就是類別名稱為 "gridContainer clearfix" 的 <div> 元素內部，而第一篇文章位於同階層的第 2 個 <div> 元素裡面：

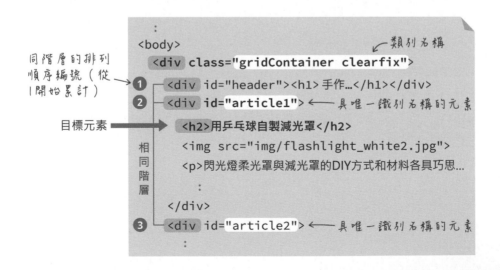

同階層的排列順序編號（從 1 開始累計）

類別名稱

目標元素

具唯一識別名稱的元素

相同階層

具唯一識別名稱的元素

存取第一篇文章的**絕對路徑**和**相對路徑**的 XPath 範例如下，請留意，**元素的位置編號從 1 開始**，不是 0 喔！

第2個div元素
總是用雙斜線起頭
唯一識別名稱

```
/html/body/div/div[2]/h2        //div[@id='article1']/h2
```
絕對路徑   相對路徑

選定元素時，最好能找到具有**唯一識別名稱**的標的，除了元素的 id 名稱之外，有時候，**類別（class）名稱**在整個 HTML 裡面也是唯一的，所以底下的**相對路徑**寫法雖然比較囉唆，但也是正確的：

```
//div[@class='gridContainer clearfix']/div[2]/h2
```

底下程式片段將傳回第一篇文章的標題：

```
driver.get('https://swf.com.tw/scrap')      # 要擷取的網頁位址
h2 = driver.find_element_by_xpath('//div[@id='article1']/h2')
print('文章標題：', h2.text)       # 顯示「文章標題：用乒乓球自製減光罩」
```

附帶一提，若沒有指定元素編號，XPath 將傳回同一階層底下的第一個元素：

id屬性為"header"的那個div

```
//div[@class='gridContainer clearfix']/div
```

取出元素屬性值的 XPath 語法

上一節網頁（swf.com.tw/scrap）的每篇文章底下都有個連結鈕。超連結的 HTML 標籤是 <a>（a 源自 anchor，有「船錨」和「停泊」之意），連結目標網址寫在 href 屬性，例如：

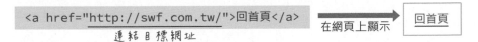

```
<a href="http://swf.com.tw/">回首頁</a>
```
連結目標網址   在網頁上顯示 → 回首頁

該網頁第一篇文章的 HTML 原始碼片段如下：

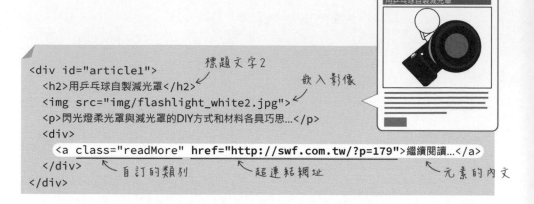

標題文字2

嵌入影像

```
<div id="article1">
    <h2>用乒乓球自製減光罩</h2>
    <img src="img/flashlight_white2.jpg">
    <p>閃光燈柔光罩與減光罩的DIY方式和材料各具巧思...</p>
    <div>
        <a class="readMore" href="http://swf.com.tw/?p=179">繼續閱讀...</a>
    </div>
</div>
```

自訂的類別　　　　　　超連結網址　　　　　　元素的內文

底下的 XPath 相對路徑敘述可定位到第一篇文章的超連結：

定位到id名稱'article1'的div元素之下的任何a元素

```
//div[@id='article1']//a
```

或者用更精確的描述：

定位到id名稱'article1'的div元素之下，類別名稱是'readMore'的a元素。

```
//div[@id='article1']//a[@class='readMore']
```

XPath 具有 contains（代表「包含」）指令，讓我們透過比對文字來選定元素。像這個網頁文章的超連結元素包含「繼續閱讀」文字，所以這個敘述也能選定到超連結元素：

取得元素文字

```
//div[@id='article1']//a[contains(text(),'繼續閱讀')]
```

contains('來源文字', '比對內容')

採上述任一 XPath 敘述選定超連結元素，即可透過 Se 物件的 get_attribute()
方法取得元素的屬性值。底下的敘述將取出 a 元素的 href 屬性：

```
Python 3                                                        _ □ ×
>>> a_tag = driver.find_element_by_xpath('//div[@id='article1']//a')
>>> a_tag.get_attribute('href')
'http://swf.com.tw/?p=179'
```

附帶一提，Se 物件的 **text 屬性將傳回元素的文字內容**，若元素裡面包 HTML
標籤，將被忽略。以這個網頁的內文大標題為例：

```
h1 = driver.find_element_by_xpath('//div[@id='header']/h1')
print(h1.text)      # 顯示：手作×DIY
```

執行 Se 物件的 get_attribute() 方法讀取元素的 'innerHTML' 屬性，將能取出其
HTML 內容：

```
h1 = driver.find_element_by_xpath('//div[@id='header']/h1')
print(h1.get_attribute('innerHTML'))
```

取出元素內部的HTML

```
<h1>手作<span class="plus">×</span>DIY</h1>
```

使用 get_attribute() 取得元素屬性和隱藏的文字

前面的範例使用 Se 物件的 text 屬性取得元素的文字內容，如果文字內容
被隱藏、沒有出現在瀏覽器畫面，text 屬性將讀取不到，以底下 HTML 網頁
為例：

```
<html>
  <head>
    <style>                  自訂的「隱藏」樣式類別
      .hidden {
        display: none;
      }      顯示    無
    </style>
  </head>
  <body>
    <p>被你看到了</p>
    <p class="hidden">我是神隱少女</p>
  </body>           套用「隱藏」類別的元素
</html>
```

```
← → C  http://swf.com.tw/

被你看到了
```

要讀取其中的「我是神隱少女」文字,需要使用 get_attribute() 方法讀取元素的 'textContent' 屬性:

```
p = driver.find_element_by_xpath('//p[@class='hidden']')
print(p.text)                              ⟶  ''
print(p.get_attribute('textContent'))      ⟶  '我是神隱少女'
```

6-6 使用外掛協助產生 XPath

在 Chrome 的**線上應用商店**搜尋關鍵字 XPath,能找到多個相關外掛,本單元將使用 ChroPath 外掛來產生與驗證 XPath 路徑。

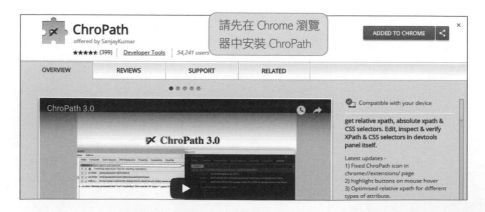

ChroPath 安裝完畢後，在你打算選定的網頁元素按右鍵，選擇**檢查**指令。以選定蝦皮購物網 (shopee.tw) 的**搜尋**欄位為例：

接著，在開啟的**開發人員工具**面板，按一下 **>>** 鈕，選擇 **ChroPath** 工具。

按一下 **>>**，選擇 **ChroPath**

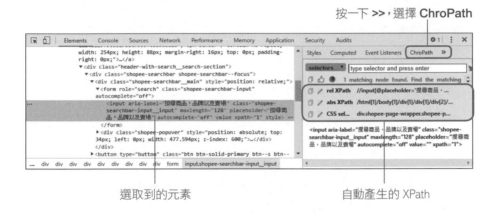

選取到的元素　　　　　　　　　　　自動產生的 XPath

ChroPath 工具提供**相對路徑（rel XPath）**、**絕對路徑（abs）**和 CSS 選擇器路徑，蝦皮購物網的**搜尋**欄位的 HTML 原始碼如下，其中的**提示文字（placeholder）**屬性設定了當時的行銷關鍵字：

類別名稱　　　　　　　　　　　　　最多允許128字元

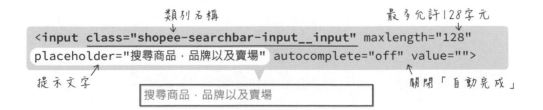

提示文字　　　　　　　　　　　　　關閉「自動完成」

6-27

這是 ChroPath 工具自動產生的 XPath 語法，確實能選取到**搜尋**欄位：

```
//input[@placeholder= "搜尋商品，品牌以及賣場" ]
```

可是，文字欄位的**提示文字**會隨著行銷活動改變，不是很好的定位選擇，建議改用其他屬性。經過測試，此欄位的**類別名稱**在首頁中是唯一的：

```
//input[@class= "shopee-searchbar-input__input" ]
```

在 ChroPath 工具的 XPath 欄位輸入上面的 XPath，它顯示只有一個吻合目標：

1 選擇 rel XPath   **2** 輸入測試的 XPath

| Styles | Computed | Event Listeners | DOM Breakpoints | Properties | Accessibility | ChroPath |

rel XPath ▼ │//input[@class="shopee-searchbar-input__input"]

1 matching node found. Find the matching node below :

```
<input aria-label="搜尋商品，品牌以及賣場" class="shopee-searchbar-input__input" maxlength="128"
placeholder="搜尋商品，品牌以及賣場" autocomplete="off" value="" style="" xpath="1">
```

3 這裡顯示「找到一個吻合的節點」

6-7 認識查詢字串

底下單元將示範如何擷取拍賣網站中，依刊登日期排序的商品名稱和價格。雖然我們可以讓程式自動在搜尋欄位輸入關鍵字、選擇排序方再按下**搜尋**鈕...但其實不用這麼麻煩，只要依照特定格式，在網址後面附加商品關鍵字，就能取得商品列表網頁。

從瀏覽器傳送資料到網站伺服器，主要有兩種方法：

- **GET**：資料附加在網址後面，採「資料=值」的**名稱/值配對**（name/value pair）格式送出，資料量通常限制在 2KB（約兩千個字元）。

- **POST**：資料附加在瀏覽器和伺服器溝通的 HTTP 訊息裡面，不會顯示在瀏覽器上；上傳的資料大小限制由網站伺服器決定，通常都在 10MB 以上。

Google 的搜尋表單以及網拍的搜尋欄位都是用 **GET 方法**傳送，以 Google 為例：

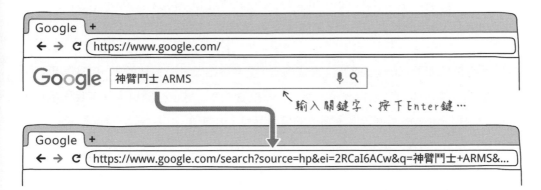

從上圖的瀏覽器網址欄位，可以看到傳給搜尋引擎的關鍵字。網址問號後面連接「參數=值」配對格式文字，叫做**查詢字串**（query string），參數名稱相當於程式的變數名稱。查詢字串可包含多個參數，不同參數之間用 '&' 隔開（參數的排列順序不重要）：

表單處理程式網址**?**參數1=值1&參數2=值2&參數3=值3
↳
https://www.google.com/**search?**q=神臂鬥士+ARMS&rlz=1C1NDCM_zh-TW&oq=神臂...
　　　　　　　　　　　　　　↑　　　　　　　　　↑
　　　　　　　　　　　　搜尋欄位名稱　　參數分隔字元

如果直接在瀏覽器的網址列輸入底下的網址，也能令 Google 搜尋「神臂鬥士」關鍵字：

```
https://www.google.com.tw/search?q=神臂鬥士
```

由此可知，傳送資料給伺服器程式不一定要透過表單。

擷取網拍商品的名稱和價格資料

露天拍賣

底下是在露天網拍的搜尋欄位輸入 "神臂鬥士"、按下搜尋鈕，並選擇依照日期新舊排序之後，瀏覽器的網址列所呈現的網址，只要替換其中的商品關鍵字，就能改變搜尋內容：

https://find.ruten.com.tw/s/?q=神臂鬥士&sort=new%2Fdc

↑ 商品關鍵字　　　　依時間排序

搜尋結果如下，第一個商品位置是廣告，跟搜尋結果沒有直接關聯。請在搜尋結果的第一個商品上按滑鼠右鍵，選擇**檢查**指令，然後在**開發人員工具**面板中，找到涵蓋整個搜尋結果區域的標籤元素，像這個 id 名稱為 "search_form s_grid" 的 <dl> 元素：

1 點選標籤元素，右邊的 ChroPath
面板將呈現對應的 XPath 路徑

3 這個 <h5> 元素包含商品標題

2 點選三角形展開階層

06

找到涵蓋搜尋結果的標籤元素之後，逐一展開它底下的標籤階層，將能找到標示**商品標題**以及**價格**的標籤元素。從觀察 HTML 的元素結構，我們可以拼湊出取得全部商品標題名稱的 XPath：

```
//dl[@class='search_form s_grid']/dd/dl/dd/div[2]/h5
```
中間路徑沒有h5元素

觀察上面的 XPath 可知路徑中間沒有其他 h5 元素，所以 XPath 能改寫成：

代表「後面某個階層底下的h5」元素

```
//dl[@class='search_form s_grid']//h5
```

Yahoo!奇摩拍賣

底下是在 Yahoo!奇摩拍賣搜尋「神臂鬥士」並按刊登日期新舊排序所產生的網址：

```
tw.bid.yahoo.com/search/auction/product?kw=神臂鬥士&p=神臂鬥士&sort=-ptime
```
商品關鍵字　　　　　依時間排序

商品頁面如下：

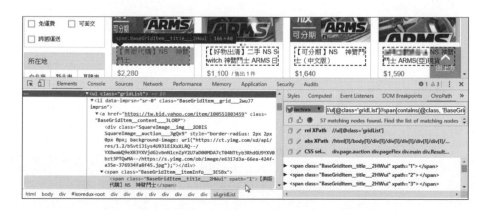

從**開發人員工具**可看出,商品名稱位於類別名稱 "BaseGridItem__title___2HWui" 的 <span> 標籤元素裡面,其中的 "2HWui" 看似隨機值,有些網站為了增加 Se 之類的自動化程式擷取資訊的難度,會在伺服器端程式隨機產生類別和識別的名字。

幸好,奇摩拍賣的網頁元素識別名稱,只有最後一部分是隨機的,因此可用 **contains(代表「包含」)函式**選定其中不變的內容;底下的 XPath 敘述將能取出全部商品標題:

包含商品標題的元素:<span class="**BaseGridItem__title**___2HWui">

這部份看起來是不變的

//ul[@class='**gridList**']//span[**contains**(@class, 'BaseGridItem__title')]

簡化

contains[@屬性, '部份內容']

//span[**contains**(@class, 'BaseGridItem__title')]

網頁設計者可能會用程式讓元素的識別名稱隨機變化,但內容結構不會頻繁地改動,因為一旦要改變結構,不只網頁版型要重新設計,背後的互動程式也要跟著修改。

蝦皮購物

大多數網頁設計師都會用有意義的名字替 HTML 元素命名,像早期蝦皮購物網站的商品標題和價格,很容易從 HTML 原始碼辨識:

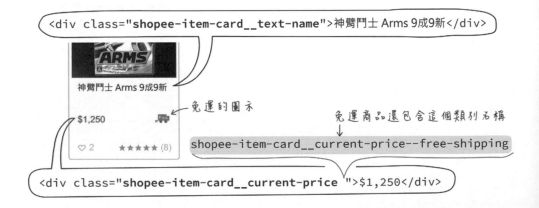

<div class="**shopee-item-card__text-name**">神臂鬥士 Arms 9成9新</div>

免運的圖示

免運商品還包含這個類別名稱

shopee-item-card__current-price--free-shipping

<div class="**shopee-item-card__current-price** ">$1,250</div>

後來蝦皮把這些名字都用隨機函式處理，所以蝦皮網頁裡的元素 id 和類別名稱，往往無法當作選定元素的依據。

不過，我們仍能透過商品關鍵字選定商品的名稱和價格等資訊，因為商品的名稱包含在超連結元素（<a> 標籤）的 href 屬性中，而商品標題則位在超連結元素底下數層：

商品的超連結

`//div/a[contains(@href,'神臂鬥士')]/div/div[2]/div[1]/div`

商品標題文字

然而，XPath 包含查詢關鍵字，會增加處理程式的麻煩，最好不要包含動態變化的內容。透過檢視 HTML 原始碼，再往目前選定的元素外層查看，筆者找到包圍商品搜尋結果的 div 元素，從這個 div 元素開始，建立選定標題文字的 XPath 如下：

`//div[contains(@class,'shopee-search-item-result__item')]`

`/div/a/div/div[2]/div[1]/div`

底下則是選定蝦皮價格文字的 XPath：

`//div[contains(@class,'shopee-search-item-result__item')]`

`/div/a/div/div[2]/div[2]/div[1]`

合併多筆資料的 zip() 函式

知道如何擷取各網拍的關鍵商品名稱、價格和網址之後，我們將要整合這些數據，把它們顯示在終端機或者儲存起來。假設我們要用迴圈統整、列舉多個列表內容，例如，列舉底下的 titles（商品）和 prices（價格）：

```
titles = ['主機', '螢幕', '鍵盤']
prices = ['$9, 999', '$2, 999', '$399']
```

可以用其中一個列表的元素數量，產生可迭代數次的 range 物件，再交給 for 迴圈處理，像這樣：

取得prices的數量（3）

```
for i in range(len(prices)):
    print(titles[i] + ':' + prices[i])
```

主機：$9,999
螢幕：$2,999
鍵盤：$399

但如果列表的元素數量不一致，例如，假若 prices（價格）有 4 個元素：

```
prices = ['$9, 999', '$2, 999', '$399', '$5']
```

for 迴圈將在嘗試存取 titles 的第 4 個元素時發生「索引錯誤」：

```
for i in range(len(prices)):
    print(titles[i] + ':' + prices[i])
```

只3個元素   只4個元素

IndexError（索引錯誤）
列表索引超出範圍～

比較好的處理辦法是採用 Python 內建的，可合併多個可迭代物件的 zip() 函式，而且它的索引上限是取元素數量最少的那一個，產生新的可迭代物件。

```
data = zip(titles, prices)
```

新的可迭代物件   zip(可迭代物件1, 可迭代物件2, ...)

為了觀察合併後的可迭代物件內容，可以將它轉型成列表或元組，以轉型成列表為例：

`list(data)` ➡ `[('主機','$9,999'), ('螢幕','$2,999'), ('鍵盤','$399')]`

搭配 for 迴圈逐一取出合併元素的範例如下：

```
for t, p in zip(titles, prices):
    print(t + ':' + p)
```
➡
主機：$9,999
螢幕：$2,999
鍵盤：$399

隱藏瀏覽器、擷取最新刊登商品

根據上文說明，擷取拍賣網站（以 Yahoo!奇摩拍賣為例）的商品名稱、價格和網址的程式碼如下，首先宣告一些變數並初始化 WebDriver 物件：

```
from selenium import webdriver

search_key = '神臂鬥士'              # 商品關鍵字
url= "https://tw.bid.yahoo.com/search/auction/product?"
    "kw={key}&p={key}&sort=-ptime"
url=url.format(key=search_key)    # Yahoo!拍賣網址

driver_path = "C:\\webdriver\\chromedriver.exe"
driver = webdriver.Chrome(driver_path)
driver.implicitly_wait(10)        # 等待網頁載入
driver.get(url)                   # 連結到網拍
```

其中的 **implicitly_wait（直譯為「隱性等待」）**的作用是讓程式等待目標網頁載入完畢後，再開始擷取內容；上面的程式設定最長等待 10 秒，假設網頁在 3 秒內就載入完畢，底下的程式就會開始執行；若不等待就開始擷取，可能會取得空白內容。**implicitly_wait 只要在開頭設定一次**，不必每次載入網頁時都執行它。

底下是設定 XPath 及擷取和顯示內容的程式碼：

```python
# 商品標題 XPath
title_path = "//span[contains(@class, 'BaseGridItem__title')]"
# 價格 XPath
price_path = "//span[contains(@class,"
                "BaseGridItem__price')]/em"
link_path= "//ul[@class= 'gridList']/li/a"  # 商品超連結 XPath

titles= driver.find_elements_by_xpath(title_path) # 擷取商品標題
prices= driver.find_elements_by_xpath(price_path) # 擷取價格
links= driver.find_elements_by_xpath(link_path)    # 擷取超連結

print('商品數量：', len(titles))
print('=' *60)    # 顯示商品和價格
# 用 zip() 合併資料
for title, price, link in zip(titles, prices, links):
    print(title.get_attribute('textContent') + "\n"
        + price.text + "\n"
        + links.get_attribute('href'))
    print('-' *60)

driver.quit()      # 關閉瀏覽器
```

筆者將此檔案命名成 yahoo.py 儲存，在終端機的執行結果如下，第 7 章將說明如何將搜尋到的網拍商品資料存檔。

```
C:\code> python yahoo.py
商品數量： 57
============================================================
【美版代購】NS  神臂鬥士
$2,280
https://tw.bid.yahoo.com/item/100551803459


------------------------------------------------------------
【好物出清】二手 NS Switch 神臂鬥士 ARMS 日版 可更新中文
$1,100
https://tw.bid.yahoo.com/item/100547449906
  :
```

用 Se 程式自動化擷取網頁內容時，除非為了觀察操控過程，並不需要在螢幕上顯示瀏覽器畫面，而且在螢幕上顯示圖像操作介面會佔用記憶體空間。Se 有提供不顯示瀏覽器的 "headless"（直譯為「無頭」）模式，請在初始化 WebDriver 驅動器的敘述，加入 "headless" 參數，即可隱藏瀏覽器：

```
option = webdriver.ChromeOptions()
option.add_argument('headless')      # 新增隱藏（無頭）參數
driver = webdriver.Chrome(driver_path, chrome_options=option)
```

處理 URL 編碼

某些字元有特殊意義，不能直接輸入 URL 位址，像 ";", "/", "?", ":", "@", "=" 以及 "&"，這些字元都要先經過 URL 編碼，才能放入查詢字串。例如，在 Google 搜尋欄位輸入 "blue jazz" 關鍵字搜尋，查詢字串當中將包含 "q=blue+jazz"，其中的 '+' 就是經過 URL 編碼的「空格」。

在瀏覽器的 URL 欄位輸入查詢字串時，中文字和空格會都被自動轉換成對應的 URL 編碼，但某些字元卻不會。例如，直接在 URL 欄位輸入 "www.google.com/search?q=C#語言"，Google 將只接收到查詢字串中的 'C'：

URL 編碼是用 '%' 開頭,加上字元的 16 進位內碼所組成的代碼。經過網路傳送之後,伺服器端的程式會自動將它「解碼」還原成本來的字元。底下列舉 3 個 URL 編碼的例子:

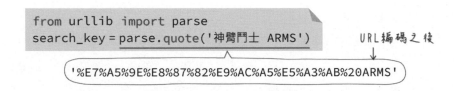

為了避免查詢字串的資料被錯誤解讀,請使用 Python 3 內建 urllib 程式庫的 parse.quote() 方法執行 URL 編碼:

```
from urllib import parse
search_key = parse.quote('神臂鬥士 ARMS')
```
URL編碼之後
↓

'%E7%A5%9E%E8%87%82%E9%AC%A5%E5%A3%AB%20ARMS'

因此,上一節程式中的查詢關鍵字,最好改成底下這樣先用 URL 編碼再組成網址:

```
from selenium import webdriver
from urllib import parse

search_key=parse.quote('神臂鬥士')    # 經過 URL 編碼的商品關鍵字
```

本章重點回顧

● 網頁本身是純文字檔,HTML 標籤用於定義網頁結構、CSS 樣式表用於設定網頁外觀、JavaScript 提供網頁互動功能。

● HTML 標籤的 id 屬性用於設定標籤元素的唯一名稱;class(類別)屬性用來標示一組具有相同特質的元素。

● 使用 Selenium 操控瀏覽器之前,要先安裝 WebDriver 驅動程式以及 selenium 程式庫。

06

● Selenium 程式庫提供 "find_element_by_○○○" 函式選定網頁元素。

● XPath 語法用「路徑」來選定標籤元素，絕對路徑總是以 '/html' 起頭；相對路徑始終用雙斜線 (//) 開頭。

● 使用 XPath 指定標籤屬性的語法："//標籤[@屬性= '值']"

● 選定 HTML 元素之後，透過 "元素.text" 或 "元素.get_attribute('textContent')" 語法，取得該元素的純文字內容。

● 以 GET 方法傳送資料時，資料以經過 URL 編碼的查詢字串格式送出。Python 內建 urllib 程式庫的 parse.quote() 方法用於 URL 編碼。

自動收集網路資訊

MEMO

00111

儲存檔案：純文字檔、CSV 檔與 Google 試算表

7-1 使用字典（dict）儲存結構化資料

字典（dict）也是一種可儲存多組數據的資料類型；列表（list）的元素是透過**索引數字**來存取，字典的元素則是透過**鍵（key，代表「關鍵識別字」）**。以儲存一組個人資料為例：

表 7-1

姓名	血型	身高
鋼鐵人	A	196cm
浩克	O	259cm
神盾副局長	AB	173cm

列表元素用數字編號，若編號和資料值沒有直接的關聯性，程式敘述本身就無法描述取值的對象：

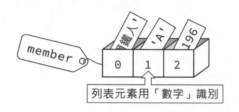

字典元素透過**鍵**識別，從底下的程式敘述，我們可直接從字面得知程式擷取的值所代表的意義（字典元素同樣用**方括號**存取）：

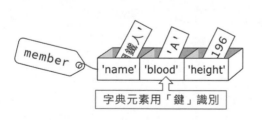

字典類型資料也因此被稱為**鍵/值對（key/value pair）**。建立字典的語法與範例：

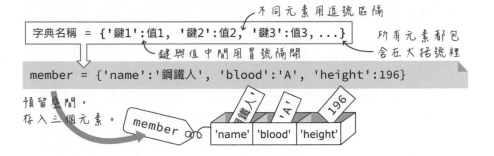

若要儲存多組相關資料，還是得用列表，像這樣：

```
members = [
  {'name':'鋼鐵人', 'blood':'A', 'height':196},
  {'name':'浩克', 'blood':'O', 'height':259},
  {'name':'神盾副局長', 'blood':'AB', 'height':173}
]
```

⬇ 取出第2組的'name'值

`members[2]['name']` ➡ '神盾副局長'

為了增加可讀性，「鍵/值對」往往分開數行撰寫，**「鍵」可以用字串、數字和元組三種類型設定**，如下圖右所示：

```
member = { 'name':'鋼鐵人',
           'blood':'A',
           'height':196 }
```

數字
```
data = { 12:8,
         (2,3):"number",
         ' ':"Space" }
```
元組   空白字元

底下是讀取右上圖的 data 字典的例子：

`data[12]` ➡ 8   `data[(2,3)]` ➡ 'number'   `data[' ']` ➡ 'Space'

擷取並列舉各個拍賣網站的商品

延續第 6 章使用 Selenium 程式庫擷取網拍的商品資訊，本單元將示範擷取三個網拍的前五項商品的程式。我們可以用底下的字典格式，儲存一個拍賣網站的網址和 XPath：

這個網址字串過長，所以分開寫成兩段。

```
{
    "url":"https://tw.bid.yahoo.com/search/auction/"
         "product?kw={key}&p={key}&sort=-ptime",
    "title_path":"//span[contains(@class, 'BaseGridItem__title')]",
    "price_path":"//span[contains(@class, 'BaseGridItem__price')]/em",
    "link_path":"//ul[@class='gridList']/li/a"
}
```

商品標題XPath

價格欄位XPath

商品連結XPath

筆者宣告一個 sites 變數，裡面儲存三個拍賣網站的網址和 XPath，完整程式碼請參閱 mybid.py 檔。

```python
from selenium import webdriver
from urllib import parse


raw_key = '神臂鬥士'                      # 搜尋關鍵字
search_key = parse.quote(raw_key) # 經過 URL 編碼的商品關鍵字


sites=[
    {
        'url':"https://tw.bid.yahoo.com/search/auction/"
              "product?kw={key}&p={key}&sort=-ptime",
        'title_path':"//span[contains(@class",
                     "BaseGridItem__title')]",
        'price_path':"//span[contains(@class",
                     "BaseGridItem__price')]/em",
        'link_path':"//ul[@class='gridList']/li/a"
    },
    {
        'url':"https://find.ruten.com.tw/"
              "s/?q={key}&sort=new%2Fdc",
        :以下省略
    }
]
```

負責擷取網頁中的商品標題、價格和超連結文字的程式，寫成 open_page() 函式：

```
driver_path = "C:\\webdriver\\chromedriver.exe"
driver = webdriver.Chrome(driver_path)
driver.implicitly_wait(10)   # 等待網頁載入

# 接收驅動器、網址、商品標題 Xpath、價格 XPath 及超連結 XPath
def open_page(driver, url, title_path , price_path, link_path):
    driver.get(url)            # 開啟連結

    titles = driver.find_elements_by_xpath(title_path) # 擷取商品標題
    prices = driver.find_elements_by_xpath(price_path) # 擷取價格
    links = driver.find_elements_by_xpath(link_path) # 擷取超連結

    return (titles, prices, links) # 傳回擷取到的標題、價格和超連結
```

限制 for 迴圈的執行次數

這個專案的要求是最多列舉 5 筆商品，若少於 5 筆，則全部列出；假設 Se 物件傳回的商品標題列表存在 titles 變數，底下敘述中的 size 變數值將不超過 5：

```
total = len(titles)   # 取得商品總數
# 若總數大於等於 5，則把 size 設成 5，否則設成總數
size = 5 if total>=5 else total
```

為了將取出每項商品資料的 for 迴圈的執行次數限制在 5 次以內，程式要安排一個變數來紀錄 for 的執行次數，可以這樣寫：

```
index = 0  # 紀錄執行次數

for title, price, link in zip(titles, prices, links):
    # 顯示商品的標題、價格和超連結
    print(title.get_attribute('textContent') + "\n"
        + price.text + "\n"
        + link.get_attribute('href'))

    print('-' *60) # 用分隔線隔開每個商品
```

```
        index += 1          # 累加 index 的值
        if index == size: # 若迴圈執行次數到達上限...
            break           # 則中止迴圈
```

還有更好的寫法。像第 6 章介紹過的，透過 zip() 合併執行 for 迴圈，迴圈執行
次數是以元素最少數量者為準。因此，只要在 zip() 函式中安插一個 range()，
就能確保迴圈的執行次數了。range() 產生的循序值在底下程式中用不到；**暫存
不重要或者用過即丟的數值的變數，習慣上用單一底線（_）命名**。完整的顯示
最多 5 筆商品資料的自訂函式 print_data 的原始碼：

```
def print_data(titles, prices, links):
    total = len(titles)
    size = 5 if total>=5 else total   # 最多列舉5個商品
    print('='*60)     # 網站的分隔線
                                            令for最多執行5次

    for _, title, price, link in zip(range(size), titles, prices, links):
        print(title.get_attribute('textContent') + '\n'
              + price.text + '\n'
              + link.get_attribute('href'))

    print('-'*60)
```

最後，執行底下的 for 迴圈，從 sites 變數定義的網址，逐一擷取網拍資料：

```
for s in sites:
    url = s['url'].format(key=search_key) # 拍賣網站網址
    title_path = s['title_path']           # 商品標題 XPath
    price_path = s['price_path']           # 價格 XPath
    link_path = s['link_path']             # 超連結 XPath

    # 開啟網頁，擷取商品標題、價格和超連結
    titles, prices, links = open_page(
            driver, url, title_path, price_path, link_path)
    # 最多列出 5 筆資料
    print_data(titles, prices, links)

driver.quit()    # 關閉瀏覽器
```

7-2 在本機電腦儲存資料

在電腦上儲存資料，通常是用 .txt 或 .csv 格式的文字檔。底下單元將說明建立與讀寫 .txt 文字檔的方法，並示範將擷取到的網站資料存入 .csv 檔的程式。

建立與寫入檔案

Python 語言內建開啟與建立新檔的函式叫做 open()，執行時需要傳入檔名和選擇性的「模式」參數，它將傳回一個 File（檔案）類型的物件。透過「檔案」物件，程式將能讀取（read）或寫入（write）資料。

底下敘述將在目前的路徑建立一個 "test.txt" 檔案，並在其中寫入兩行文字，一行文字以 '\n' 為分界：

執行 write() 方法寫入檔案之後，它會傳回寫入的字元或位元組數（此例為 10）。**檔案處理完畢後，要執行 close() 方法關閉**，因為寫入檔案會佔用較多時間，所以資料通常都先暫存在主記憶體，等系統空出時間再寫入，close() 方法可確保全部資料都寫入檔案再關閉。

電腦的檔案分成「文字」和「二進制」兩大類型，可以用記事本開啟、閱讀的檔案就是**文字檔**，其他則是**二進制檔**，包括 .exe 可執行檔、影像、聲音...等等。檔案「模式」的可能值及意義如下，若省略「模式」參數，則預設為 'r'：

參數	意義	說明
'w'	覆寫 (write only)	建立新檔,若檔案已存在,**該檔內容將會被清空**;只能寫入文字,不能讀取檔案內容
'r'	僅讀 (read only)	開啟既有的檔案,**若檔案不存在,將會發生讀取錯誤**;只能讀取文字資料,無法寫入
'a'	附加 (append)	在既有檔案內容之後,寫入新的文字資料,或者建立新檔
'w+'	寫、讀	建立新檔,若檔案已存在,**該檔內容將會被清空**;可以讀取和寫入文字資料
'r+'	讀、寫	開啟既有的檔案,**若檔案不存在,將會發生讀取錯誤**;可以讀取和寫入文字資料
'a+'	附加、讀取	在既有檔案內容之後,寫入新的文字資料;若檔案不存在,則建立新檔,並啟用讀、寫模式
'rb'	二進制 (binary) 讀取	以二進制型式開啟既有的檔案;讀取內容時的傳回格式是「位元組 (byte)」
'wb'	二進制覆寫	以二進制型式覆寫既有的檔案,或者建立新檔

讀取檔案內容

open() 函式傳回的「檔案」物件,具有下列寫入和讀取內容的方法:

write()	寫入資料
read()	從游標所在位置讀取並傳回整個檔案內容 (字串或位元組格式)
readline()	讀取並傳回一行 (字串或位元組格式)
readlines()	讀取整個檔案並傳回列表 (list) 格式資料
seek()	設定讀取內容的「游標」位置

底下是讀取整個 test.txt 檔的例子:

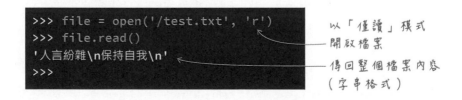

```
>>> file = open('/test.txt', 'r')
>>> file.read()
'人言紛雜\n保持自我\n'
>>>
```

以「僅讀」模式開啟檔案

傳回整個檔案內容 (字串格式)

整個檔案讀取完畢後，若再次執行讀取指令，將得到空字串：

```
>>> file.read()
''  ←──────── 傳回空字串代表已讀取到末尾
>>>
```

假如要從頭讀取，可以先關閉檔案再開啟一次，或者執行 seek() 指令，把代表讀取位置的游標重設到索引 0。**游標的索引編號以位元組（byte）為單位，Windows 系統預設的 CP950 中文編碼，每個中文字都佔兩個位元組**：

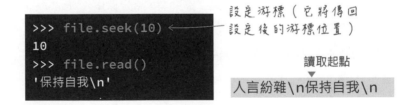

在 Windows 檔案系統寫入 '\n'，實際是寫入 '\r\n' 兩個字元，但是 Python 仍舊顯示成一個 '\n'；在 macOS 系統中寫入 '\n'，就是一個 '\n' 字元。底下是在 Windows 系統上，把游標（讀取位置）設定在第 10 個位元組，再次讀取的結果：

```
>>> file.seek(10)
10
>>> file.read()
'保持自我\n'
```

設定游標（它將傳回設定後的游標位置）

讀取起點

人言紛雜\n保持自我\n

其實絕大多數執行 seek() 時，都是把索引參數設定成 0，所以我們不用糾結究竟要把索引調到哪個位置。

若要每次讀取一行，請執行 readline()：

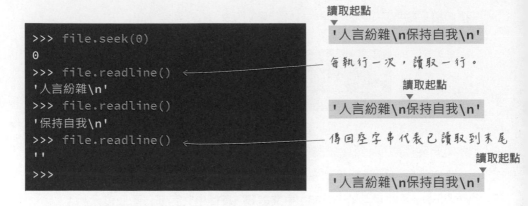

```
>>> file.seek(0)
0
>>> file.readline()
'人言紛雜\n'
>>> file.readline()
'保持自我\n'
>>> file.readline()
''
>>>
```

讀取起點
▼
'人言紛雜\n保持自我\n'

每執行一次，讀取一行。

讀取起點
▼
'人言紛雜\n保持自我\n'

傳回空字串代表已讀取到末尾

讀取起點
▼
'人言紛雜\n保持自我\n'

readlines() 則是一次讀取整個檔案，並以列表格式分開每一行：

```
>>> file.seek(0)
0
>>> file.readlines()
['人言紛雜\n', '保持自我\n']
>>> file.close()
```

把游標設回起始點

傳回整個檔案內容
（以「行」分割的列表）

操作完畢要關閉檔案

設定檔案物件的文字編碼

在 macOS 系統上開啟和寫入文字檔案時，預設採用 UTF-8 編碼。同一個中文字，在不同的編碼系統底下，佔用的位元組數和編碼值是不一樣的。在國際通用的 UTF-8 編碼體系中，一個中文字大多佔 3 個位元組，有些字佔 4 個位元組。

ASCII/UTF-8編碼 ▷ a → 97　英文字佔 1 個位元組

CP950/BIG5編碼 ▷ 造 → B3 79　中文字佔 2 個位元組

UTF-8編碼 ▷ 造 → E9 80 A0　中文字大多佔 3 個位元組

如果用不同的編碼系統開啟文件，裡面文字將呈現亂碼。執行 open() 函式開啟檔案時，可指定文字編碼，底下的敘述將以 'UTF-8' 編碼寫入 test.txt 文字檔：

日後讀取 test.txt 檔，也要用相同的編碼：

```
file = open('test.txt', 'r', encoding='utf-8')
```

搭配 with 指令開啟檔案

為了避免操作檔案之後忘記關檔造成資料遺失，建議搭配使用 with 指令來開啟檔案，操作完畢後，它將自動關閉檔案。

列忘了冒號

```
file = open('/test.txt')
file.read()
file.close()
```

等同

```
with open('/test.txt') as file:
    file.read()
```

檔案物件名稱

底下的敘述將讀取 test.txt 檔，並在終端機逐行顯示檔案內容：

```
with open('test.txt', encoding = 'utf-8') as file:
    while True:
        str = file.readline()
        if (str != ''):       # 若不是空字串
            print(str)        # 顯示字串內容
        else:
            break             # 退出迴圈
```

在終端機執行上面的程式的結果如下，由於 print() 敘述預設會在行末加入斷行，再加上文字內容的斷行，所以輸出的每一行後面都有一個空行。

```
Python 3                                      _ □ ×
...                 break    # 退出迴圈
...
商品標題，價格，網址

智慧音箱，499，https://swf.com.tw/

攀岩助手，899，https://flag.com.tw/
>>>
```

清除檔案內容

若要清空某個文字檔內容，只要用 'w' 或 'w+' 模式開啟該檔，檔案就被清空了。或者，執行檔案物件的 truncate（代表「截斷」），並傳入刪除起點的索引編號，索引起點後面的內容都會被刪除。

寫入模式

```
f = open('test.txt', 'w')
f.close()
```

或

讀寫模式

```
f = open('test.txt', 'r+')
f.truncate(0)
f.close()
```

▶
```
f.seek(0)
f.truncate()
```

代表從頭開始刪除

這兩行等同左上角一行

假設有個包含三行文字的 test.txt 檔，我們打算刪除第一行之後的全部內容，而第一行的結尾索引編號是 30，所以程式碼可以這樣寫：

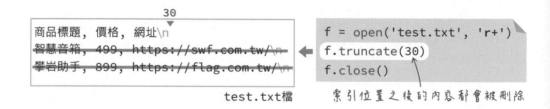

30
▼
商品標題，價格，網址\n
智慧音箱，499，https://swf.com.tw/ \n
攀岩助手，899，https://flag.com.tw/ \n

test.txt檔

```
f = open('test.txt', 'r+')
f.truncate(30)
f.close()
```

索引位置之後的內容都會被刪除

檔案物件有個 tell() 函式，可傳回目前的索引位置，因此，先執行 readline() 讀入一行，讓索引移到第一行的尾部，再執行 tell() 就能得到行尾的索引編號：

```
Python 3                                                    _ □ x

>>> f = open('test.txt', 'r+', encoding='utf-8')
>>> f.readline()
'商品標題，價格，網址\n'
>>> f.tell()
30
```

7-3 讀寫 CSV 檔

CSV（Comma-Separated Values，逗號分隔值）是一種純文字檔，存放用逗號分隔的表格式資料而得名，也是匯出 Excel 試算表或者資料庫數據時，最常用的儲存格式之一。CSV 文字檔的副檔名是 .csv，內文第一列通常是標題，以商品價格的資料為例，CSV 檔可寫成：

第一列是標題 → 資料用逗號分隔

```
商品標題, 價格, 網址        ← 最後不用加逗號
主機, 9999, https://swf.com.tw/
螢幕, 2999, https://flag.com.tw/
鍵盤, 399, https://swf.com.tw/
```

由於內容是純文字，CSV 檔可直接用文字編輯器或 Excel 試算表軟體開啟。Python 有內建 csv 程式庫，能讀取、寫入和處理 CSV 檔。本單元程式將實驗把表 7-2 的內容寫入 data.csv 檔。

表 7-2

商品標題	價格
主機	$9,999
螢幕	$2,999
鍵盤	$399

使用 open() 函式以**寫入（w）**模式開啟檔案之後（可選擇性地加入 encoding 參數，設定文字編碼），將檔案物件傳入 csv 程式庫的 writer()，即可建立**寫入 CSV 物件**。接著，程式就能透過 CSV 物件的 writerow() 方法，一次寫入一列**列表格式**資料。

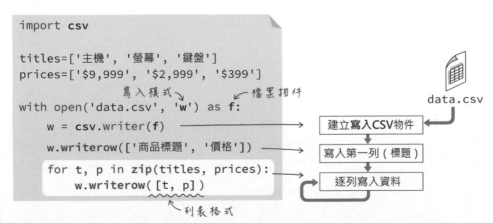

```python
import csv

titles=['主機', '螢幕', '鍵盤']
prices=['$9,999', '$2,999', '$399']
                 寫入模式          檔案物件
with open('data.csv', 'w') as f:
    w = csv.writer(f)                    →  建立寫入CSV物件
    w.writerow(['商品標題', '價格'])       →  寫入第一列（標題）
    for t, p in zip(titles, prices):     →  逐列寫入資料
        w.writerow([t, p])
              列表格式
```

data.csv

用 Excel 軟體開啟上面程式建立的 CSV 檔的結果，每一列中間都有個空白列：

◢	A	B	C
1	商品標題	價格	
2			
3	主機	$9,999	
4			
5	螢幕	$2,999	
6			
7	鍵盤	$399	
8			

消除空白列的方法是在 open() 函式中，把**新行字元（newline）**設定成空白，而非預設的「下一行」：

```
with open('data.csv', 'w', newline='') as f:
```
新行字元改成空白

再次執行程式碼的執行結果：

◢	A	B	C
1	商品標題	價格	
2	主機	$9,999	
3	螢幕	$2,999	
4	鍵盤	$399	
5			

修改 CSV 檔的分隔字元

CSV 檔的內容元素並不限於使用逗號分隔，以上文的「價格」欄位值來說，底下這一行將被視為包含 3 組資料。

主機,$9,999   逗號分隔 →   主機 | $9 | 999

為了避免這類誤判的情況發生，可以用三種方式解決：

- 改用其他字元充當分隔字元，例如：'|'。

- 用其他符號包圍可能遭誤判（衝突）的部份，例如，用雙引號包圍價格欄位，此為 csv 程式庫的預設處置方式。

- 將衝突字元予以轉義（escape）。

↙改分隔字元	↙用引號包圍	↙轉義
主機 | $9,999	主機,"$9,999"	主機,$9\,999

底下是自行指定**分隔字元（delimiter）**、**引號字元（quotechar）**以及**引號套用範圍（quoting）**的例子：

```
with open('data.csv', 'w') as f:        逗號分隔        雙引號包圍
    w = csv.writer(f, delimiter=',', quotechar='"',
                   quoting=csv.QUOTE_MINIMAL)
    w.writerow(['商品標題', '價格'])      僅包圍衝突部份；若改成：
    for t, p in zip(titles, prices):      csv.QUOTE_ALL
        w.writerow( [t, p] )              將包圍全部欄位
```

讀取 CSV 檔

用 open() 函式以**僅讀（r）**模式開啟檔案之後，將檔案物件傳入 csv 程式庫的 reader()，即可建立**讀取 CSV 物件**。「讀取 CSV 物件」是可迭代物件，用 for 迴圈可取出其中的每一筆資料：

```
import csv

with open('data.csv', 'r') as f:
    r = csv.reader(f, delimiter=',')     # 建立讀取CSV物件
                   資料用逗號分隔

    for row in r:
        print(f'類型：{type(row)}, 資料：{row}')
```

從執行結果可看出，csv 的 reader 物件會把讀入的 CSV 檔逐列還原成**列表格式**資料：

```
類型：<class  'list' >，資料：['商品標題', '價格']
類型：<class  'list' >，資料：['主機', '$9, 999']
類型：<class  'list' >，資料：['螢幕', '$2, 999']
類型：<class  'list' >，資料：[['']鍵盤', '$399']]
```

我們可以透過字串的 join() 方法，用逗號串連列表資料元素，亦即，**把列表型資料轉成逗號分隔字串**；請將以上程式中的 for 迴圈改成：

```
with open('data.csv', 'r') as f:
    r = csv.reader(f, delimiter=',')

    for row in r:
        print(', '.join(row))
```

輸出 →

```
商品標題，價格
主機，$9,999
螢幕，$2,999
鍵盤，$399
```

將「字典」型資料寫入 CSV 檔

cvs 程式庫支援採用字典型資料讀、寫 CSV 檔。以同樣建立包含「商品標題」和「價格」兩個欄位的 CSV 檔為例，用 open() 函式以**寫入 (w)** 模式開啟檔案之後，將檔案物件以及**標題欄位**傳入 csv 程式庫的 DictWriter()，即可建立**字典型寫入 CSV 物件**。

```
import csv
                              指定編碼 encoding='utf-8'

with open('data2.csv', 'w', newline='',  ) as f:
設定標題欄位→  headers = ['商品標題', '價格']
              w = csv.DictWriter(f, fieldnames=headers)
                              指名資料欄位
寫入標題欄位→ w.writeheader()
              w.writerow({'商品標題': '空氣清靜機', '價格': '$3,980'})
              w.writerow({'商品標題': '掃地機器人', '價格': '$7,980'})

              欄位名稱要和標題欄位一致
```

若要以**字典型**格式讀取 CSV 檔，請用 csv 程式庫的 DicrReader()，建立**字典型讀取 CSV 物件**，接著就能用字典格式讀取資料：

```python
import csv

with open('data2.csv', 'r', encoding='utf-8') as f:
    r = csv.DictReader(f)          文字編碼要一致
            字典型讀取物件
    for row in r:
        print(row['商品標題'], row['價格'])
            用字典讀取格式取出資料
```

將網拍商品資料寫入 CSV 檔

修改上文「擷取並列舉各個拍賣網站的商品」一節的程式碼，在程式開頭加入兩個變數定義：

```python
raw_key= '神臂鬥士'
FETCH_LIMIT = 5
CSV_FILE_NAME = r'D:\bid.csv' # CSV 檔名和路徑
write_header = True            # 是否寫入 CSV 標題列，預設「是」
```

然後修改上文「限制 for 迴圈的執行次數」一節的 print_data() 函式，寫成如下的 save_to_csv () 函式，它將以「附加內容」模式開啟.csv 檔，寫入擷取到的網拍資料：

```python
def save_to_csv(titles, prices, links):
    # CSV 標題列內容
    log_data = ['日期時間', '商品標題', '價格', '網址']
    total = len(titles)
    size = FETCH_LIMIT if total>=FETCH_LIMIT else total

    with open(CSV_FILE_NAME, 'a', newline= '',
            encoding='utf-8') as f:
```

```
    global write_header      # 取用全域的 write_header 變數
    w = csv.writer(f)         # 建立寫入 CSV 物件

    if write_header:          # 若「要」寫入標題...
        f.truncate(0)         # 先清除檔案內容
        w.writerow(log_data)  # 寫入標題
        write_header = False  # 不要再寫入標題列

    for _, title, price, link in zip(range(size),
            titles, prices, links):
        log_data[0] = datetime.now().strftime(
            '%Y/%m/%d %H:%M:%S')
        log_data[1] = title.get_attribute('textContent')
        log_data[2] = price.text
        log_data[3] = link.get_attribute('href')

        w.writerow(log_data)   # 每次寫入一列
```

最後，修改 main() 函式裡的 for 迴圈，讓它在執行開啟頁面的 open_page() 函式之後，執行上面的 save_data() 函式：

```
for s in sites:
    url = s['url'].format(key=search_key)
     :

    titles, prices, links = open_page(
        driver, url, title_path, price_path, link_path)
    save_to_csv (titles, prices, links)  # 把資料存入 CSV 檔
```

存檔之後執行此程式，它將指揮瀏覽器擷取三個拍賣網站的資料，存入 bid.csv
檔。

7-4 使用 Google 雲端試算表儲存資料

Google 試算表是 Google 雲端平台的一項免費服務，只要註冊帳號就能使用，主要的限制是免費用戶一天最多只能建立 250 個試算表檔案、每個使用者 100 秒內的讀取和寫入次數上限是 100 次、每日的讀取和寫入次數沒有限制（相關規定可能會變動，以 Google 公告為主）。

早期的電腦應用軟體都是獨立的個體，只供人類操作使用，軟體彼此不相往來；網路上的應用程式，無論是 Google 應用程式（地圖、文件、YouTube...）或者是微軟的 Office365 辦公軟體，都有提供 API（Application Program Interface，應用程式介面），也就是讓其他程式與它溝通、操作及存取資料的管道。

例如，透過 Google 地圖 API，交通管理單位可以把道路流量監測數據結合 Google 地圖呈現即時路況。本單元將示範如何讓 Python 把收集到的網拍商品資料存入 Google 試算表。

使用 OAuth 協定授予 Python 程式存取權限

使用 Python 程式操作 Google 試算表之前，先來認識一下網站應用程式的授權機制。假設有個「美食 APP」想要存取你的臉書的好友清單，最下策是把你的帳號密碼交給該 APP，因為這樣它不僅能存取你的好友清單，其他所有資訊：你的個人資料、動態時報、相簿、私訊...等，都能被此第三方程式存取甚至修改。

Google、臉書和推特（Twitter）等網站，都採用稱為 OAuth（讀音：歐阿）的開放授權標準，讓第三方程式在無須使用者帳號密碼的情況下，存取**資源擁有者**（也就是用戶）的某些資源（如：好友清單和相片）。OAuth 的運作方式大致如下：

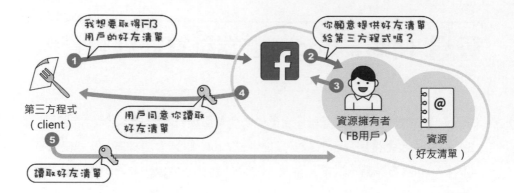

第三方程式首先向應用程式伺服器（如：FB）提出存取某一項或者多項資源的要求，FB 用戶確認允許之後，FB 網站將發布一個**令牌（token）**給第三方程式。令牌相當於通行證、憑證或者鑰匙，也就是賦予第三方程式執行某些操作的權利的東東，最簡單的形式就用一長串的唯一英數字值來表示。

隨後，第三方程式就能用此令牌「登入」FB 網站。網站比對令牌無誤後，便把之前授與的資源權限提供給第三方程式。應用程式可設定令牌的**有效期限**，短則一分鐘，長則一年；令牌也限制了資源的**存取範疇（scope）**，若 FB 使用者僅開放「好友清單」，第三方程式就無權存取相簿、個人資料...等資源。

建立 Google 應用程式的授權憑證

我們首先要在 Google 雲端平台選擇要授予第三方程式（此例為 Python 程式）的權限，存取 Google 試算表需要我們開放兩個 API：

- **Google Drive API**：存取雲端硬碟。
- **Google Sheets API**：操作試算表。

詳細操作步驟如下，如果你沒有 Google 帳號（如 gmail 信箱），請先註冊一個。

1 進入 Google 雲端平台（console.cloud.google.com），按下頁面右上角的**選取專案**選單（它可能會要求你先用 Google 帳號登入；若畫面出現要求同意 Google 服務條款的訊息，請勾選**我同意**）：

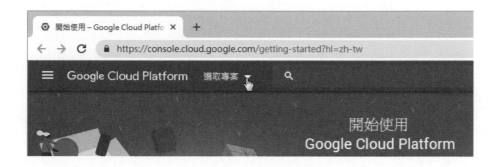

2 再按下彈出式畫面右上角的**新增專案**鈕：

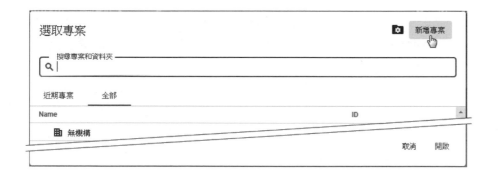

3 替此專案命名，筆者將它命名成 "cloud"，Google 會自動建立一個唯一的「專案 ID」值。**位置**欄位不用改，保留使用「無機構」。

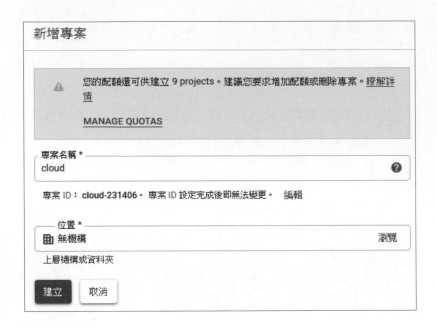

瀏覽到 API 程式庫頁（https://console.cloud.google.com/apis/library/），
並搜尋關鍵字 "drive" 找到 Google Drive API 並點擊它：

4

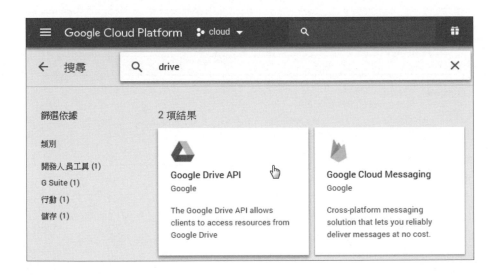

5 按下**啟用**鈕：

畫面將切換到 Google Drive API 的設定頁面，請按右上角的**建立憑證**鈕：

接著按下**憑證**頁面當中的**建立憑證**鈕，選擇**服務帳戶金鑰**選項：

1 先按一下「憑證」

2 選擇這個選項

| 6 | 依照底下的步驟建立服務帳號金鑰： |

1 選擇**新增服務金鑰**

2 輸入服務帳戶名稱，你可以輸入任意名稱，筆者將它命名成 "batman"

3 點擊**角色**選單

4 選擇 **Project/擁有者**，代表這個帳戶將擁有操作 Google Drive 與試算表的最高權限

5 輸入**服務帳戶 ID**，你可以輸入任意名稱，例如你的英文名字

6 選擇 **JSON** 金鑰類型

7 按下**建立**鈕，瀏覽器將下載 .json 格式的憑證檔

| 7 | 下載的 JSON 憑證檔可重新命名成比較簡短好記的檔名，例如，原始下載檔名是 cloud-6a724fd156a4.json，我將它重新命名成：google_auth.json： |

Google憑證檔 → { cloud-6a724fd156a4**.json** ── 重新命名 ⟶ { google_auth**.json**

8 回到 API 程式庫頁 (https://console.cloud.google.com/apis/library/)，
搜尋關鍵字 "sheets" 找到 Google Sheets API 並點擊它：

9 按下**啟用**鈕：

如此，剛剛建立的專案將包含兩個啟用的 API，而剛剛下載的 google_auth.json
憑證檔（憑證），將賦予第三方應用程式存取這個專案提供的權限。

新建 Google 試算表並共享給程式操作

我們將要新增一個 Google 試算表並共享給 Python 程式操作。在此之前，請先雙按上一節下載的 Google 憑證檔（如：google_auth.json），電腦預設將用 VS Code（或者你慣用的程式編輯器）開啟。

```
{
  "type": "service_account",
  "project_id": "cloud-231406",
    :
  "client_email": "batman@cloud-231406.iam.gserviceaccount.com",
    :                    ↑
}                    複製 e-mail
```

找到其中的 "client_email" 並複製 e-mail（上圖的藍色底線部份，你的 e-mail 應該和我的不一樣）。

開啟瀏覽器進入 Google 試算表網頁（https://docs.google.com/spreadsheets/）新增一個試算表，筆者將此試算表的標題命名成 "谷歌試算表"。

按下右上角的**共用**鈕，將剛剛複製的 e-mail 貼入**與他人共用**的使用者欄位，然後按下**傳送**。如此一來，Python 程式將能透過 Google 憑證操作此試算表。

與他人共用　　　　　　　　　　　　　　　　　　開啟連結共用設定 ⊖

使用者

> 👤 batman@cloud-231406.iam.gserviceaccount.com ✕　　　✏️ ▾

新增更多使用者...

新增附註

傳送　　取消　　　　　　　　　　　　　　　　　　進階

7-5 從 Python 程式存取 Google 試算表

操作 Google 試算表需要安裝 gspread（試算表）和 oauth2client（OAuth 驗證前端）兩個程式庫，請先在終端機執行底下的 pip 命令安裝它們：

```
pip install gspread
pip install oauth2client
```

Google 憑證檔可以放在電腦的任何路徑，但習慣上，程式設計師都把存取資料相關的程式檔，存放在名叫 model 的資料夾（參閱第 9 章「應用程式的 MVC 架構」）。在應用程式專案路徑新增一個 model 資料夾，把 Google 憑證檔複製進去。

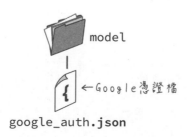

存取 Google 試算表需要執行底下兩個步驟：

● 透過 oauth2client 套件的 ServiceAccountCredentials（服務帳戶憑證）模組的 from_json_keyfile_name() 函式，讀取之前下載的 Google 憑證檔來建立憑證。

● 執行 gspread 套件的 authorize（驗證）函式，用上一步建立的憑證登入 Google 試算表網站。

這部份基本上是固定的寫法：

```
import gspread
from oauth2client.service_account import ServiceAccountCredentials as sac

# 設定驗證的存取範疇：試算表和雲端硬碟
scope = ['https://spreadsheets.google.com/feeds',
         'https://www.googleapis.com/auth/drive']

# 建立憑證
cr = sac.from_json_keyfile_name('google_auth.json', scope)
# 用此憑證登入Google試算表網站                    Google憑證檔
gs = gspread.authorize(cr)                        的路徑和檔名
```

登入之後就可以開啟之前分享的「谷歌試算表」。一個試算表檔案可以包含許多工作表（sheet），底下的敘述將能開啟預設的第一個工作表：

```
sh = gs.open('谷歌試算表')
wks = sh.sheet1
```

也可以使用工作表的名稱開啟，例如，假設我們把「工作表 1」的名字改成「網拍價格」：

那麼，開啟此工作表的敘述就可以寫成：

```
sh = gs.open('谷歌試算表')
wks = sh.worksheet('網拍價格')
```

操作試算表儲存格

開啟工作表之後，便能執行寫入、讀取、編輯和刪除等指令。工作表的基本操作對象是「儲存格」，每個儲存格都能透過欄、列編號選定，像下圖第 2 列、C 欄儲存格稱為 C2 格，定位編號寫成 (2, 3)。

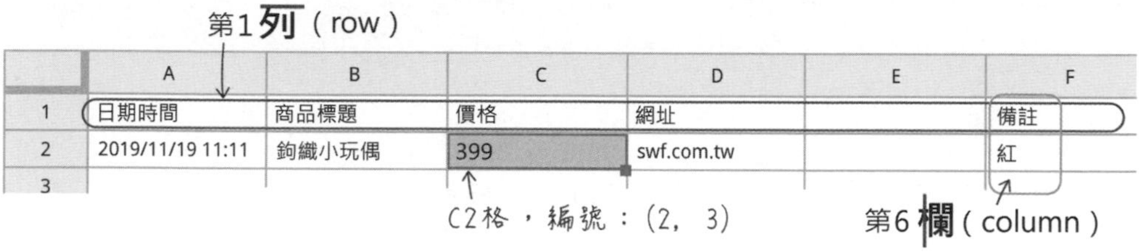

第1**列**（ row ）

	A	B	C	D	E	F
1	日期時間	商品標題	價格	網址		備註
2	2019/11/19 11:11	鉤織小玩偶	399	swf.com.tw		紅
3						

C2格，編號：(2, 3)　　　　　第6 **欄**（ column ）

目前的「工作表 1」或「網拍價格」工作表是空白的，底下的敘述將能在 D2 格寫入 "swf.com.tw"：

```
wks.update_acell('D2', 'swf.com.tw')
```
這裡有個字母 'a'

```
wks.update_cell(2, 4, 'swf.com.tw')
```
儲存格座標，「列」在前。

update_cell 指令的意思是「更新儲存格」，執行結果如下：

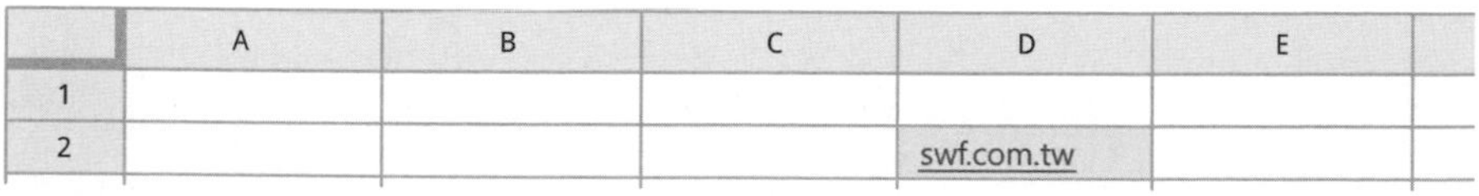

	A	B	C	D	E
1					
2				swf.com.tw	

這個指令也將傳回如下的字典格式資料，告訴我們更新的部份：

```
>>> wks.update_acell('D2', 'swf.com.tw')          更新範圍
{'spreadsheetId': '...試算表的識別碼...', 'updatedRange': "'網拍價格'!D2",
'updatedRows': 1, 'updatedColumns': 1, 'updatedCells': 1}
         更新的列              更新的欄           更新的儲存格
```

假若要寫入一整列，請先準備好**列表**格式資料，底下的敘述將在第 1 列插入
資料：

```
values = ['日期時間', '商品標題', '價格', '網址']
wks.insert_row( values, 1 )
         列表格式值          列號
```

執行插入新列之後，原有的資料將往下一列移動。

	A	B	C	D	E	F
1	日期時間	商品標題	價格	網址		
2						
3				swf.com.tw ← 本來在第2列		

之前的第1列

讀取儲存格

讀取單一儲存格的指令是 acell() 或 cell()：

```
wks.acell('B1').value        或        wks.cell(1, 2).value
```

底下敘述可讀取整列（第一列）和整欄（第一欄）：

```
wks.row_values(1)   #讀取一整列        wks.col_values(1)   #讀取一整欄
         列號                                欄號
```

get_all_values 方法將以**列表**類型傳回整個工作表內容：

```
wks.get_all_values()
```

將網拍資料存入 Google 試算表的完整程式碼，請參閱下一章。

準備進行下個單元的實驗程式之前，請保留第一列（標題列），其餘資料刪除。這個動作可以透過執行 resize() 方法達成，像這樣：

代表「調整尺寸」 要保留的列數

```
>>> wks.resize(1)
```

執行之後只剩下第一列，其餘資料都被刪除。

	A	B	C	D	E	F
1	日期時間	商品標題	價格	網址		

本章重點回顧

● 字典是一種儲存**鍵/值對**（key/value pair）的結構資料類型，「鍵」可以是字串、數字或元組類型。

● 開啟檔案的 open() 函式，通常跟 with 搭檔，以便在檔案操作完畢之後自動關閉檔案。

● CSV 是副檔名為 .csv 的純文字檔，使用 Python 內建的 csv 程式庫的 writer() 和 reader()，分別建立寫入與讀取 CSV 的物件，方便設定資料的分隔字元。

● 透過程式存取 Google 試算表之前，需要先開放 Drive 和 Sheets 兩個 API，然後建立服務帳號金鑰（指定資源擁有者）並取得授權憑證檔。

● 讀寫 Google 試算表的 gspread 程式庫，提供下列操作方法：

- 更新儲存格：update_acell() 與 update_cell()。

- 插入新列：insert_row()。

- 讀取儲存格：acell() 與 cell()。

- 讀取整列或整欄：row_values(), col_values()。

- 以列表類型傳回整個工作表：get_all_values()。

01000

建立自訂類別

本 章 大 綱

▶ 認識集結功能（方法）和資料（屬性）的程式
模組：自訂類別。

▶ 了解類別物件的方法與屬性的存取權限

▶ 認識與處理常見的資料交換格式：XML、JSON
和 Pickle。

8-1 自訂類別：遠離義大利麵條

當一個程式功能要求增加時，程式碼也會變得冗長，如果同一個程式檔摻雜了實現各種功能所需的變數和函式，會導致程式不易閱讀和維護，也需要加入一堆註解才能知道哪些內容是相關用途。這種程式寫法又稱**「義大利麵條式」程式碼（Spaghetti code）**，因為不同用途的程式敘述全糾結在一個檔案裡。

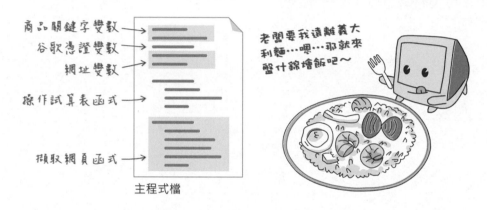

主程式檔

相反地，把各項程式功能拆分成獨立的「模組」，哪個部份出錯或者需要增加功能，就直接修改模組的程式檔，模組也能讓其他程式檔使用。

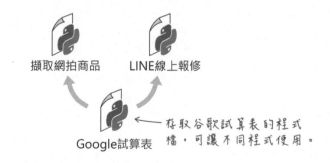

雖然 gspread 套件已經提供了簡單的語法來存取試算表，但是我們依然要宣告一些變數來存放憑證，也要執行初始設定的函式。筆者打算將它包裝成另一個模組，讓存取 Google 試算表的程式最少只要底下兩行敘述就能操作，不用管憑證檔和初始化作業的細節。

```
自訂的指令名稱    試算表檔名      工作表名稱
gs = GoogleSheet('谷歌試算表','網拍價格')
gs.append_row(['日期時間', '商品標題', '價格', '網址'])  # 寫入一列
```

把一組相關變數/常數和函式組織在一起的程式碼，叫做「**類別（class）**」，也被稱為「程式物件的規劃藍圖」。類別裡的變數稱為「屬性」、函式則叫做「方法（method）」。以上敘述的 GoogleSheet 自訂指令，就是類別名稱，append_row() 函式則是「方法」。

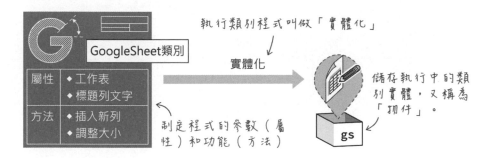

像這種透過操作物件來完成目標的程式寫法，稱為**物件導向程式設計（Object Oriented Programming，簡稱 OOP）**。

類別程式的結構

自訂類別的宣告以 class 開始，基本語法如下：

其中,「方法」定義的語法和函式相同。有個特別命名的 __init__ 方法(init 前後有兩個底線)叫做**建構式(constructor)**,用於在「實體化」物件(也就是執行類別程式)時,設定初始值(如:指定試算表檔名)。類別和方法定義裡面可以加上註解,註解文字用單引號或雙引號包圍。

底下將透過虛設的「肉圓」訂單來練習類別的基礎語法;其中的「類別」相當於制定訂單的格式、「實體化」相當於印製訂單、每張訂單都是訂單類別的「物件」。

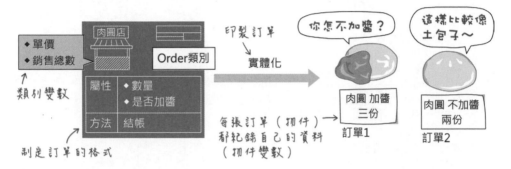

類別裡面有兩種特殊的變數類型:

● **類別變數**:也稱為**靜態變數**,保存所有物件共用資料,像「單價」和「銷售總數」,用 **"類別.變數名稱"** 格式讀取。

● **實體變數**:保存物件自己的資料,像「數量」和「是否加辣」。**宣告時,名稱前面要加上 self.**(代表「物件自己的」意思)。

底下是 Order(訂單)類別的原始碼,寫在 shop.py 檔。每個訂單物件都有 amount(數量)和 spicy(是否加醬)屬性。

寫在 class 裡面,函式定義之外,屬於類別變數。

shop.py檔

```
class Order():
    total = 0    # 銷售總數
    price = 35   # 單價

    def __init__(self, amount=1, spicy=False):
        self.amount = amount
        self.spicy = spicy
        Order.total += amount
```

數量,預設1

是否加醬,預設是「不加」喔!

實體變數 →

存取類別變數 →

引數

底下是定義在類別裡的 check（結帳）方法，它將顯示帳單訊息文字。

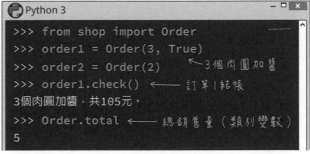

```
         ┌─── 必須有self參數 ───────┐
         def check(self):
區域變數 ──▶ sum = Order.price * self.amount   # 總價
               類別變數      實體變數
         sauce = '加醬' if self.spicy else '不加醬'
         print(f'{self.amount}個肉圓{sauce}，共{sum}元。')
                                └─── 區域變數 ───┘
```

最後在終端機測試此類別程式，請先引用 shop 裡的 Order：

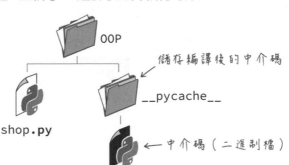

```
Python 3
>>> from shop import Order
>>> order1 = Order(3, True)
>>> order2 = Order(2)        ◀── 3個肉圓加醬
>>> order1.check()           ◀── 訂單1結帳
3個肉圓加醬，共105元。
>>> Order.total  ◀── 總銷售量（類別變數）
5
```

OOP

在此資料夾路徑執行Python

shop.py

<svg>⚡</svg> Python 其實是「直譯」+「編譯」混合執行環境

執行 Python 程式之後，程式檔所在位置可能會出現一個 "__pycache__" 資料夾（"cache" 代表「快取」），裡頭包含剛才執行的程式碼的二進制版本。

OOP

shop.py

__pycache__ ◀── 儲存編譯後的中介碼

shop.cpython-37.pyc ◀── 中介碼（二進制檔）

Python 程式的執行環境其實是「直譯+編譯」的混合體，為了提高程式執行效率，在初次讀取程式碼時，Python 會將它編譯成適合處理器讀取、執行的**中介碼（bytecode）**。

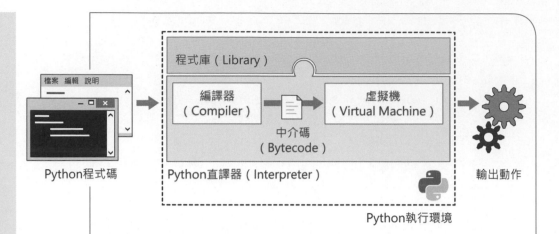

中介碼是介於方便人類閱讀的程式碼（Python）和機器碼之間的程式碼，主要是為了支援不同處理器和作業系統而設計。因為可執行 Python 語言的電腦、手機和微電腦控制板（參閱附錄 B），採用的處理器都不盡相同，所以 Python 語言的直譯器必須能翻譯不同的處理器機械碼。翻譯與執行中介碼的程式叫做「虛擬機」。

先把 Python 程式翻譯成中介碼的話，只要改寫「虛擬機」，就能把 Python 移植到不同處理器。下次再執行相同的程式，Python「虛擬機」就可直接執行此中介碼，節省翻譯程式的運算資源和記憶體，而且「中介碼」是經過編譯器仔細檢查語法和最佳化之後的程式，可加快執行效率。

屬性與方法的存取權限

上個單元的物件程式有個問題，若在結帳之前修改類別變數 price 的值，就能改變結帳金額：

```
>>> Order.price = 10      ← 修改單價
>>> order1.check()         (類別變數)
3個肉圓加醬，共30元。
```

為了避免寫程式時發生錯誤地修改某些資料的情況，程式語言對類別裡的變數（屬性）和函式定義（方法）提供了不同程度的保護及存取權限設置。用通訊軟體來比喻，公眾人物的帳號可以設置粉絲官方帳號，所有人都能存取其中的訊息，但帳號裡的私人筆記，就只有本人能存取；唯有受邀進入群組的人，才能在其中交流訊息。

Python 語言使用底線（_）來區分存取權限，屬性和方法名稱前面：

● 沒有底線：代表**公有的**（**public**），可供類別外部程式自由存取。

● 一個底線：代表**受保護的**（**protected**），僅供類別內部或者擴充此類別的
程式（參閱下文「父類別、子類別與繼承」）存取。

● 兩個底線：代表**私有的**（**private**），僅限類別內部程式存取。

底線越多，限制也越高。底下是修改變數名稱之後的 Order 類別程式，新增一
個設成**私有**的 __number（取餐編號）類別變數，以及設成**受保護的** _number
實體變數：

```python
class Order():
    total = 0     # 銷售總數
    __price = 35  # 單價
    __number = 0  # 取餐編號

    def __init__(self, amount=1, spicy=False):
        self._amount = amount
        self._spicy = spicy
        Order.__number += 1  # 取餐編號加1
        self._number = Order.__number
        Order.__total += amount
```

雙底線開頭，代表私有、不被外界存取的變數。

單一底線開頭，代表「被保護」的變數。

將實體變數設成受保護，是為了不讓外部直接過問或干擾內部程式的運作，就
像公司的股東不能隨意指揮或改變公司內部的人事，有事情請透過公關或者
對外的統一管道處理。

在這個例子裡面，我們將**允許外部程式取得用餐編號，但不准改變其值**。作法是編寫一個傳回變數（屬性）值的函式，然後在此函式前面冠上 "@property" 裝飾器（property 代表「屬性」），這個函式就神奇地被看待成屬性。

把底下的方法 ─→
看待成屬性
```
@property
def number(self):      # 查看取餐編號
    return self._number    ←── 物件內部的屬性名稱

@property
def amount(self):      # 查看數量
    return self._amount
```
對外的屬性名稱 ─→

以上的程式片段替 Order 類別新增兩個**僅讀**屬性：number 和 amount。開啟新的 Python 直譯器視窗，再次載入 Order 類別並建立訂單物件，我們將可透過 amount 屬性取得購買數量，但是若嘗試修改數量，將引發錯誤。

```
>>> order1 = Order(5)
>>> order1.amount
5
>>> order1.amount = 2    ←── 修改數量
Traceback (most recent call last):
  File "<stdin>", line 1, in <module>
AttributeError: can't set attribute
```
屬性錯誤：不能設定屬性

我們可以把函式設成「可寫入的屬性」，辦法是在該函式前面添加如下的 **setter 裝飾器**。比起讓物件程式直接存取類別內部的變數，這種寫法的好處是，可以在設定屬性過程中加入資料驗證或其他程式。

@對外的屬性名稱.setter   接收一個「新數量」參數
```
@amount.setter
def amount(self, n):      # 修改數量
    Order.total -= self._amount
    Order.total += n
    self._amount = n    ←── 重設數量
```
總數減去舊訂單數 ─→
重新計算數量 ─→

還有一個常見的類別裝飾器，叫做 **staticmethod**（**靜態方法**），能夠建立在類別上執行的方法。例如，底下將建立名叫 "quote"（報價）的類別方法，請留意，類別方法不用加 self 參數，因為 self 代表物件自己而非類別。

```
@staticmethod
def quote( ):  ← 沒有self參數
    print(f'肉圓一個{Order.__price}元，加不加醬講清楚！')
```

執行此類別方法的結果：

```
>>> Order.quote()
肉圓一個35元，加不加醬講清楚！
```

雖然我們已經用一個底線，把物件的 _number 和 _amount 屬性設成受保護，但這僅是君子之約，外部程式仍可存取它：

```
order1 = Order(5)
order._number = 101   # 修改取餐編號
```

這就好比你在社交軟體的群組裡面發言，理論上只有群組內部的人才會知道的訊息，還是有可能被洩漏出去。習慣上，Python 程式設計師不會直接存取以底線開頭的物件屬性，但 Python 不會阻止你這麼做。

若嘗試存取雙底線開頭的屬性，例如 __price（單價），將引發 Order 物件沒有此屬性的錯誤：

```
>>> Order.price
Traceback (most recent call last):
  File "<stdin>", line 1, in <module>
AttributeError: type object 'Order' has no attribute '__price'
```

但實際上，Python 也沒有徹底阻止我們存取私有屬性，每個用雙底線定義的屬性，都會自動產生一個 "_類別名稱__屬性名稱" 格式的屬性。因此，如果真心想搞破壞，外部程式仍舊可以改變單價：

```
>>> Order._Order__price = 10
>>> Order1.check()
3個肉圓加醬，共30元。
```

替類別物件加上字串輸出功能

若嘗試使用 print() 函式輸出類別物件，預設將會顯示該物件的類別名稱和 id（記憶體位址）：

```
>>> from shop import Order
>>> order = Order(3, True)
>>> print(order)
<shop.Order object at 0x000002A7273B5208>
                              物件所在的記憶體位址
```

Python 語言提供類別物件兩個輸出字串的標準方法：

● __str__：str 代表 "string"（字串）；使用 print() 函式輸出物件，或嘗試用 str() 函式把物件轉成字串時，這個方法將被執行。

● __repr__：repr 代表 "representation"（表示）；傳回以字串格式描述的物件資料。

這兩者的主要差別：__str__ 用於傳回方便人類閱讀的文字描述，而 __repr__ 則用於描述物件的類型和資料，方便開發除錯。請替 Order 類別加入這兩個方法：

```
    def __str__(self):
        sauce = '加醬' if self._spicy else '不加醬'
        return f'{self._amount}個肉圓{sauce}'

    def __repr__(self):                    代表此物件的類別名稱
        return f'{self.__class__}, amount:{self._amount},\
                spicy:{self._spicy}'
```

存檔之後，重新開啟 Python 互動直譯器並再次建立 Order 類別物件測試：

```
>>> from shop import Order
>>> order = Order(2, True)
>>> str(order)
'2個肉圓加醬'          需要轉成字串時，都是呼叫__str__()
>>> print(order)
2個肉圓加醬
>>> order            此舉將呼叫__repr__()
<class 'shop.Order'>, amount:2,spicy:True
```

父類別、子類別與繼承

類別就是集結功能（方法）和資料（屬性）的程式模組。程式可以用原有的類別當作基底，加入新增功能與資料，組合成新的類別。以「咕咕鐘」和「鬧鐘」為例，兩者都用同樣的「時鐘」元件，再加上新增功能製造而成；換言之，「時鐘（機芯）」就是另外兩種時鐘的基底。

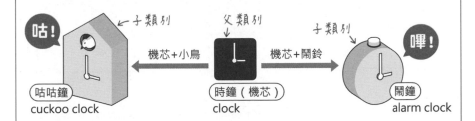

當作基底的類別，中文通常叫做**父類別**，英文有不同的說法，如：base class, superclass 和 parent class。從基底類別衍生出來的類別，則稱作**子類別**，英文有 subclass, derived class 和 child class 等說法。在程式設計領域中，衍生的正確說法是**繼承(inheritance)**。父類別所代表的「時鐘」，是對某個物件一般化的說法，像「咕咕鐘」和「鬧鐘」都是「時鐘」。「咕咕鐘」是具有新功能和屬性（如：鳥叫聲）的子類別。

底下是個簡單的 Clock 類別，具備一個 now() 方法，請將此程式命名成 clock.py 存檔：

```
import time

class Clock:
    def now(self):
        return time.strftime('%I:%M:%S')
```

12時制的時數（01~12）。

宣告 Clock 物件並執行 now() 方法，將傳回目前的時間字串：

從當前路徑的clock.py檔，引用Clock類別。

```
>>> from clock import Clock
>>> c = Clock()
>>> c.now()
'08:24:36'
```

底下則是繼承自 Clock 的 Cuckoo 子類別程式，類別名稱後面的小括號填入父類別名稱；這個子類別程式和 Clock 類別寫在同一個 clock.py 檔裡面：

父類別名稱

```
class Cuckoo(Clock):
    def alarm(self):
        t = super().now()
        hr = int(t.split(':')[0])

        print(f'{hr}點了...')
        print('咕！' * hr)
```

super() 用於存取父類別的方法或屬性

從now()取得的時間字串

```
'08:24:36'
         ↓ split(':')
['08', '24', '37']
  0      1      2
```

建立一個 Cuckoo 物件並執行 alarm 方法，它將顯示現在時刻以及對應數量的 "咕！"，此外，子類別物件也能執行繼承自父類別的 now() 方法：

```
>>> from clock import Cuckoo
>>> c = Cuckoo()
>>> c.alarm()
8點了...
咕！咕！咕！咕！咕！咕！咕！咕！
>>> c.now()
'08:27:51'
```

子類別物件可執行父類別定義的方法

8-2 儲存試算表資料的自訂類別

本單元將建立一個具備下列功能的 GoogleSheet 自訂類別：

● 連結到預設的 Google 試算表帳戶。

● 開啟指定的工作表（預設開啟 "工作表 1"）。

● 取得標題列（讀取工作表的第一列）。

● 調整工作表大小，預設縮小到剩下第一列 (標題列)。

● 插入新列。

請在應用程式專案路徑新增一個 model 資料夾，把 Google 憑證檔複製進去。

儲存自訂類別的程式檔命名成 sheet.py，同樣存入 model 資料夾。

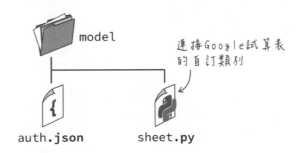

先在 sheet.py 程式開頭引用必要的程式庫：

```
import gspread
from oauth2client.service_account import(
    ServiceAccountCredentials
)
import os
import sys
```

接著撰寫類別程式碼：

第一個參數總是self

```
class GoogleSheet():
    def __init__(self, wks_name, wks_title=None, oauth='oauth.json'):
        # 設定存取範疇的區域變數
        scope = ['https://spreadsheets.google.com/feeds',
                 'https://www.googleapis.com/auth/drive']

        try: # 嘗試讀取憑證檔
            JSON_PATH = os.path.join(os.getcwd(), 'model', oauth)
            cr = sac.from_json_keyfile_name(JSON_PATH, scope )
        except:
            print('無法開啟憑證檔')
            sys.exit(1)  # 關閉程式
```

試算表名稱　工作表名稱　　憑證檔名

取得目前執行程式的所在路徑　資料夾名稱

憑證檔名

__init__ 建構式會在實體化物件時自動被執行，特別要留意的是，在模組程式中讀取外部資源時（如：憑證檔），**資源的路徑是相對於引用模組的主程式**，而非模組程式的所在路徑。例如，假設底下的 bot.py 檔引用了 sheet 模組，我們可以理解成 sheet 程式被併入 bot.py 檔，所以模組程式的作用領域變成 bot.py 的所在路徑。

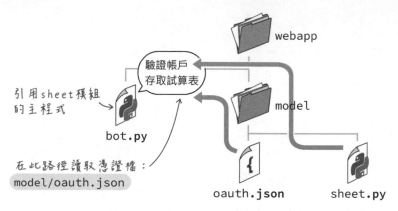

因此，從 bot.py 執行 sheet 模組讀取憑證檔時，憑證檔的路徑前面必須加上 "model" 資料夾，否則程式會嘗試從 bot.py 所在路徑讀取憑證檔，引發「找不到憑證檔」的錯誤。

繼續在 __init__ 建構式加入底下的敘述，開啟指定的工作表，並將工作表物件存入 _wks 屬性。

```
        try:  # 嘗試開啟Google試算表
            gc = gspread.authorize(cr)
            sh = gc.open(wks_name)      ← 試算表標題名稱
        except:
            print('無法開啟Google試算表')
            sys.exit(1)


        if wks_title is None:
實體變數 ──→  self._wks = sh.sheet1     # 開啟「工作表1」
        else:
            try:  # 嘗試開啟指定工作表
                self._wks = sh.worksheet(wks_title)
            except:                          ← 工作表名稱
                print('無法開啟工作表')
                sys.exit(1)
```

替此類別物件設置一個 headers 屬性，傳回工作表標題（第一列），以及更新標題列的 update_header() 方法：

```
@property  ←――――― 把底下的方法（函式）定義成「屬性」
def headers(self):
    return self._wks.row_values(1)   # 傳回第一列資料（列表格式）
                                ↙ 是否先刪除第一列
def update_header(self, data, delete=True):
        if delete:
            self._wks.delete_row(1) ←― 刪除第一列

        self._wks.insert_row(data, 1) ←― 把資料插入第一列
```

最後在 GoogleSheet 類別程式加入「插入新列」以及「調整工作表大小」的方法敘述：

```
def append_row(self, data):   # 插入新列，接收一個列表參數。
    self._wks.append_row(data)

def resize(self, n=1):          # 調整工作表大小，預設縮小到第一列。
    self._wks.resize(n)
```

測試 Google 試算表自訂類別

本單元將建立一個 test.py 檔，測試存取 Google 試算表的自訂類別：

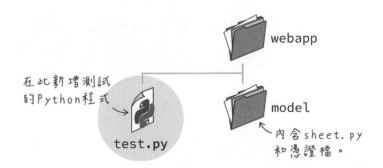

test.py 程式一開始要引用 model 裡的 sheet 自訂模組，以及處理日期時間的
datetime 模組，接著建立一個存取 '谷歌試算表' 的 GoogleSheet 物件：

```
from model import sheet
from datetime import datetime          # 引用日期時間模組

gs = sheet.GoogleSheet('谷歌試算表')   # 開啟試算表
```

建立物件

呼叫類別名稱時，其中的建構式將被執行。

測試資料將由底下的 main() 函式寫入：

```
def main():
    print('標題列：', gs.headers)

    dt = datetime.now().strftime('%Y/%m/%d %H:%M:%S')
    gs.append_row([dt, '毛線編織器', 399, 'swf.com.tw'])
```

物件的屬性（實體變數）

把時間數據轉換成這個格式字串：
年年年年/月月/日日 時時:分分:秒秒

最後加上執行 main() 函式的敘述（參閱下文說明）：

```
if __name__ == "__main__" :
    main()
```

程式碼存檔之後，在命令提示字元執行 test.py 程式，它將傳回工作表的標題
（第一列）：

```
D:\webapp> python test.py
標題列：['日期時間', '商品標題', '價格', '網址']
```

回到瀏覽器的 Google 試算表，可看到如下的執行結果：

	A	B	C	D	E
1	日期時間	商品標題	價格	網址	
2	2019/11/15 15:1	毛線編織器	699	swf.com.tw	

附加的新列

搭配 __name__ 變數自動執行程式檔的主函式

Python 內建一個名叫 __name__ 的變數，其值為 __main__ 或者程式庫（模組）的名稱。底下是個名叫 foo.py 的程式檔內容：

```python
def A() :
    print('執行 A 函式')

def B() :
    print('執行 B 函式')

print('__name__的值是', __name__)
if __name__ == '__main__':
    A()
else:
    B()
```

在終端機直接執行 foo.py 檔的結果如下，因為 __name__ 的值是 __main__，所以函式 A 被呼叫：

> main 代表「主要的」。

```
C:\ 命令提示字元

D:\Python>python foo.py
__name__的值是 __main__
執行A函式
```

如果在 Python 互動直譯器中透過 import 引用此 foo 模組（.py 檔案都可以視為 Python 模組），__name__ 的值將是模組（檔案）名稱 "foo"。

```
Python 3

>>> import foo
__name__的值是 foo
執行B函式
```

習慣上，程式設計師會把一個複雜的程式拆分成數個函式，並且將執行程式時第一個被呼叫的函式取名為 main()，然後在程式檔的結尾加入底下的敘述，代表當此程式檔被執行時，自動呼叫 main() 函式。

```
if __name__ == '__main__':
    main()
```

把網拍資料查詢結果存入 Google 試算表

自訂的 GoogleSheet 試算表類別測試成功，我們即可如法泡製，讓上一章的查詢網拍商品程式，將查詢結果寫入 Google 試算表。請先在該程式的開頭加入建立 GoogleSheet 物件的敘述，並且刪除工作表內容只保留第一列，接著修改 save_data() 函式，讓它執行 append_row 方法，逐一將資料插入工作表的新列：

```
from model import sheet

gs = sheet.GoogleSheet('谷歌試算表','網拍價格')
gs.resize()
```

```
def save_data(titles, prices, links):
    total = len(titles)
    size = FETCH_LIMIT if total>=FETCH_LIMIT else total

    for _, title, price, link in zip( range(size), titles,
                                                    prices, links):
        dt = datetime.now().strftime('%Y/%m/%d %H:%M:%S')
        _title = title.get_attribute('textContent')
        _price = price.text
        _link = link.get_attribute('href')

        gs.append_row([dt, _title, _price, _link])
```

變數名稱可用底線開頭，這裡只是為了跟右邊的物件名稱區隔。→

在試算表中新增一列資料 →

08

8-3 網路應用程式訊息交換格式：XML 與 JSON

網路上有許多開放資料，可供機器（程式）和人類取用。台灣行政院環境保護署的**環境資源資料開放平臺**就是一例，它網羅從各地收集到的不同感測數據，包裝成三種常見的資料交換格式：CSV（逗號分隔檔）、XML 和 JSON，底下是**空氣品質指標 (AQI)** 的檢索頁面：

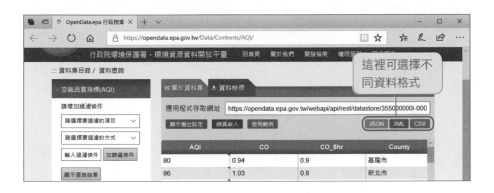

CSV 格式的好處是輕量（佔用少量空間），也很容易解析。Python 字串物件有個 split() 方法，能把字串分割成列表元素，例如，假設有一組描述櫥櫃外觀和尺寸的資料，我們可以像這樣輕易地取出其中的元素：

```
txt = '米色,80,30,202'
data = txt.split(',')

print('外觀:', data[0])
print('深度:', data[2])
```

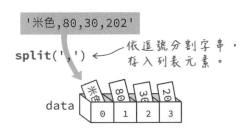

CSV 格式的缺點是，有時我們無法從字面上看出每個元素所代表的意義，儲存和處理資料兩端的程式，要事先約定好各項資料元素的意義和位置，所以程式碼也比較不易閱讀和維護。

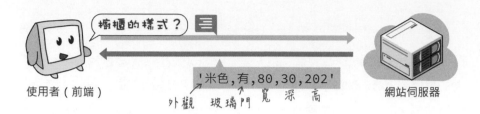

假如要在 CSV 訊息之中加入其他資料（如：亮度值），相關的程式也要一併修改。

5 層板數

'米色,有, ,80,30,202'

其實可以像底下這樣，於逗號分隔的資料中加入描述資訊：

'外觀=米色,玻璃門=有,寬=80,深=30,高=202'

但是還有更好且標準的辦法：改用 XML 及 JSON。

認識 XML

XML（eXtensible Markup Language，可延伸標記式語言）是在純文字當中加入描述資料的標籤，標籤的寫作格式有標準規範，看起來和 HTML 一樣，最大的區別在於 **XML 標籤名稱完全可由我們自訂**，而 HTML 的標籤指令則是 W3 協會或瀏覽器廠商制定的。就用途而言：

● HTML：用於**展示**資料，例如，<h1> 代表大標題文字、<p> 代表段落文字。

● XML：用於**描述**資料。

下圖左是筆者自訂的 XML 格式訊息，無須額外的解釋，即可看出這是一段描述某個櫥櫃的資料；下圖右則是電腦解析此 XML 訊息的結果，也就是將資料從標籤中抽離出來（這只是個示意圖，我們無須了解運作細節）：

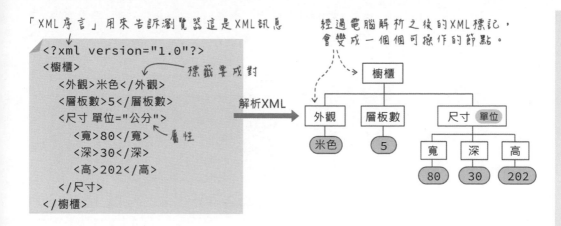

除了網路開放資料平台,某些應用軟體的「偏好設定」,像 Adobe Photoshop 影像處理軟體的「鍵盤快速鍵」設定,亦採用 XML 格式紀錄。

解析 XML 資料

Python 有內建讀寫與解析 XML 文件的程式庫,名叫 ElementTree (直譯為「元素樹」),但是它的語法比較複雜一些,所以本單元採用另一個叫做 xmltodict 的程式庫,顧名思義,它會把 XML 文件解析成 Python 的字典格式,方便我們直接用字典的語法存取元素值。

請先執行 pip 命令安裝 xmltodict:

```
pip install xmltodict
```

假設 model 子資料夾包含上一節的 XML 文件內容,底下程式將讀入 data.xml 檔,並將解析後的資料存入 doc 變數:

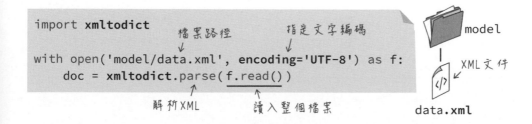

doc 變數將包含如下圖左的結構一般的字典內容,讀取資料時,請從最上面的「根元素」名稱開始,逐層寫出你要存取的元素:

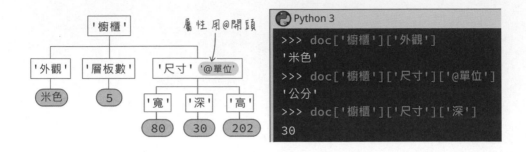

認識 JSON

JSON (JavaScript Object Notation,直譯為「JavaScript 物件表示法」,發音為 "J-son") 也是通行的**資料描述格式**,它採用 JavaScript 的物件語法,比 XML 輕巧,也更容易解析,因此變成網站交換資訊格式的首選。

JavaScript 的物件語法相當於 Python 的字典 (dict) 格式,主要的差異在資料類型的定義,表 8-1 列舉 JSON (JavaScript 語言) 支援的資料類型名稱和 Python 語言的對照。

表 8-1

JSON (JavaScript)	中文名稱	Python	中文名稱
object	物件	dict	字典
array	陣列	list	列表
string	字串	str	字串
int	整數	int	整數
float	浮點數	float	浮點數
true	邏輯成立 (t 小寫)	True	邏輯成立 (T 大寫)
false	邏輯不成立 (f 小寫)	False	邏輯不成立 (F 大寫)
null	空 (n 小寫)	None	無 (N 大寫)

下圖是以 JSON 格式描述虛構的空氣品質的例子，**JSON 的語法規定資料鍵名要用雙引號包圍**，不能用單引號。

JavaScript物件
資料用大括號包圍 →{

層性石稱用雙引號包圍 →
```
    "日期時間":"2019-04-15 16:30:00",
    "觀測站":[
        {"地區":"北部", "PM25":"良好"},
多筆資料用方括號包圍 →  {"地區":"中部", "PM25":"良好"},
        {"地區":"南部", "PM25":"良好"}
    ]
}        物件裡面可包含物件
```

使用 json 程式庫建立與解析 JSON

Python 提供的 JSON 資料處理程式庫就叫做 json，底下是這個程式庫提供的兩個轉換和解析 JSON 資料的方法：

● **loads()**：載入 JSON 格式字串，並轉換成 Python 的**字典**類型。

● **dumps()**：把 Python 的**字典**類型資料轉換成 JSON 格式字串。

使用 loads() 方法載入與解析 JSON 資料的範例如下。JSON 資料可寫成一行，為了便於閱讀，大多分成數行：

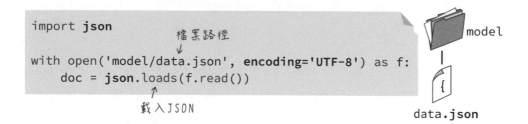

```
import json
                    檔案路徑
                      ↓
with open('model/data.json', encoding='UTF-8') as f:
    doc = json.loads(f.read())
              ↑
          載入JSON
```

model
|
{
data.**json**

在終端機執行上面的程式之後，doc 變數將存放字典類型資料，讀者可嘗試取出其中幾項：

```
Python 3                                              _ □ ✕
>>> doc['日期時間']
'2019-04-15 16:30:00'
>>> doc['觀測站'][1]['地區']
'中部'
>>> doc['觀測站'][1]['PM25']
'良好'              ↙ 列表元素1
```

底下是透過 dumps() 方法把字典資料轉換成 JSON 字串的例子，首先建立字典型資料：

```
import json

phone = {
    '處理器':'ARM',
    '主記憶體':'6GB',
    '儲存媒介':[
        {'flash':'64GB'},
        {'microSD':'128GB'},
    ],
}
```

接著執行 dumps() 方法轉換資料：

```
txt = json.dumps(phone, ensure_ascii=False)
```
↖ 代表「確保資料可用ASCII字元表示」

執行上面的程式之後，txt 變數將存放如下的字串內容；Python 的字典和 JavaScript 的物件格式，不像**列表**或**陣列**按照編號順序存放元素，所以轉換成字串之後的內容順序可能與原始定義不同：

```
>>> print(txt)
'{"處理器": "ARM", "主記憶體": "6GB", "儲存媒介": [{"flash": "64GB"},
{"microSD": "128GB"}]}'
```

附帶一提，如果沒有把 ensure_ascii 參數設定成 False，中文（或其他非 ASCII 編碼字元）將以內碼形式呈現：

```
>>> print(txt)
{"\u8655\u7406\u5668": "ARM", "\u4e3b\u8a18\u61b6\u9ad4": "6GB",
"\u5132\u5b58\u5a92\u4ecb": [{"flash": "64GB"}, {"microSD":
"128GB"}]}
```

8-4 儲存 Python 原生資料：pickle

CSV, XML 和 JSON 最終都是以字串格式儲存，所以讀入 Python 之後，得經過一些步驟，把資料轉換成 Python 原生的類型，像列表和字典，才能對它們進行操作。

Python 內建一個能直接保存原始資料類型的儲存格式，叫做 Pickle（直譯為「醃製小黃瓜」），它和 CSV, XML 與 JSON 的另一個不同點是，Pickle 不是方便人類閱讀的格式，它會把資料以二進位格式儲存。

將 Python 程式碼的原生格式資料，例如：整數、字串、布林、列表、字典...等，轉存成二進位檔案的過程，稱為**序列化（serialize）**；將此二進位檔案資料還原成原始格式的過程，則稱作**反序列化（deserialize）**。底下是把字典資料寫成 arms.dat 檔的例子：

```
import pickle

data = [
    {
        '網站':'https://tw.bid.yahoo.com/',
        '標題':['神臂鬥士 arms', 'Switch 神臂鬥士 arms ns 任天堂'],
        '價格':['$1150', '$1300']
    },
    {
        '網站':'https://shopee.tw/',
        '標題':['任天堂Switch遊戲‧ARMS 神臂鬥士', 'ARMS 神臂鬥士~可面交'],
        '價格':['$1,300', '$1,400']
    }
]
                              ↙ 副檔名不一定要用'.dat'
with open('arms.dat', 'wb') as f:
    pickle.dump(data, f)  ↖ 必須採用二進位格式
    ╰─────────────╯
      把資料寫入檔案
```

為了跟純文字檔區隔並符合存檔內容的意義，多數人採用 ".dat"（代表 data）或 ".pickle" 當作此類二進位檔的副檔名。若嘗試用文字編輯器開啟此二進位檔，將看到一堆亂碼：

```
📄 arms.dat - 記事本                                    —    □    ✕
檔案(F)  編輯(E)  格式(O)  檢視(V)  說明(H)
]q (}q (X     蝖脩?q X     https://tw.bid.yahoo.com/q X     璅  ?q ]q (X)     隞餃予?
 witch?     嚗 RMS 蝚 ?撠亙Yq X     ARMS 蝚 ?撠亙Y~?觔  鋡尤 eX     ?寞  q ]q
(X     $1150q X     $1300q eu}q (h X     https://shopee.tw/q h ]q (X     蝚   ?撠亙Y
armsq X%  Switch 蝚 ?撠亙Y arms ns 隞餃予?    eh ]q (X     $1,300q X     $1,400q eue.
```

pickle 模組的 load() 函式用於載入並反序列化檔案資料，底下是在 Python 終端機讀取 pickle 檔案的範例程式，由此可見原始資料被完整的保存下來。

```
Python 3                                           _ □ ✕
>>> import pickle
>>> data = ''                    ↙ 用二進位格式讀取
>>> with open('arms.dat', 'rb') as f:
...     data = pickle.load(f)
...                       ↖ 載入檔案並反序列化
>>> data
[{'網站': 'https://tw.bid.yahoo.com/', ... '$1300']}]
>>> data[1]['價格'][0]
$1,300                    ↖ 取得第二組商品的第一筆價格
```

由於 Pickle 是 Python 專屬的資料儲存類型，而 CSV, XML, JSON 則是和程式語言無關的標準文件格式，因此後者廣泛用各種應用程式領域。

本章重點回顧

● 在類別物件被建立時，自動執行的程式叫做建構式（__init__）。

● Python 語言使用底線（_）來區分存取類別的屬性和方法的存取權限，一個底線代表**受保護的**（**protected**）；兩個底線代表**私有的**（**private**）。

● 子類別是在既有的類別程式基礎上，增加新功能或屬性，同時也繼承了父類別的（非私有）方法和屬性。

● XML 是一種使用標籤指令來**描述資料**的純文字訊息格式，可使用 xmltodict 程式庫解析成「字典」格式。

● JSON 也是通行的資料描述格式，語法和「字典」相近，但資料鍵名必須用雙引號包圍，可透過 Python 內建的 json 程式庫解析。

● Pickle 是可以直接保存 Python 原始資料的二進制存檔格式，透過內建的 pickle 程式庫讀取和寫入檔案。

 M E M O

9

01001

使用 Flask
建置網站服務

本章大綱

▶ 認識網站伺服器和前端應用程式之間的
  HTTP 通訊協定

▶ 使用 Flask 開發動態網站應用程式

▶ 認識與設定網站伺服器的 IP 位址和埠號

▶ 透過樣板引擎動態合成網頁

▶ 建立表單與處理網頁表單資料

9-1 認識 HTTP 通訊協定

在網路上提供資源和服務讓其他連網裝置存取的一方，叫做「伺服器」。例如，把連接的印表機分享給其他設備使用的那一台電腦，可稱作「印表機伺服器」；分享資料夾、檔案讓其他設備存取的電腦，可叫做「檔案伺服器」；在電腦或手機上安裝網站伺服器軟體，電腦或手機就能變成**網站伺服器**，讓其他裝置透過瀏覽器存取資源。

瀏覽器和網站伺服器的通訊協議，也就是它們的溝通語法和格式，叫做 **HTTP**（HyperText Transfer Protocol，**直譯為「超文本傳輸協定」**），所以網頁的網址前面都用 "http://" 或 "https://" 開頭，而**網站伺服器也稱為「HTTP 伺服器」**。

HTTP 伺服器的基本功能相當於「文件收發員」，當使用者在瀏覽器上輸入網址時，HTTP 伺服器就會取出網址所代表的資源，傳遞給用戶端：

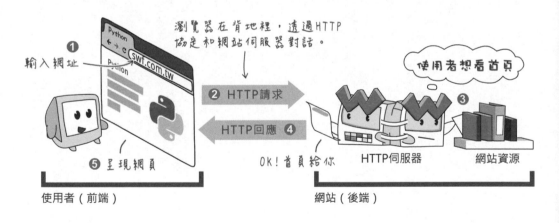

從用戶端發起，要求伺服器提供某個資源的訊息，稱為 **HTTP 請求**（HTTP Request）；伺服器回應給用戶端的訊息，例如：傳遞網頁和圖檔給用戶端，或者回應找不到資源的訊息，稱為 **HTTP 回應**（HTTP Response）。

靜態 VS 動態網站

一般的網頁資源，如：HTML 文件、圖檔、樣式設定和互動程式碼，都是事先製作完畢，然後存放在網站伺服器上，而 HTTP 伺服器會原封不動地將它們傳給用戶端。這些不會被網站伺服器更改的內容，叫做**靜態資源**。

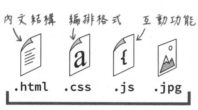
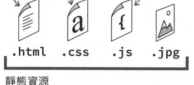
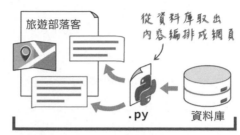

今日大多數的網站都是由**動態內容**構成，代表網頁並不是事先製作好的固定內容，而是從資料庫或其他來源動態編排、合成。例如，臉書（FaceBook）使用者輸入的動態消息，都會被寫入臉書的資料庫；每當有人瀏覽你的臉書時，臉書的伺服器會從資料庫提取你之前輸入的消息，即時合成「動態時報」。

能在伺服器端動態整合、生成網頁的網站，叫做**動態網站**。HTTP 伺服器本身並不具備動態整合生成內容的功能，也沒辦法和資料庫直接聯繫，需要仰賴中介軟體（第三者）。

在採用 Python 當作中介軟體的應用環境中，每當網站伺服器收到瀏覽動態內容的請求時，它會透過一個稱為 **WSGI（Web Server Gateway Interface，Web 伺服器閘道埠）**的介面（通訊協議），把該請求交給 Python 程式處理；Python 再把動態內容合成的 HTML 網頁，交給網站伺服器傳給用戶。

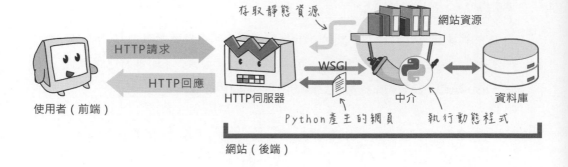

存取靜態資源

網站資源

HTTP請求

HTTP回應

使用者 (前端)

HTTP伺服器

WSGI

中介

資料庫

Python產生的網頁

執行動態程式

網站 (後端)

上圖右邊的 HTTP 伺服器和中介軟體，都要支援 WSGI 介面，才能相互溝通。知名的 HTTP 伺服器，例如：Apache, nginx 和 lighttpd，都有支援（通常是透過外掛程式）WSGI 介面。

支援 WSGI 協議的中介軟體，也稱為 **Web 應用程式框架**，常見的有 Flask 和 Django，本書採用 Flask。**Flask 有內建 HTTP 伺服器供程式開發測試使用**，所以我們不需要額外安裝網站伺服器。

9-2 Flask 網站應用程式設計

建立 Flask 網站應用程式大致要經過三個步驟：

1 宣告 Flask 物件。

2 設置路由：新增路徑規則與處理方式。

3 啟動 Flask 伺服器。

首先請先在終端機透過 pip 命令安裝 flask 程式庫：

```
pip install flask
```

宣告 Flask 物件

每個 Flask 應用程式都有一個 Flask 物件，處理來自 HTTP 伺服器（WSGI 介面）的請求。建立 Flask 物件的敘述如下：

```
from flask import Flask    # 從flask程式庫引用Flask類別
app = Flask(__name__)      # 建立Flask物件
```

Flask物件通常命名為 "app"　　傳入應用程式的名字

Flask 建構式有一個必填的參數，它的值通常是此應用程式的名稱，寫成 __name__，Flask 將透過這個參數值得知應用程式的檔案路徑，進而取得靜態資源（如：影像檔）和樣版。

設置路由

處理連線請求和回應的程式，叫做**路由（route）**。底下是處理瀏覽首頁（'/'，根路徑）請求，並傳回 "歡迎光臨" 訊息的路由程式；Flask 物件的 add_url_rule() 方法代表「新增 URL 路徑規則」，其中的端點名稱字串，用來替路徑規則設定唯一的名稱，通常設定成處理路徑的函式名稱。

```
def index():
    return '歡迎光臨'

app.add_url_rule('/', 'index', index)
```

每當發生「瀏覽首頁」事件，index函式就會被執行。

Flask物件.add_url_rule('路徑', '端點名稱', 路徑處理函式)

不過，我們通常不用上面的寫法，而是用底下稱為「路由裝飾器」的語法，這種寫法比較簡短，但功能一樣。**用 @ 開頭的敘述叫做「裝飾器（decorator）」**，請參閱第 13 章説明。

@Flask物件.route('路徑')　← 這個路由裝飾子會把路徑規則和底下的函式關聯在一起

```
@app.route('/')
def index():
    return '歡迎光臨'
```

啟動伺服器

執行 Flask 物件的 run() 方法，即可啟動伺服器。完整的 Flask 網站應用程式碼如下，筆者將它命名成 web.py 儲存。

處理路由、回應內容的函式統稱視圖（View）函式。→

```
from flask import Flask
app = Flask(__name__)

@app.route('/')
def index():
    return '歡迎光臨'

if __name__ == '__main__':
    app.run()  # 啟動伺服器
```

← 傳回用戶端的內容叫做回應（response）

在終端機執行此程式檔，它將提示網站伺服器開始在 127.0.0.1:5000 網址上運作，關於除錯模式，請參閱下文說明。訊息中的警告文字，提醒我們網站目前是在 Flask 內建的「開發用途」伺服器上運作，請不要用在「實際佈署」，也就是對外營運的網站。因為開發用的伺服器預設一次只能服務一個請求，也難以串連多個伺服器擴大服務規模；若同時有多個請求，其他請求只能等待前面的請求處理完畢，效能欠佳。

用瀏覽器開啟 127.0.0.1:5000 網址（代表瀏覽器向網站伺服器發出瀏覽首頁的請求），將能看到首頁畫面（也就是伺服器根路徑路由的回應）。

收到存取根路徑的請求   回應OK!

```
127.0.0.1 - - [08/May/2018 09:17:37] "GET / HTTP/1.1" 200 -
127.0.0.1 - - [08/May/2018 09:17:39] "GET /favicon.ico HTTP/1.1" 404 -
```

收到存取favicon.ico檔的請求   回應404錯誤
                                            （資源不存在）

Flask 程式在處理請求與回應的同時，CLI 視窗也會顯示連線請求和回應的簡略 HTTP 訊息，關於 HTTP 訊息的詳細說明，請參閱下文「認識 HTTP 請求訊息」單元。

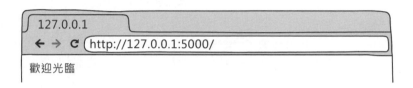

網站圖示（favicon.ico）是顯示在瀏覽器標題列左邊的圖示，瀏覽器每次都會自動到網站根目錄抓取 favicon.ico 檔，所以一個網頁連結，瀏覽器至少會發出兩次 HTTP 請求。本實驗單元沒有準備網站圖示，瀏覽器將顯示空白圖示。

網站圖示（favicon.ico）   空白的網站圖示

設置網頁圖示的說明請參閱下文「用 url_for() 產生 URL 路徑」單元。如果嘗試瀏覽未對應到視圖函式的網址，將收到 404 Not Found（找不到資源）錯誤。

代表「找不到資源」的錯誤狀態碼

404 Not Found
← → C http://127.0.0.1:5000/about ←   不存在的路徑

Not Found

The requested URL was not found on the server. If you entered
the URL manually please check your spelling and try again.

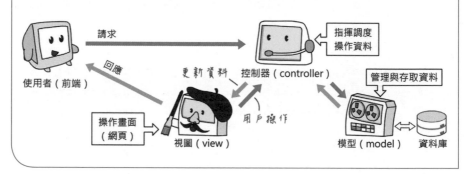

應用程式的 MVC 架構

為了提昇程式的可維護性並簡化程式開發，網站應用程式通常分成**模型**（**Model**）、**視圖**（**View**）和**控制器**（**Controller**）三大部份，這樣的程式架構簡稱 MVC。

以 Flask 來說，接收用戶端請求並交付執行的路由就屬於控制器的一環，而產生回應用戶端內容（網頁）的函式則是視圖。

請求

回應

更新資料　控制器（controller）　指揮調度操作資料

使用者（前端）

操作畫面（網頁）

用戶操作

管理與存取資料

視圖（view）　模型（model）　資料庫

新增路由

一個 Flask 網站可包含多個路由程式，例如，下列敘述將替網站新增 "/about" 和 "/faq/" 路徑，其中的 "/about" 只能處理（或者說「匹配」）"/about" 請求，但是不匹配 "/about/"。

```
@app.route('/about')
def about():
    return '關於我們'


@app.route('/faq/')
def faq():
    return '問答集'
```

路由處理函式的名稱通常和路徑名稱一致

"/faq" 或 "/faq/" 路徑將觸發 faq() 函式

我們也可以把多個路徑請求，交給同一個**視圖函式**處理，以底下敘述為例，'/' 和 '/index.html' 都會觸發執行 index() 函式，該函式將回應完整的 HTML 網頁給用戶端。

這兩個路徑都能 ———→
觸發 index() 函式

處理與回應首頁路 ———→
由的視圖 (View)
函式

傳給用戶端的回應 ———→
(response) 內容

```
@app.route('/index.html')
@app.route('/')
def index():
    return '''
    <html>
      <head>
        <meta charset="utf-8">
        <title>世說鮮語</title>
      </head>
      <body>
        人家有的是背景,而我有的只是背影...
      </body>
    </html>
    '''
```

啟用除錯模式

Flask 內建一個基於 Web 的互動式除錯器,在預設的關閉狀態下,若遇到 Flask 任何錯誤,瀏覽器將會顯示**狀態碼 500 的 Internal Server Error(內部伺服器錯誤)**訊息。以底下試圖輸出一個未定義變數值的程式為例:

```python
from flask import Flask
app = Flask(__name__)

@app.route('/')
def index() :
    print(xyz)  # 輸出 xyz 變數值
    return  '歡迎光臨~'

if __name__ == "__main__" :
    app.run()
```

在瀏覽器中開啟 http://127.0.0.1:5000/ 網址,將看到如下錯誤訊息:

```
□ 500 Internal Server Error
← → C  http://127.0.0.1:5000/

Internal Server Error    ← 伺服器遇到內部錯誤無法完成請求…
The server encountered an internal error and was unable to complete your
request. Either the server is overloaded or there is an error in the application.
```

導致錯誤的原因顯示在 CLI 視窗中：

```
[28/Jan/2019 10:17:36] ERROR in app: Exception on / [GET]
Traceback (most recent call last):              ← 根路徑GET請求發生錯誤
  File "D:\Program Files\Python37\lib\site-packages\flask\app.py", ...
    :
  File "web.py", line 6, in index
    print(xyz)   # 輸出xyz變數值
NameError: name 'xyz' is not defined  ← 'xyz' 未定義
```

若啟用除錯模式，程式錯誤訊息就會直接顯示在瀏覽器，但更重要的是，**每次
修改 Flask 程式碼，它都會自動重新啟動伺服器**，所以我們就不需要手動中止
程式再重新啟動。底下是常見的兩種啟用除錯模式的方式，一個是在 run() 方
法中設定 debug=True，另一個則是將 Flask 物件的 debug 屬性設定成 True。

```
if __name__ == '__main__':
    app.run(debug=True)
```
或
```
app = Flask(__name__)
app.debug = True
```

修改並重新執行程式碼，CLI 介面將顯示「除錯器已啟動！」以及除錯器的密碼
（PIN）：

```
* Debugger is active!  ←──── 除錯器已啟動！
* Debugger PIN: 246-675-714  ←── 密碼
* Running on http://127.0.0.1:5000/ (Press CTRL+C to quit)
```

再次開啟 http://127.0.0.1:5000/，瀏覽器將呈現 Flask 除錯器的運作畫面：

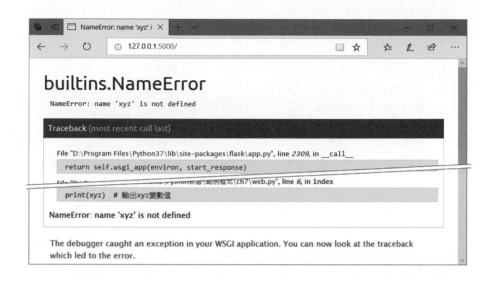

當游標滑入除錯器網頁列舉的出錯的程式敘述時，右邊會呈現終端機圖示。按一下終端機圖示，將會出現底下的對話方塊，請輸入除錯器密碼：

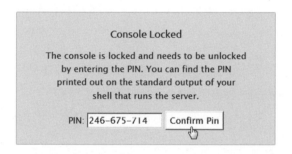

確認密碼之後，即可啟動互動除錯模式，瀏覽器將與 CLI 介面保持連線，讓我們直接在其中輸入 Python 敘述：

```
print(xyz)   # 輸出xyz變數值

[console ready]
>>> print('你好！')
你好！
>>>
```

回到程式碼編輯器，刪除多餘的變數設定那一行敘述再儲存，CLI 視窗將出現類似底下的訊息，代表除錯器偵測到程式檔已更新，然後就自動重新啟動伺服器。再次載入網頁，就能看到正常的首頁內容。

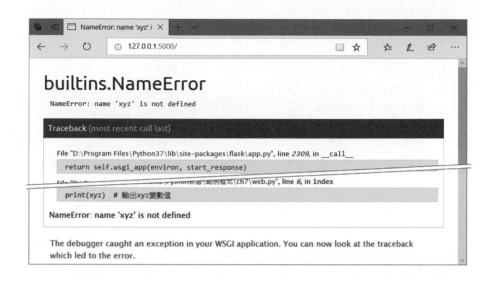

```
def index():          ← 註解此行
    # print(xyz)   # 輸出xyz變數值
    return '歡迎光臨~'
```

偵測到檔案改變，重新載入。

```
* Detected change in 'D:\\python\\web.py', reloading
* Restarting with stat
* Debugger is active!    ←——— 除錯器已啟動
* Debugger PIN: 246-675-714
* Running on http://127.0.0.1:5000/ (Press CTRL+C to quit)
```

存檔之後

建立動態路由

到目前為止我們建立的路由都是靜態、固定不變的路徑。許多網路應用程式都包含動態路徑，以「Google 文件」網站 (https://docs.google.com/) 為例，每個文件都有個唯一識別碼，當你開啟一份文件時，將是透過如下的網址格式來指定它，網址當中的識別碼是動態的：

https://docs.google.com/document/d/**cxJsp80B6...c3D0zE**/edit

文件的識別碼

假設我們要製作一系列商品說明頁，我們可以替每一件商品編寫一個路由，但更好的作法以商品的唯一識別碼建立動態路由，像這樣：

動態路由的語法格式如下，將網址中的動態部分標記為 "<變數名稱>"，然後將動態部分作為關鍵字參數傳遞給視圖函式：

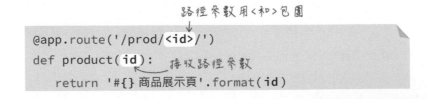

此例中的 <id> 將對應到緊鄰在 "/prod/" 路徑之後的內容，而且不限於數字。例如，瀏覽到 "/prod/控制板"，將收到這樣的回應：

```
#控制板　商品展示頁
```

但是，它不會匹配像 "/prod/"（空白參數）和 "/prod/101/data/" 這樣的路徑。路徑參數預設會用**字串類型**傳遞參數給視圖函式，我們可以在參數前面加上「類型轉換器」來限定資料格式，例如：

整數類型
/prod/<int:id>
匹配 → /prod/101
不匹配 → /prod/鹹酥雞

表 9-1 列出了 Flask 中可用的所有參數類型：

表 9-1

參數類型轉換	說明
string	接受任何字串，此為預設值
int	接受整數
float	接受浮點數字
path	接受帶有正斜線前導的路徑名稱
uuid	接受「通用唯一識別碼」字串

UUID（Universal Unique Identifier，**通用唯一識別碼**）是一組 128 位元長度數字，通常由電腦主機名稱加上時間值組成，幾乎不會重複。UUID 的標準寫法是以連字符號，把 32 個 16 進位數字分為五段，字數像這樣分配：8-4-4-4-12。

Python 內建可產生 UUID 的程式庫，範例如下：

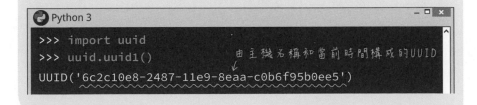

```
Python 3
>>> import uuid
>>> uuid.uuid1()
UUID('6c2c10e8-2487-11e9-8eaa-c0b6f95b0ee5')
```

由主機名稱和當前時間構成的UUID

使用 url_for() 和 redirect() 函式做頁面跳轉

「頁面跳轉」代表將用戶輸入的網址（連線請求）重新導向到另一個網址。例如，我們可以設置一個代表「最暢銷商品」的 /best_sell 路徑，每次收到這個路徑請求，伺服器端 Flask 程式就會動態轉跳到某個商品頁面：

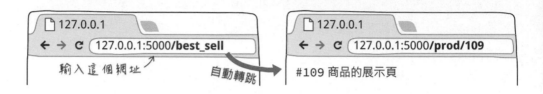

flask 程式庫有兩個和**頁面跳轉**相關的模組：url_for 和 redirect，使用之前要先 import 它們。假設 Flask 伺服器程式已經包含 faq 以及如下的 prod 路由：

```
@app.route('/prod/<int:id>/')
def product(id):
    return '#{} 商品的展示頁'.format(id)
```

使用 url_for 動態建立 URL 網址的範例如下，它的第 1 個參數是視圖函式名稱，第 2 個是選擇性的視圖函式參數。

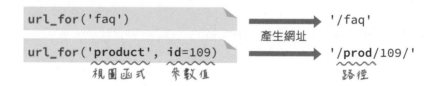

url_for() 將**產生**網址字串，**redirect() 函式**則是**接收**網址字串，指揮瀏覽器跳轉。假設要替網站加入一個「最暢銷商品」的網址 "/best_sell"，路由程式像這樣：

```
from flask import Flask, url_for, redirect
    :
@app.route('/best_sell/')
def best_sell():
    return redirect(url_for('product', id=109))
```

要引用這些模組

使用者固定輸入這個網址

後端可動態調整此參數值

跳轉頁面

動態參數

在瀏覽器輸入此「最暢銷商品」連結，將自動跳轉到後端設定的商品頁。

9-3 設定 Flask 伺服器的 IP 位址和埠號

IP 位址 "127.0.0.1" 以及網域名稱 "localhost" 都是本機電腦的通用位址。如果要

讓相同區域網路（亦即，連到同一台網路分享器的裝置）的其他設備存取，需要將 Flask 伺服器的位址設定成 0.0.0.0，假設開發者電腦的 IP 位址是 "192.168.0.13"：

> 電腦的 IP 位址可用 ipconfig (Windows 平台) 或 ifconfig (Linux/macOS 平台) 命令查詢。

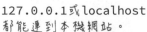
127.0.0.1或localhost
都能連到本機網站。

開發者的電腦（本機）
IP位址：192.168.0.13

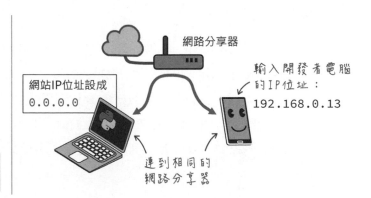
網路分享器

網站IP位址設成
0.0.0.0

輸入開發者電腦
的IP位址：
192.168.0.13

連到相同的
網路分享器

Flask 物件的 run() 方法可指定伺服器的 IP 與埠號：

```
if __name__ == '__main__':
    app.run('0.0.0.0', 80, debug=True)
```

Flask物件.run('IP位址', 埠號, 除錯模式)

伺服器程式的 IP 位址設定成 0.0.0.0，代表監聽所有連結到本機（控制器）的 IP；以筆電為例，它可能同時銜接有線和無線網路，因此它將從兩個網路交換機分別取得 IP 位址。網站伺服器程式可以綁定在這兩個位址之一，若設定成 0.0.0.0，則外界用這兩個 IP 位址都能連上本機伺服器。

無線網路IP位址：
210.60.142.128

乙太網路

乙太網路IP位址：
192.168.1.13

相較於 0.0.0.0 位址，127.0.0.1 這個 IP 只能從「本機」的程式連接（如：在本機執行的瀏覽器），本機以外的網路程式無法連入。

埠號（Port）

如果把伺服器的網路位址比喻成電話號碼，那麼**埠號（Port）**就相當於分機號碼。**埠號被伺服器用來區分不同服務項目的編號**。例如，一台電腦可能會同時擔任網站伺服器（提供 HTTP 服務）、郵件伺服器（提供 SMTP 服務）和檔案伺服器（提供 FTP 服務），這些服務都位於相同 IP 位址的電腦上，為了區別不同的服務項目，我們必須要將它們放在不同的「分機號碼」上。

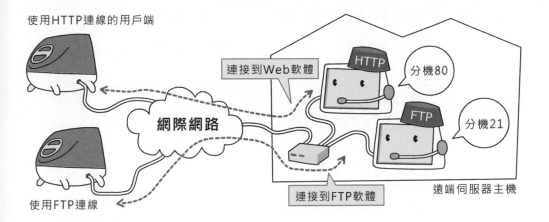

使用HTTP連線的用戶端

連接到Web軟體

HTTP 分機80

網際網路

連接到FTP軟體

FTP 分機21

遠端伺服器主機

使用FTP連線

這就好像同一家公司對外的電話號碼都是同一個,但是不同部門或者員工都有不同的分機號碼,以便處理不同客戶的需求。埠號的編號範圍可從 1 到 65535,但是**編號 1 到 1023 之間的號碼大多有其特定的意義**(通稱為 Well-known ports),不能任意使用。

幾個常見的網路服務的預設埠號請參閱表 9-2。

表 9-2

名稱	埠號	說明
HTTP	80	HTTP 是超文本傳輸協定 (HyperText Transfer Protocol) 的縮寫,因為 WWW 使用 HTTP 協定傳遞訊息,因此網站 (Web) 伺服器又稱為 HTTP 伺服器
HTTPS	443	超文本傳輸安全協定,S 代表 Secure(安全)。HTTP 用明文(普通文字)傳輸訊息,有心人士可偵聽網路上的封包並取得內容(如:信用卡號碼);HTTPS 的內容經過加密,不易被破解
FTP	21	用於傳輸檔案以及檔案管理,FTP 是檔案傳輸協定 (File Transfer Protocol) 的縮寫
SMTP	25	用於郵件伺服器,SMTP (Simple Mail Transfer Protocol) 可用於傳送和接收電子郵件。不過它通常只用於傳送郵件,接收郵件的協定是 POP3 和 IMAP

例如,當我們使用瀏覽器連結某個網站時,瀏覽器會自動在網址後面加上(我們看不見的)埠號 80;而當網站伺服器接收到來自用戶端的連線請求以及埠號 80 時,它就知道用戶想要觀看網頁,並且把指定的網頁傳給用戶。

因為這些網路服務都有約定成俗的埠號，所以在大多數的情況下，我們不用理會它們。不過，如果不是用約定的埠號，連線時就得明確指定。

9-4 存取靜態網頁檔

以上實驗的網頁原始碼和 HTTP 伺服器程式原始碼混合寫在同一個檔案，修改網頁時，就要修改伺服器原始碼，很不方便也容易改錯程式。在實際的網站建置流程中，伺服器（後端）程式和網頁（前端）程式，是由兩個不同的工作小組各自完成；前端小組製作完成網頁之後，將它存入指定的路徑（資料夾）即可，不需要修改後端的 Python 程式。

網站上內容固定的資源，例如圖像、樣式表、JavaScript 程式或者網頁 HTML 檔，統稱為**靜態（static）**檔案。Flask 框架的靜態檔案，預設存放在網站根目錄的 static 資料夾。

本單元程式將把 index.html 網頁存入 static 資料夾，每當用戶請求首頁時，就傳送該檔案給用戶端：

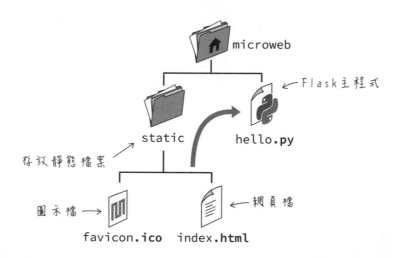

傳送靜態檔案的方法叫做 **send_static_file()**，底下是處理網站跟路徑的路由：

```
@app.route('/index.html')
@app.route('/')
def index():
    return app.send_static_file('index.html')
```
傳送靜態檔案

底下則是存放在 static 路徑底下的 index.html 原始碼和執行結果：

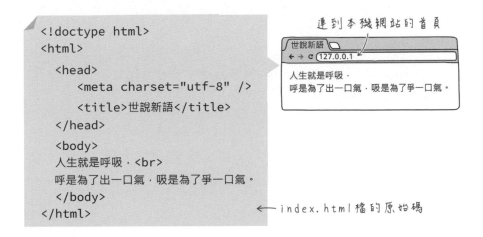

連到本機網站的首頁

```
<!doctype html>
<html>
  <head>
    <meta charset="utf-8" />
    <title>世說新語</title>
  </head>
  <body>
  人生就是呼吸，<br>
  呼是為了出一口氣，吸是為了爭一口氣。
  </body>
</html>
```
← index.html 檔的原始碼

影像檔路徑

假如靜態網頁有連結（引用）其他資源，如：影像檔，資源的路徑前面要加上
"/static/" 路徑。以在網頁中插入一張 python.png 圖檔為例，若此圖位於 img
資料夾：

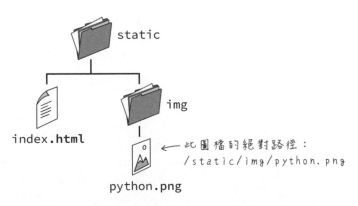

此圖檔的絕對路徑：
/static/img/python.png

插入此圖的 img 標籤指令如下:

```
<img src="/static/img/python.png" width="278" height="112">
       影像路徑和檔名            影像寬        影像高
```

或者，在網頁的檔頭區，使用 **base 標籤**設置資源路徑和超連結的基底位址，網頁內文區的資源引用路徑，則寫成相對路徑:

```
<!doctype html>
<html>
  <head>
    <meta charset="utf-8">
    <base href="/static/">  ← 設定此頁面的資源路徑
    <title>Python</title>       或超連結的基底位址。
  </head>

  <body>
    <h1>歡迎來到Python世界！</h1>
    <p><img src="img/python.png" width="278" height="112"></p>
  </body>
</html>
```

此影像檔路徑將被瀏覽器解讀為:
/static/img/python.png

9-5 認識樣板與樣板引擎

網站的不同頁面，通常包含相同部份，以部落格網站來說，每一頁的編排樣式、頁首 (擺放標誌)、導覽列和頁腳 (擺放版權資訊) 都一樣，只是內文不同。

每頁固定不變的部分，可以製作成**樣板**（template），變動的部份則交由程式填入。如此，看似許多頁面的網站，美術設計只需要維護一頁。合併樣板與動態內容的程式，稱為**樣板引擎**（template engine）。Python 語言有不同的樣板引擎，像 Jinja2, Mako, Diazo, ... 等，**Flask 採用的樣板引擎名叫 Jinja2**。

樣板引擎入門

樣板引擎使用的**「樣板檔」，基本上就是普通的 HTML 網頁**，再加入只有樣板**引擎看得懂的標籤指令**。樣板檔和普通的 HTML 文件的主要區別：

● **存放在 template 路徑。**

● **包含在伺服器端執行的程式碼。**

普通 HTML 檔只包含「全部都在用戶端執行的程式」，主要就是 HTML 標籤；樣板檔（副檔名也是 .html）則同時包含「在用戶端與伺服器端執行的程式」。樣板中，要在**「伺服器端」**執行的程式，放在 **"{{" 和 "}}"** 或者 **"{%" 和 "%}"** 之間。

● **{{ 變數 }}**：在樣板上輸出變數內容。

● **{% 程式碼 %}**：在樣板上執行條件式或迴圈敘述。

底下是一個簡化的例子，假設網站程式檔叫做 app.py，樣板檔是 index.html，網站檔案結構如下：

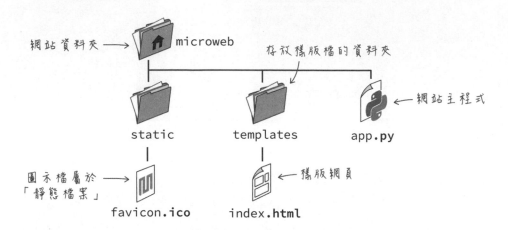

假設這個網站包含一個 /about 路徑，能接收一個用戶名稱字串，並在網頁上顯示「嗨，○○○！」訊息。此 /about 視圖函式的運作方式如下，它將把收到的字串參數交給樣板引擎合成網頁，最後再傳給用戶。

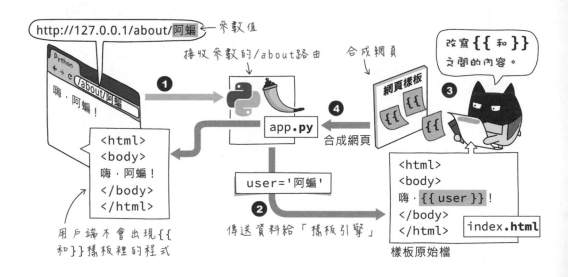

app.py 的程式碼如下，首先引用 render_template（直譯為「渲染樣板」）模組：

```
from flask import Flask, render_template
app = Flask(__name__)
    :
```

引用「渲染樣板」程式庫

about 視圖函式透過 render_tamplate() 函式，合成樣板、產生網頁：

```
@app.route('/about/<user>')
def about( user ):       接收路徑參數
    return render_template( 'index.html', name=user )
```

樣板裡的變數名稱

render_template('樣板檔', 參數)

樣板頁的原始碼如下，其中的 "{{" 和 "}}" 標籤會把傳入的資料轉成字串，顯示在當前的位置，所以用戶看到的網頁內容是「嗨，阿蝠！」。

```
<!doctype html>
<html>
  <head>
    <meta charset="utf-8">
    <title>Flask樣版網頁</title>
  </head>

  <body>
    嗨,{{ name }}!
  </body>
</html>
```

樣板引擎的標籤指令

變數名稱

搭配樣板引擎建立網站的好處是，我們可以把處理用戶請求的程式（也就是「控制器」部份）和回應給用戶的外觀呈現（視圖）分開來。這有點像是讓工程師和美術設計師各司其職，減少彼此間的干擾，通力合作完成一個專案。

在樣板中使用 url_for() 函式嵌入靜態內容

在 Flask 的視圖函式裡的 url_for() 函式，用於產生動態網址；樣板裡的 url_for() 函式，則是搭配 'static' 參數，產生靜態資料夾路徑。以在網頁中插入「網站小圖示」為例，HTML 標籤語法如下：

```
<link rel="shortcut icon" href="/static/favicon.ico">
```
網站圖示檔的絕對路徑

其中的靜態檔案路徑可用 url_for() 函式產生：

```
url_for('static', filename='favicon.ico')  ➡ '/static/favicon.ico'
```
存取靜態路徑　　　　　檔名

因此，使用 url_for() 在樣板檔中插入網站小圖示的完整敘述如下：

```
<!doctype html>
<html>
  <head>                                        index.html
    <meta charset="utf-8">
                              用樣板標籤包圍
    <link rel="shortcut icon" href="{{ url_for('static',
                                      filename='favicon.ico') }}">
網站小圖示標籤要放在<head>區塊裡面
```

在樣板中嵌入條件判斷式

在樣板裡面，程式可依參數值改變呈現內容，假設我們建立一個顯示成績評語的樣板，可以在其中嵌入條件判斷敘述：

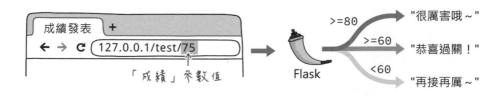

成績發表

127.0.0.1/test/75

「成績」參數值

Flask

>=80　"很厲害哦～"

>=60　"恭喜過關！"

<60　"再接再厲～"

樣板的條件判斷式語法和 Python 些微不同：**條件式要用 endif 結尾**。底下的
test 路徑後面包含一個**整數（int）類型**的參數，樣板檔將依此參數決定在網頁
呈現哪個標題文字：

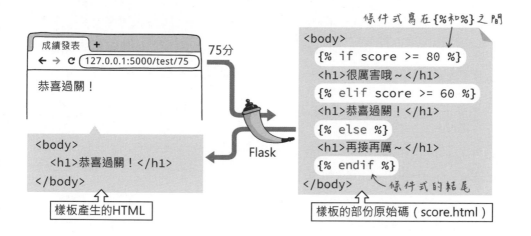

URL 路徑和樣板檔名不必相同。底下程式將路徑參數值轉換成**整數**，以便程
式進行數學運算或比較大小。

```python
from flask import Flask, render_template
app = Flask(__name__)

@app.route('/test/<int:score>')
def test(score):
    return render_template('score.html', score=score)

if __name__ == '__main__':
    app.run(debug = True)
```

把參數值轉成「整數」

此程式當中的參數

樣板裡的參數

9-6 處理表單

表單是常見的資料輸入介面，當用戶按下表單的**送出**鈕時，表單資料就被傳送到網站伺服器上的**表單處理程式**。表單處理程式是**在網站伺服器上接收與處理資料的程式統稱**，在 Flask 中，實際上是一個路由函式。

本單元的 Flask 程式包含兩個部份：

● **HTML 部份**：建立讓用戶輸入的前端表單頁面。

● **Python 部份**：接收表單資料。

HTML 網頁表單都放在 <form> 元素內部，除了定義表單範圍，<form> 元素還肩負兩個任務：定義**表單處理程式的名稱和路徑**，以及**表單資料的傳送方式**。

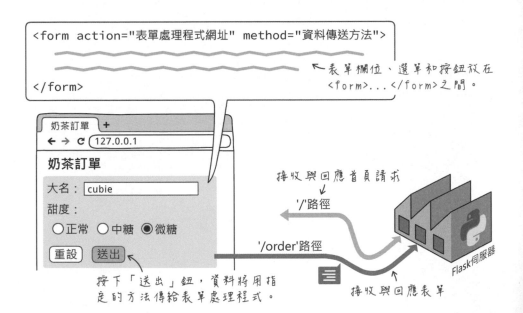

```
<form action="表單處理程式網址" method="資料傳送方法">
```

```
</form>
```

← 表單欄位、選單和按鈕放在
`<form>...</form>` 之間。

按下「送出」鈕，資料將用指
定的方法傳給表單處理程式。

接收與回應首頁請求
↓
'/'路徑

'/order'路徑

接收與回應表單

Flask伺服器

奶茶訂單
127.0.0.1

奶茶訂單

大名： cubie
甜度：
○正常　○中糖　◉微糖
[重設] [送出]

使用 POST 方法傳送資料

POST 方法會把表單欄位資料以「參數=值」的格式，附加在 HTTP 訊息的本體，不會顯現在網址。底下是傳送「奶茶訂單」的 HTTP 訊息的例子：

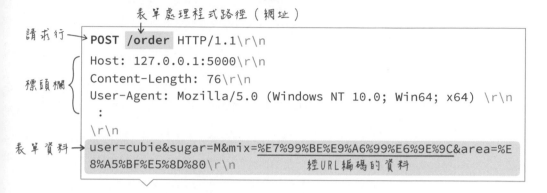

表單處理程式路徑（網址）

請求行 → **POST /order** HTTP/1.1\r\n

標頭欄 {
Host: 127.0.0.1:5000\r\n
Content-Length: 76\r\n
User-Agent: Mozilla/5.0 (Windows NT 10.0; Win64; x64) \r\n
:
}
\r\n

表單資料 → user=cubie&sugar=M&mix=%E7%99%BE%E9%A6%99%E6%9E%9C&area=%E8%A5%BF%E5%8D%80\r\n　　經URL編碼的資料

和 GET 相比，POST 方法的優點如下：

● 瀏覽器網址列不會顯現傳送資料。

● 傳送資料沒有字元數上限。

● 可上傳圖像或其他檔案。

關於 GET 方法的說明，請參閱 6-29 頁。

建立表單頁面

本節將建立如下的表單網頁，檔名是 tea_form.html：

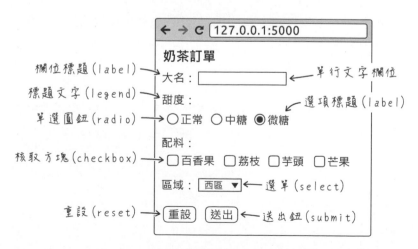

欄位標題 (label) → 大名：　←　單行文字欄位

標題文字 (legend) → 甜度：

單選圓鈕 (radio) → ○正常 ○中糖 ●微糖　←　選項標題 (label)

核取方塊 (checkbox) → □百香果 □荔枝 □芋頭 □芒果

區域：[西區 ▼] ←　選單 (select)

重設 (reset) → [重設] [送出] ←　送出鈕 (submit)

奶茶訂單　127.0.0.1:5000

9-27

表單網頁可存放在 static 資料夾，本單元將它放在 templates 資料夾，因為下文將使用樣板的 url_for() 函式產生表單處理程式路徑。

表單內容從 <form> 標籤開始（完整網頁的原始碼請參閱 tea_form.html 檔）：

表單處理程式網址
資料傳送方法

```
<form action="/order" method="POST">
```

單行文字輸入欄位

根據上文的規劃，第一個欄位是「大名」，經由底下的標籤定義：

文字欄位的標題

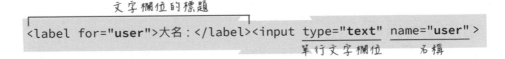

```
<label for="user">大名：</label><input type="text" name="user">
```

單行文字欄位　名稱

欄位的 **name 名稱**屬性，相當於程式的變數名稱，也就是資料的識別名稱；傳遞表單時，欄位名稱會跟它的值一齊被傳送出去，所以每個欄位都有 name 屬性。

<label> 用於設定欄位標題，讓表單結構更具體、易於解析，也能提升易用性（參閱底下的「單選圓鈕」）。<label> 裡的 for 屬性值，要對應到欄位的 name 或 id 屬性值。

單選圓鈕、核取方塊與下拉式選單

單選圓鈕（radio button）指的是一組選項中，只能有一個選項被點選。同一組選項的 name 屬性值必須相同；value 屬性是選項的傳回值，checked 屬性可指定預設選項。

標題文字
↓
同一組選項的名稱都一樣
↓

```
<p>
<legend>甜度：</legend>
<label><input type="radio" name="sugar" value="L">正常</label>
<label><input type="radio" name="sugar" value="M">中糖</label>
<label><input type="radio" name="sugar" value="S" checked>微糖</label>
</p>
```
單選圓鈕型式　　名稱　　值　　預設選項

> <label> 是選擇性的選項文字標籤，若省略或僅包圍選項文字，將使得選項不易被點選：
>
> ```
> <label><input type="radio" name="sugar" value="L">正常</label>
> ```
>
> ⦿正常 ← 可點擊選項文字
>
> ```
> <input type="radio" name="sugar" value="L"><label>正常</label>
> ```
> ↑
> 僅包圍選項文字
>
> ⦿正常 ← 只能點擊選項（圓圈）

核取方塊（checkbox）指的是同一組選項中，允許多個選項被點選。同一組核取方塊的每個選項名稱也要一致；<label> 標籤雖然是選擇性的，但建議加上：

```
<p>
<legend>加料：</legend>
<label><input type="checkbox" name="mix" value="百香果">百香果</label>
<label><input type="checkbox" name="mix" value="荔枝">荔枝</label>
<label><input type="checkbox" name="mix" value="芋頭">芋頭</label>
<label><input type="checkbox" name="mix" value="芒果">芒果</label>
</p>
```
核取方塊型式　　名稱　　值

有些程式語言（如：PHP），要求網頁核取方塊的欄位名稱後面要加上**方括號**，伺服器端程式才能接收多重選項值，例如：

```
<legend>加料：</legend>                        名稱用方括號結尾
<label><input type="checkbox" name="mix[]" value="荔枝">荔枝</label>
<label><input type="checkbox" name="mix[]" value="芒果">芒果</label>
```

用 Python 語言接收的表單欄位名稱，**不需要方括號結尾**。

下拉式選單使用 \<select\> 和 \<option\> 標籤定義，selected 屬性可指定預設選項。

```
<p>
<label for="area">區域：</label>
<select name="area" id="area">     選單
    <option value="北區">北區</option>              選單項目
    <option value="中區">中區</option>
    <option value="東區">東區</option>
    <option value="南區">南區</option>
    <option value="西區" selected>西區</option>
</select>                  預設選項
</p>
```

最後加上「重設」和**送出**鈕，以及結束表單範圍的 \</form\>。

```
    <input type="reset" value="重設">
    <input type="submit" value="送出">
</form>     傳送鈕型式     按鈕的文字
```

處理表單的路由

接收表單資料，要用到 flask 程式庫的 request 模組，請在程式開頭引用它：

```
from flask import Flask, render_template, request

app = Flask(__name__)                        從flask引用此模組

@app.route('/')
def tea():                                   首頁是表單
    return render_template('tea_form.html')
```

tea_form.html 檔的 <form> 標籤，指定使用 POST 方法將資料傳給 "/order" 路徑。處理此路徑的路由程式碼如下，request 模組的 **headers (標頭) 屬性**，可存取 HTTP 請求的標頭資訊；**stream.read() 方法**可存取 POST 請求的原始資料：

```
@app.route('/order', methods=['POST'])
def order():                                 接受POST方法的請求
    print('HTTP標頭：')
    print(request.headers)          # 顯示請求的標頭
    print('原始資料：')
    print(request.stream.read())  # 顯示收到的原始資料

    return "敬請再度光臨！"    一定要回應訊息給用戶端
```

如有需要，可在設定路由時指定接受多種請求方法：

```
@app.route('/order', methods=['POST', 'GET'])
                                接受POST和GET方法
```

使用 POST 方法傳送訊息 (如此例的表單資料)，伺服器也必須回應請求，因此表單處理程式最後用 return 敘述，在用戶端顯示「敬請再度光臨！」。

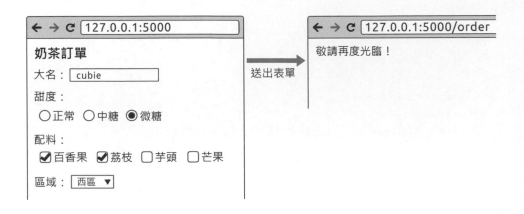

Python 的命令行視窗將顯示如下的訊息：

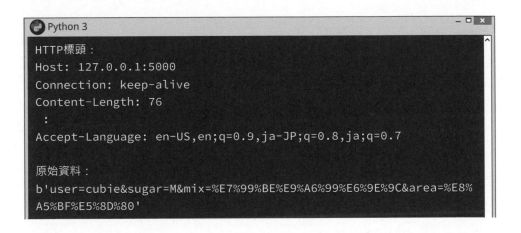

解析表單資料

上一節使用 **stream.read() 方法**存取 POST 請求的原始資料，實際用處不大。
底下的敘述可取出解析之後的表單元素資料：

```
request.form['元素名稱']    或    request.form.get('元素名稱')
```

改寫後的表單處理程式如下，**核取方塊**選項有多個可能值，要用 getlist() 取得。取出的表單資料傳遞給 result.html 樣板：

```
@app.route('/order', methods=['POST'])
def order():
    user=request.form['user']         # 大名
    sugar=request.form.get('sugar')   # 甜度       等同    request.form['sugar']
    area=request.form['area']         # 區域
    mix=request.form.getlist('mix')   # 加料
                                              取得多個選項（列表）值
    return render_template("result.html",
                           user=user,
                           sugar=sugar,
                           mix=mix,          傳遞參數給樣版
                           area=area)
```

左下圖是 result.html 樣板的主要原始碼，包含多個選項的列表值，使用迴圈敘述逐一取出，並以「項目清單」形式呈現在網頁。樣板裡的 for 迴圈敘述要用 **endfor 結尾**。

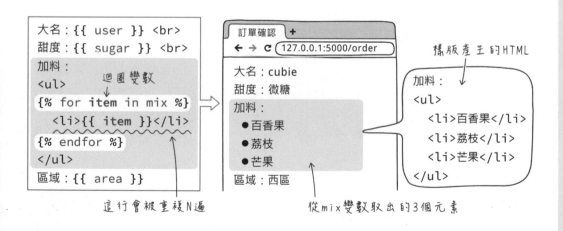

HTML 裡的 <ul> 標籤代表 "unordered list" (無編號順序的項目清單)，<li> 則是 "list item" (清單元素)，項目清單內容在瀏覽器上預設會用圓點標示。

附帶一提，表單處理程式路徑也經常使用 **url_for()** 函式產生：

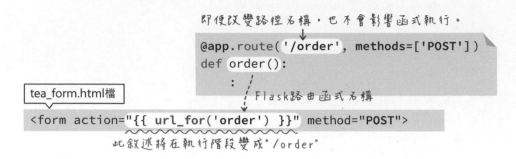

即使改變路徑名稱，也不會影響函式執行。

```
@app.route('/order', methods=['POST'])
def order():
        :
```

Flask路由函式名稱

tea_form.html檔

```
<form action="{{ url_for('order') }}" method="POST">
```

此敘述將在執行階段變成"/order"

9-6 認識 HTTP 請求訊息

在瀏覽器中輸入 swf.com.tw 首頁連結後，瀏覽器會在背地裡發出如下的 HTTP 請求訊息：

方法指令　資源路徑　HTTP協定版本

請求行

```
GET / HTTP/1.1\r\n
Host: swf.com.tw\r\n
User-Agent: Mozilla/5.0 (Windows NT 10.0; Win64; x64)
Chrome/64.0.3282.167 Safari/537.36\r\n
Accept-Language: zh-TW,zh,en-US,en;q=0.5\r\n
Accept-Encoding:gzip,deflate\r\n
\r\n
```

標頭欄

連線主機

用戶瀏覽器與系統資訊

支援的語系

代表HTTP訊息結束的空行

用戶端

swf.com.tw主機

「請求」訊息的第一行是發出指令的**請求行**，後面跟著數行**標頭欄**（header field）。**請求行**包含指出「請求目的」的 **HTTP 方法**，表 9-3 列舉 HTTP 協定 1.1 版本提供 8 種標準的方法，其中最常見的就是 GET 和 POST。目前廣泛使用的 HTTP 協定版本是 1.1，資源路徑 '/' 代表根目錄，也就是網站的首頁。

標頭欄用於描述用戶端，相當於向伺服器介紹：我來自 Chrome 瀏覽器、作業系統是 Windows 10、我讀懂中文和英文...等等。HTTP 訊息後面的 "\r\n" 代表「換行」，訊息**結尾包含一個空行**。

表 9-3

方法	說明
GET	向指定的資源位址請求資料
POST	在訊息本體中附加資料 (entity)，傳遞給指定的資源位址
PUT	上傳文件到伺服器，類似 FTP 傳檔
HEAD	讀取 HTTP 訊息的檔頭
DELETE	刪除文件
OPTIONS	詢問支援的方法
TRACE	追蹤訊息的傳輸路徑
CONNECT	要求與代理 (proxy) 伺服器通訊時，建立一個加密傳輸的通道

HTTP 回應訊息與狀態碼

收到請求之後，網站伺服器將發出 HTTP 回應給客戶端，訊息的第一行稱為「狀態行 (status line)」，由 **HTTP 協定版本**、三個數字組成的**狀態碼**和**描述文字**組成。例如，假設用戶請求的資源網址不存在，它將回應 404 的錯誤訊息碼：

找不到你要的東東

協定版本　狀態碼　狀態說明短文

`HTTP/1.1 404 Not Found`

HTTP 回應用狀態碼代表回應的類型，其範圍介於 1xx~5xx（第 1 個數字代表回應的類型，參閱表 9-4），用戶端可透過狀態碼得知請求是否成功。最著名的狀態碼大概就是代表資源不存在的 404。完整的狀態碼數字及其意義，請參閱維基百科的「HTTP 狀態碼」條目（goo.gl/a7YAc3）。

表 9-4：狀態碼的類型

代碼	類型	代表意義
1××	Informational（訊息）	伺服器正在處理收到的請求
2××	Success（成功）	請求已順利處理完畢
3××	Redirection（重新導向）	需要額外的操作來完成請求
4××	Client Error（用戶端錯誤）	伺服器無法處理請求
5××	Server Error（伺服器錯誤）	伺服器處理請求時發生錯誤

如果請求的資源存在而且能開放用戶存取，伺服器將回應 "200 OK" 的狀態碼。「狀態行」的後面跟著標示內容長度（位元組數）與內容類型的「標頭欄」，**資源主體（payload）** 附加在最後；**標頭欄** 和 **資源主體** 之間包含一個空行。

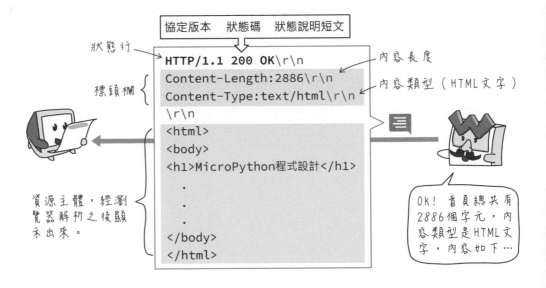

使用 Chrome 瀏覽器的「開發人員工具」面板觀察 HTTP 訊息

Chrome 瀏覽器的**開發人員工具**面板的 **Network**（網路）分頁，可顯示瀏覽器存取資源的項目、類型、大小、花費時間以及存取資源時的 HTTP 訊息內容。

請先打開 Chrome 瀏覽器的**開發人員工具**面板，點選 **Network**，然後輸入網址 "swf.com.tw/scrap/simple.html" 或其他網址，你將看到 **Network** 面板陸續跑出每個資源（網頁和圖檔）的請求狀態。

點選 **Network** 面板裡的請求網頁資源，它將顯示瀏覽器和網站伺服器之間的 HTTP 訊息標頭（Headers），點選其中的 **view source**，即可檢視訊息的原始內容：

這是瀏覽器發出請求 simple.html 資源後，收到來自伺服器的回應標頭：

點選 **Response**（回應），可看到收到的回應內容（接收到的網頁 HTML 碼）：

本章重點回顧

- 從用戶端發出的 HTTP 請求訊息，通常是由 GET 或 POST 請求行開頭，後面跟著連線主機與用戶瀏覽器和作業系統資訊。

- 伺服器回應請求的 HTTP 訊息，包含請求是否成功的狀態碼，200 代表已順利處理完畢。

- 在 Flask 中，處理用戶端連線請求的程式，叫做**路由**（**route**）；回應用戶端的程式，則統稱**視圖**（**view**）**函式**。

- Flask 的靜態資源，例如：圖檔和 favicon.ico 圖示，都要放在 static 資料夾。

- Flask 的樣板引擎是 Jinja2，樣板檔就是普通的 HTML 網頁，加上 "{{" 和 "}}" 或者 "{%" 和 "%}" 來包含要在伺服器端執行的程式碼。

- 網頁表單欄位要放在 <form> 和 </form> 標籤之間，<form> 標籤的 action 屬性定義了接收欄位值的程式網址、method 則定義表單資料的傳送方式，通常為 GET 或 POST。

- GET 方法會把資料以**查詢字串**和 **URL 編碼格式**附加在網址後面，資料量通常不超過 2KB。

- 筆者有分享處理上傳檔案的貼文〈使用 Python Flask 建置影像圖檔上傳網站服務〉，網址：https://swf.com.tw/?p=1728。

01010

佈署網站到雲端空間

10-1 建立虛擬環境

我們已經在一些程式專案中，採用不同的套件，這些套件預設都會安裝在相同位置；日後若要把開發完成的程式轉交給客戶或佈署到其他平台，我們還得自行列舉需要安裝的套件和版本。

Python 的內建套件安裝在 Python 軟體的安裝路徑底下，使用 pip 安裝的套件大多安裝在 site-packages 資料夾（底下稱為「第三方套件」資料夾）。在 Python 中分別執行 sys.prefix 和 site.getsitepackages()，可取得這兩個路徑的實際位置：

```
>>> import sys
>>> sys.prefix
'/Library/Frameworks/Python.framework/Versions/3.7'
```

```
>>> import site
>>> site.getsitepackages()
['/Library/Frameworks/Python.framework/Versions/3.7/lib/python3.7/site-pa
```

為了方便管理與佈署，Python 提供了「虛擬環境」機制，讓每個專案都能獨立存在自訂的資料夾路徑內，並能有自己的 Python 執行環境和安裝套件。

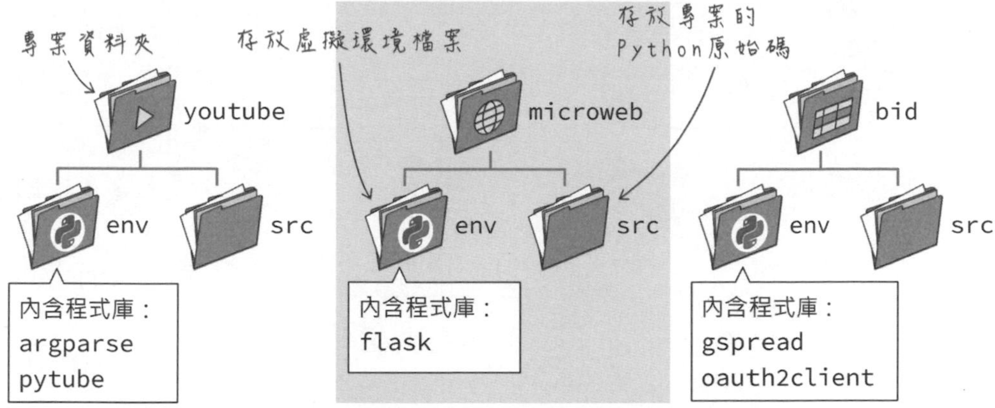

總之，**「建立 Python 虛擬環境」代表把 Python 3 的執行環境獨立安裝到某個資料夾**。開發 Python 專案程式的第一個步驟，通常是為它建立虛擬環境。下文將示範如何建立一個開發 Flask 網站程式的虛擬環境，並將它實際佈署到雲端網站。

在 Windows 系統建立和啟用 Python 虛擬環境

Python 從 3.3 版本開始，內建新增虛擬環境的 venv 套件。建立虛擬環境的指令語法如下：

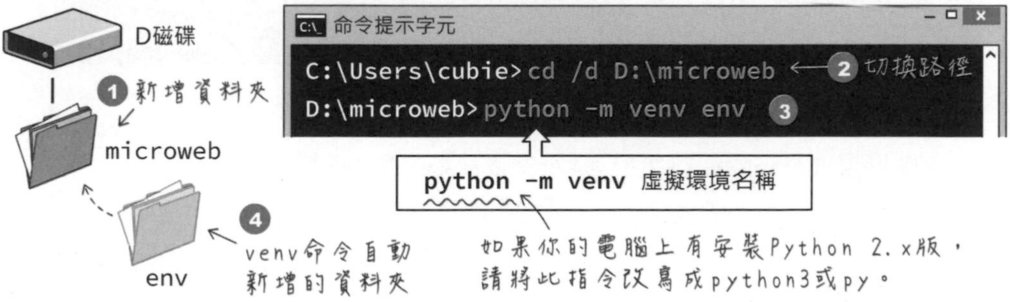

指令執行後，它將新增一個跟虛擬環境同名的 env 資料夾（不一定要取名 env，但這是多數人的慣用名稱），並且把 Python 3、相關工具（如：pip）和預設套件複製進去，過程需要花費一點時間。底下是虛擬環境 env 所包含的資料夾內容：

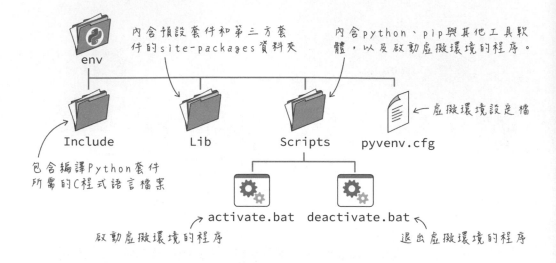

內含預設套件和第三方套件的 site-packages 資料夾

內含 python、pip 與其他工具軟體，以及啟動虛擬環境的程序。

env

虛擬環境設定檔

Include

Lib

Scripts

pyvenv.cfg

包含編譯 Python 套件所需的 C 程式語言檔案

activate.bat   deactivate.bat

啟動虛擬環境的程序

退出虛擬環境的程序

在 Python 3.3 版之前，我們需要手動執行 "pip install virtualenv" 命令，安裝虛擬環境工具，現在不需要了。

執行虛擬環境裡的 Python 程式之前，需要先啟動虛擬環境。請執行 Scripts 資料夾裡的 activate 程序來啟動虛擬環境；啟動成功後，命令提示字元的路徑最前面會出現小括號包含虛擬環境名稱。

```
C:\ 命令提示字元                                    _ □ ✕

D:\microweb>env\scripts\activate  ← 執行此程序，啟動虛擬環境。
(env) D:\microweb>
```

出現虛擬環境名稱，代表啟動成功。

在虛擬環境之外的原有系統環境，底下統稱「原生系統」。我們可以在虛擬環境的文字命令介面當中執行任何命令，例如，切換路徑的 "cd"。只是輸入 python 和 pip 命令時，它將執行虛擬環境裡的 python 和 pip，而非安裝在原生系統裡的版本。

無論你在原生系統中怎樣執行 python 3，可能是輸入 "python"、"python3" 或 "py" 命令，在虛擬環境裡面一律用 "python"；執行 pip 也一律用 "pip" 命令，不會是 "pip3"。請輸入底下的命令確認此虛擬環境安裝的 Python 版本：

```
(env) D:\microweb> python -V
Python 3.7.2
```

確認完畢後，直接執行 **deactivate**
（無須指定程序所在路徑），即可
退出虛擬環境：

```
(env) D:\microweb> deactivate
D:\microweb>
```

已退出（關閉）虛擬環境

如果虛擬環境的 Python 版
本是 2.x，代表之前建立虛擬
環境時，你不該使用 "python
-m" 命令開頭，要用 "py -m" 或
"python3 -m"。請在退出虛擬環
境之後，刪除此虛擬環境資料
夾，再重新建立一次。

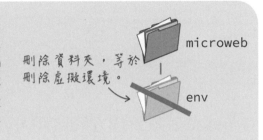

刪除資料夾，等於
刪除虛擬環境。

microweb

env

若打算重新命名虛擬環境，例如，把 env 改名成 vm，也請將它刪除再重新
安裝。有另一個建立與管理虛擬環境的套件 "virtualenvwrapper"，具備重新
命名功能，但此套件需要額外安裝，請在網路上搜尋使用方式。

虛擬環境預設不會包含之前在原生系統安裝的「第三方套件」。假設你之前
在原生系統安裝了 flask 套件，嘗試在虛擬環境引用它，會出現找不到模組
的錯誤：

```
>>> import flask
Traceback (most recent call last):
  File "<stdin>", line 1, in <module>
ModuleNotFoundError: No module named 'flask'
```

若希望能在虛擬環境直接引用原生系統的第三方套件，可於建立虛擬環境
的指令加入 "--system-site-packages" 參數：

```
MacBook:microweb cubie$ python3 -m venv microweb --system-site-packages
```

引用原生系統的第三方套件

或者，將 pyvenv.cfg 當中的第 2 個 include-system-site-package（包含原生系統的第三方套件）參數設成 true（t 小寫）；pyvenv.cfg 是純文字檔，可用任何文字編輯器開啟。

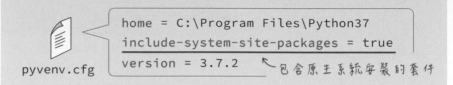

```
home = C:\Program Files\Python37
include-system-site-packages = true
version = 3.7.2        ← 包含原生系統安裝的套件
```

pyvenv.cfg

不過，既然建立了虛擬環境，就是要讓它獨立於系統預設的 Python，因此不建議在虛擬環境中使用原生系統的套件。

在 macOS 系統建立和啟用 Python 虛擬環境

macOS 系統的 Python 虛擬環境目錄結構和 Windows 版本不太一樣：

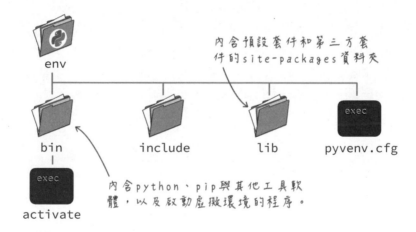

底下是在 macOS 系統的 microweb 路徑，新增和啟動 env 虛擬環境的指令示範，**source 命令**用於在終端機載入並執行程序：

```
MacBook:microweb cubie$ python3 -m venv env
MacBook:microweb cubie$ source ./env/bin/activate
                              ↑
                  點(.)代表目前所在路徑
```

在虛擬環境中啟動 Python，也可以看到它的版本編號：

不是寫成python3喔！

```
(env) MacBook:microweb cubie$ python
Python 3.7.2 (v3.7.2:9a3ffc0492, Dec 24 2018, 02:44:43)
[Clang 6.0 (clang-600.0.57)] on darwin
Type "help", "copyright", "credits" or "license" for more information.
>>> exit()
```

關閉虛擬環境，請直接輸入 deactivate 命令：

```
(env) MacBook:microweb cubie$ deactivate
MacBook:microweb cubie$
```
退出虛擬環境

在虛擬環境中安裝 Flask 套件

在虛擬環境當中安裝套件的命令與原生系統環境相同，只是它會把套件裝在虛擬環境裡面的 site-packages 資料夾；我們也可以在虛擬環境中執行 python -m pip install --upgrade pip 命令，升級 pip 安裝工具。

請記得先啟用虛擬環境之後，再執行 pip 命令：

```
(env) D:\microweb>pip install flask
Collecting flask
        :
Successfully installed Jinja2-2.10 MarkupSafe-1.1.0 Werkzeug-0.14

(env) D:\microweb>
```
在虛擬環境中安裝flask

安裝完畢後，檢查安裝版本，看看是否安裝成功：

```
(env) D:\microweb>flask --version
Flask 1.0.2
Python 3.7.2 (tags/v3.7.2:9a3ffc0492, Dec 23 2018, 23:09:28) [MSC
```

專案程式的 Python 原始碼可放在任何位置，為了方便管理，筆者將它們統一放在專案資料夾的 "src" 子資料夾（"src" 代表 source code，原始碼之意）。請先新增 src 資料夾，再存入第 9 章完成的簡易 Flask 網站程式檔 hello.py，就能在虛擬環境中執行它：

執行 src 路徑下的 Python 程式

```
microweb
  |
  src
  |
hello.py
```

Flask 網頁程式

在 VS Code 編輯器中啟動 Python 虛擬環境

VS Code 可自動啟用虛擬環境。首先請開啟專案資料夾的根目錄：選擇『**檔案/開啟資料夾...**』（Mac 版請選擇『**檔案/開啟...**』指令），選擇專案資料夾的根目錄（如：D:\microweb）。

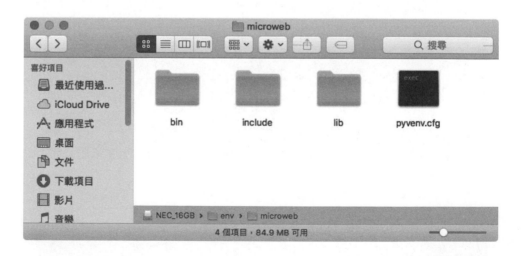

接著開啟專案裡的任一 Python 程式檔，例
如，src 裡的 hello.py 檔，再按一下 VS Code 編
輯器左下角的程式執行環境標示（目前採原生
系統的 Python 3.x）：

VS Code 將彈出下拉式選單，讓我們選擇 Python 執行環境（VS Code 會自動
找到專案資料夾中的 env 虛擬環境）。請點選 **'env'** 虛擬環境：

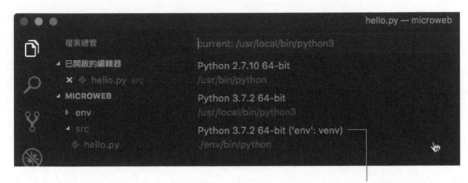

點選 env 虛擬環境

如果畫面出現如下的訊息，請按下 **Install**（安裝），替此虛擬環境安裝 pylint
語法檢查工具：

以後開啟這個專案資料夾，Python 的執行環境都會採用 env 裡的虛擬環境：

在程式碼編輯視窗按滑鼠右鍵，選擇**在終端機中執行 Python 檔案**，它將自行
啟用虛擬環境並執行此 Python 程式。

```
問題   輸出   偵錯主控台   終端機     1: Python  ▼  ✚ ⬚ 🗑 ∧ ✕

PS D:\microweb> & d:/microweb/env/Scripts/activate.ps1
(env) PS D:\microweb> & d:/microweb/env/Scripts/python.exe d:/microweb/src/
* Serving Flask app "hello" (lazy loading)
* Environment: production
  WARNING: Do not use the development server in a production environment.
  Use a production WSGI server instead.
* Debug mode: off
* Running on http://0.0.0.0:80/ (Press CTRL+C to quit)
```

10-2 使用 Serveo 與 Ngrok 向外界發布本機網站

連接 IP 分享器的裝置，彼此之間形成一個**區域網路**（以下稱為**內網**），可以相互存取資源，例如共用某一台電腦的印表機或磁碟空間。對外，IP 分享器有內建**防火牆（Firewall）**，從它的管理介面可設定要阻擋（過濾）的資源，例如，白天上班上課時段禁止人員存取特定的遊戲或社群網站。防火牆也會阻擋外部存取公司或家庭內部資源，包含我們在電腦上執行的 Flask 網站程式。

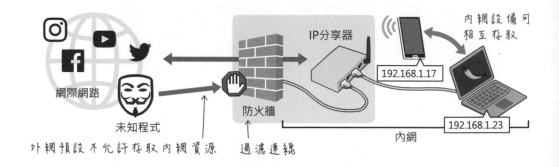

讓外網接入內網的方式大致有兩種：

● 在內網的 IP 分享器，開啟「虛擬伺服器」。

● 採用 SSH 中繼網站。

IP 分享器的「虛擬伺服器」功能，可以把來自外網的連線請求，轉發給內網的某個設備。例如，當收到 **HTTP、80 埠**的連線請求時，轉交給 192.168.1.23 位址、執行 Flask 網站程式的電腦：

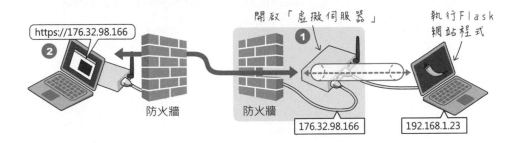

使用者只要在網頁瀏覽器輸入 IP 分享器的公共 IP，也就是 ISP 業者（如：中華電信）分配給網路用戶的 IP 位址，就能連上內網的那一台電腦。「虛擬伺服器」能夠指定開放的通訊協定（如：HTTP）、埠號和對應設備的 IP 位址，若外網使用者發出其他連線請求（如：FTP），仍會被防火牆阻擋。IP 分享器的設定方式每個廠牌都不太一樣，請自行參閱說明書。

可是，啟用「虛擬伺服器」需要有管理 IP 分享器的帳號和密碼，因此除了自己家裡，很多場合都不適用。

> 在網路搜尋關鍵字：''what is my ip''，可以找到許多查詢本機電腦和 IP 分享器的 IP 位址的服務網站，例如：WhatIsMyIP (www.whatismyip.com)。

使用 SSH 中繼服務發布本機網站

SSH 是一種通訊協定，全名是 Secure Shell（直譯為「安全殼層」），Shell 泛指電腦的指令操作介面。早期從終端機登入遠端的電腦時，指令用明文（也就是沒有加密的文字）傳送；SSH 開發出來後，人們就能替操作訊息加密，安全地登入遠端電腦執行命令。

SSH 通訊不被防火牆阻擋，而且 Windows 10, macOS 和 Linux 系統都內建支援；Windows 10 之前的版本並無內建 SSH 服務，需要額外安裝軟體（如：PuTTY），相關設定煩請自行上網查閱，或者使用下一節的 ngrok 建立連線。有些網站提供免費的 **SSH 中繼（relay）服務**或者**代理伺服器（Proxy Server）**，讓內網的資源能無礙地從外網存取。它的運作方式大致如下：

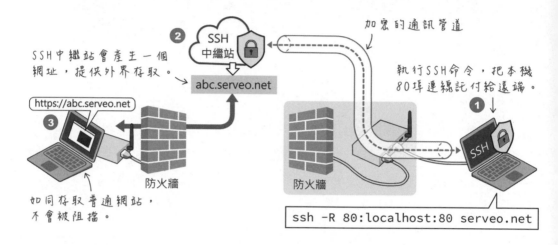

位於內網的電腦執行 SSH 命令跟雲端的 SSH 中繼伺服器（以下簡稱 SSH 中繼站）連線之後，SSH 中繼站將隨機產生一個唯一的網域名稱（如：abc.servo.net）來代表內網電腦；用瀏覽器連上此網域名稱，該連線請求以及內網電腦的回應，都將經由 SSH 中繼站建立的**加密安全連線（稱為 SSH Tunnel，通訊管道）**，繞過防火牆傳送。

Serveo（https://serveo.net/）是個免費 SSH 中繼提供者，不用安裝軟體也無須註冊，只要在電腦執行底下這一行 ssh 命令即可立刻開通使用：

```
ssh -R 80:localhost:80 serveo.net
```

遠端埠號，請不要改。

代表 "Remote"，遠端。

本機網站和埠號

遠端（中繼站）

此埠號要跟 Flask 程式設定相同，可任意更改。

實際操作畫面如下 (macOS 和 Linux 系統的終端機畫面也雷同)，輸入 ssh 命令之後，它將顯示遠端伺服器的驗證碼，並詢問你是否要繼續連線？請輸入 'yes'，就能取得轉發網址。

輸入ssh命令　　　　　　遠端伺服器的驗證碼　　　輸入'yes'

```
C:\Users\cubie>ssh -R 80:localhost:80 serveo.net
The authenticity of host 'serveo.net (159.89.214.31)' can't be
established.
RSA key fingerprint is SHA256:07jcXlJ4SkBnyTmaVnmTOOOOOOOOO.
Are you sure you want to continue connecting (yes/no)? yes
Warning: Permanently added 'serveo.net,159.89.214.31' (RSA) to the
list of known hosts.
Hi there
Forwarding HTTP traffic from https://abc123.serveo.net
Press g to start a GUI session and ctrl-c to quit.
```

系統已把此伺服器加入已知主機列表

按g鍵啟用「圖形操作介面」
按ctrl和c鍵退出

HTTP通訊交給此網址轉發

這個命令提供的「圖形操作介面」其實只是編排比較美觀的文字介面，讓我們查看連線資訊。

安裝 Windows 10 的 OpenSSH 用戶端

Windows 10 從 2017 年秋季更新版開始內建 SSH 通訊服務，如果在**命令提示字元**中執行 'ssh' 時，出現「'ssh' 不是內部或外部命令、可執行的程式或批次檔。」錯誤，請開啟『**設定/應用程式與功能**』，按下**管理選用功能**。

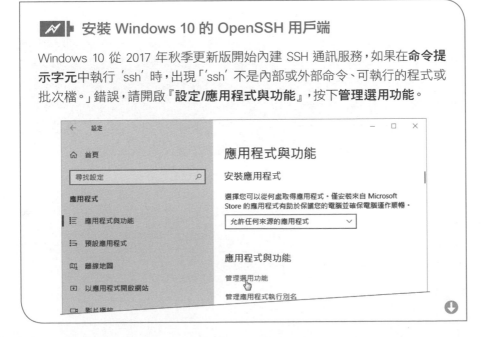

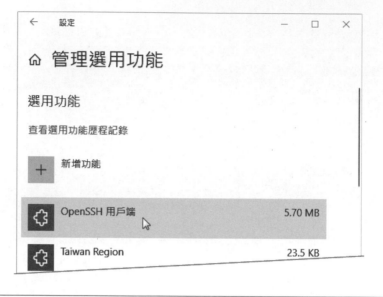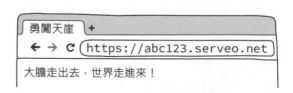

接著按下**新增功能**，從中找到 **OpenSSH 用戶端**並安裝，就能執行 ssh 命令了。

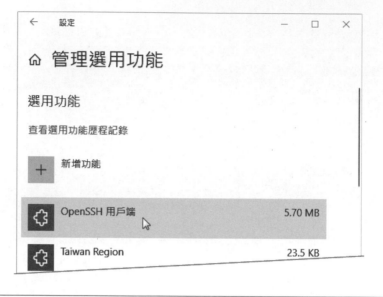

請勿關閉執行 ssh 命令的文字命令視窗；再開啟另一個文字命令視窗，啟動 Flask 網站程式。

用瀏覽器連結到 SSH 中繼站提供的網址，就能連入本機網站（根據上一節的 ssh 命令，HTTP 或者 HTTPS，都是連到本機的 80 埠）：

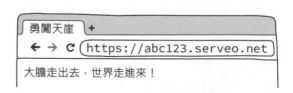

若連結本機 Flask 網站時發生編號 502 的 HTTP 錯誤（或者瀏覽器一片空白），代表中繼站無法跟本機電腦（localhost）對接。

這個網頁無法正常運作

abc123.serveo.net 目前無法處理這項要求。

HTTP ERROR 502

請在執行 ssh 命令的視窗中按 Ctrl + C 鍵中斷 SSH，然後再次執行 ssh 命令，把 localhost 改成本機的 IP 位址（可用 ipconfig 或 ifconfig 命令查詢）；再次瀏覽本機網站，就能順利看到網頁了。

```
Connection to serveo.net closed by remote host.
Connection to serveo.net closed.      ← 先按Ctrl和C鍵，關閉ssh連線。

C:\Users\cubie>ssh -R 80:192.168.1.23:80 serveo.net
```
請改成你的電腦IP位址

使用 ngrok 代理伺服器轉發本機網站

Ngrok 是知名的代理伺服器，能像 SSH 一樣建立加密通道並且有免費方案，但是使用它需要額外下載軟體。請直接在 Ngrok 的下載頁（ngrok.com/download）下載 Ngrok，該網頁會自動辨識你的系統平台，例如，用樹莓派（Raspberry Pi）微電腦瀏覽，它會顯示下載 Linux (ARM)版。

下載之後將它解壓縮在任何路徑（如：D 磁碟根目錄）。Ngrok 也是文字命令工具，這個命令將替本機 HTTP 通訊、埠號 80 建立加密通道：

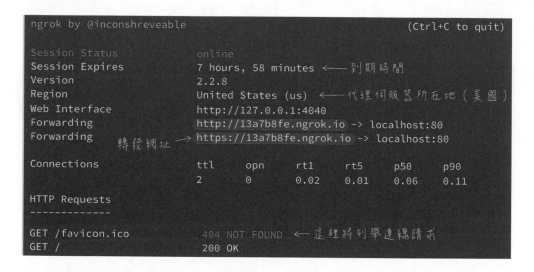

```
C:\Users\cubie> d:        ← 切換到
D:\> ngrok http 80          D 磁碟
```

執行結果如下，它將產生一個唯一的網域名稱：

```
ngrok by @inconshreveable                                    (Ctrl+C to quit)

Session Status              online
Session Expires             7 hours, 58 minutes  ← 到期時間
Version                     2.2.8
Region                      United States (us)  ← 代理伺服器所在地（美國）
Web Interface               http://127.0.0.1:4040
Forwarding                  http://13a7b8fe.ngrok.io -> localhost:80
Forwarding    轉發網址 →    https://13a7b8fe.ngrok.io -> localhost:80

Connections                 ttl      opn      rt1      rt5      p50      p90
                            2        0        0.02     0.01     0.06     0.11

HTTP Requests
-------------

GET /favicon.ico            404 NOT FOUND  ← 這裡將列舉連線請求
GET /                       200 OK
```

開啟瀏覽器連接到它提供的轉發網址，如上圖中的 https://13a7b8fe.ngrok.io，就能連到本機 Flask 網站。這個加密通道的有效期限預設是 8 小時，若要解除時間限制，請在 Ngrok 註冊免費帳號，登入之後再進入 Ngrok 下載頁面，它就會提供你一個驗證碼：

Setup & Installation

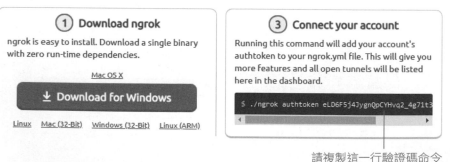

① **Download ngrok**

ngrok is easy to install. Download a single binary with zero run-time dependencies.

Mac OS X

⬇ **Download for Windows**

Linux   Mac (32-Bit)   Windows (32-Bit)   Linux (ARM)

③ **Connect your account**

Running this command will add your account's authtoken to your ngrok.yml file. This will give you more features and all open tunnels will be listed here in the dashboard.

```
$ ./ngrok authtoken eLD6F5j4JygnQpCYHvq2_4g71t3
```

請複製這一行驗證碼命令

回到文字命令視窗，先按 `Ctrl` + `C` 鍵關閉 Ngrok，再貼入剛才複製的驗證碼命令。底下以在樹莓派微電腦的 Linux 終端機執行為例，Windows 系統的操作命令前面不用加上 './'：

貼入驗證命令（只需執行一次），'./' 代表執行當前目錄裡的程序。

```
                              pi@raspberrypi:~                    _ □ ×
檔案(F)  編輯(E)  分頁(T)  說明(H)

pi@raspberrypi:~ $ ./ngrok authtoken eLD6F5j4JygnQpCYHvq2_12345678
Authtoken saved to configuration file: /home/pi/.ngrok2/ngrok.yml
pi@raspberrypi:~ $ ./ngrok http -region ap 80        驗證檔存放路徑
                              指定亞太區伺服器
```

驗證命令只需要執行一次，它會在使用者家目錄儲存驗證檔，日後執行 ngrok 建立加密通道時，它會自動登入。上面建立 HTTP 通道敘述後面指定使用亞太（Asia Pacific）地區的伺服器（新加坡），理論上可以提昇網路反應時間，因為內網電腦和用戶端的訊息都會繞經代理伺服器，假若伺服器位於美國，那麼訊息就得繞半個地球來回傳送。

再次啟動 Ngrok 的結果如下：

```
ngrok by @inconshreveable                              (Ctrl+C to quit)
                                    沒有時間限制了
Session Status          online
Account                 Ying-chieh Chao (Plan: Free)  ← 使用者帳號
Version                 2.2.8
Region                  Asia Pacific (ap)  ← 亞太地區
```

Ngrok 的免費方案每分鐘內最多僅允許 40 個連線請求，此外，每次重新啟動 Ngrok 時，轉發網址的子網域都會變動，而上一節的 Serveo 服務的轉發網址幾乎都不變。如果想要有固定或者你自己購買的網域名稱，就得支付月租費。

由中繼站自動指派

https://abc123.serveo.net   https://a03b1c95.ngrok.io
　　　　 子網域　 網域名稱　　　　　　　　　 子網域　 網域名稱

10-3 佈署 Flask 網站程式到雲端平台

使用 SSH 和代理伺服器轉發本機網站，僅適合測試和個人使用的場合。考量到管理、效能、穩定性、安全性、頻寬…等因素，你應該為網站找個長期居所。

提供存放與執行網站程式的服務，稱為 **Web Hosting（網站寄存）**，它們通常都是預先設置好執行環境的平台，例如，在 Linux 系統安裝好網站伺服器、資料庫管理系統、PHP 程式執行環境（PHP 是一種廣泛用於網站開發的程式語言）…等等。網站寄存服務公司會提供網頁操作介面和 FTP 帳號，讓用戶上傳、安裝和設置自己的網頁和程式檔。

網站寄存服務公司為了有效運用硬體設備，通常採用「虛擬化軟體」分配電腦主機的資源，讓同一台電腦可以安裝並同時執行多個作業系統，分租給不同用戶。就好比商辦大樓的分租空間，大家共用同一棟大樓的水電、網路資源，但各自獨立運作。

一台主機同時託管多個網站，所以每個網站的效能相對較低，但租用價格便宜。為了增加調度運算能力的彈性、資料傳輸速度和安全性，例如，因應雙11 購物節的龐大流量，許多公司改採雲端運算服務。雲端運算服務分成**軟體（software）**、**平台（platform）**和**基礎設施（infrastructure）**三大類型，簡單的說，就是把軟硬體買斷變成網路租用。

Software
as a Service

SaaS（軟體即服務）

租用應用軟體

Platform
as a Service

PaaS（平臺即服務）

租用網路軟體執行環境

承租人只需上傳專案程式碼

Infrastructure
as a Service

IaaS（基礎設施即服務）

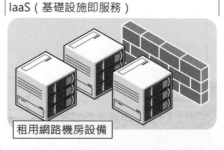

租用網路機房設備

雲端運算服務的類型和優點：

● **基礎設施**：不用自行選購、維護網路硬體設備，更無須建設機房，全部用租
的。你可以選擇作業系統、處理器數量、記憶體和磁碟大小...等，而且可隨
時增加或減少租用數量，有些方案是用「秒」為單位計費，用多少付多少。
Amazon（亞馬遜）的 AWS 和 Google Compute Engine 都屬此類服務。

● **平台**：幫你打理好基礎設施，你只要選擇應用程式的執行環境，例如
Python 或 JavaScript，然後把寫好的程式上傳到指定的路徑，就能完成佈署
（安裝）。微軟的 Azure 和下文採用的 Heroku 都屬於此類供應商。

● **軟體**：泛指不用下載安裝，直接在網路上操作的軟體服務，典型應用包含：
電子郵件、影音娛樂、Google Docs 文書處理和微軟 Office 365。

佈署 Python 前的準備工作：產生 requirements.txt 檔

將開發完成的 Python 程式佈署在其他電腦或平台時，我們僅需複製程式原始
碼以及相關資源（如：CSV 資料檔和影像檔），而執行專案所需的程式庫套件
以及 Python 直譯器，大都是在佈署的平台下達指令從網路安裝。

安裝佈署專案程式碼之前，我們先要列舉
所需程式庫的名稱和版本，pip 工具程式的
freeze 命令（直譯為「凍結」）可以自動產生
專案的相依套件版本清單。習慣上，這個清單
被命名成 **requirements.txt**（"requirements"代
表「需求」）儲存在專案原始碼的根目錄。

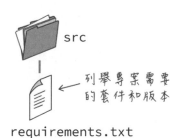

以列舉 Flask 網站專案的相依套件為例，請先啟動它的虛擬環境，然後在
程式原始碼的資料夾路徑中，執行底下的 pip 命令，它將在目前路徑產生
requirements.txt 檔：

```
(env) D:\microweb>cd src
(env) D:\microweb\src>pip freeze > requirements.txt
```

如果沒有事先啟動虛擬環境，pip freeze 將會列舉安裝在原生系統裡的套件。你可以用記事本或任何文字編輯器開啟、編輯此 requirements.txt 檔，它的內容如右：

```
astroid==2.1.0
Click==7.0
colorama==0.4.1
Flask==1.0.2
  名稱    版本
        :
```

雖然這個虛擬環境只安裝過 Flask 套件，但是 Flask 會一併安裝相依套件，它們都會被紀錄到 requirements.txt；軟體的版本編號通常由三個數字中間加上點 (.) 組成，這些數字代表的意義如下：

主版號 . 次版號 . 修訂號 ←------

不相容的API改動   向下相容的新增功能   修正錯誤 (bug)

以蘋果的 iOS 系統為例，iOS 12.0.0 是 iOS 11.x 之後的重大改版，iOS 12.0.1 則是 iOS 12 的錯誤 (bug) 修正版，沒有新增功能。Python 套件除可用 "==" 指定版本，也能用 >, >=, <, <=, ~ 和 * 等語法設定版本範圍，常見的設定：

flask==1.0.2　➡　安裝1.0.2版的flask

flask!=0.9.1　➡　安裝0.9.1以外的任何版本

astroid>=2.1.0　➡　最低要求安裝2.1.0版的astroid

click>=7.0, <8.0　➡　安裝7.x相容修正版的click

click==7.*　或　click~=7.0　➡　安裝7.x相容修正版

由於不同「主版號」(如：1.x 和 2.x 版) 套件的程式語法不甚相容，為了確保專案程式能順利執行，相依套件的版本編號前面通常加上波浪號 (~)，例如："~=4.12.0"，這代表將來即使出現最新的 5.x 版，此專案仍只會安裝 4.x 版；寫成 ">=4.12.0"，則代表可安裝任何新版本 (4.x, 5.x, …)。

註冊 Heroku 雲端平台服務

本單元將說明在 Heroku 平台 (heroku.com) 佈署 Flask 網站的方式，Heroku 有提供免費帳號，主要的限制如下 (若有變動，以 Heroku 公告為主)：

● 一個帳號最多只能建立 5 個專案程式。

● 執行中的專案程式 (dyno，參閱下文說明) 分配到的主記憶體大小不超過 512MB。

● 若 30 分鐘內沒有連線請求，程式就會進入休眠狀態，直到有連線請求時才被喚醒；免費版每天至少要休眠 8 小時，從休眠到喚醒需要一點時間 (約 7 秒)，所以用戶可能會感到網站有點遲鈍。

如果把**平台 (platform)** 比喻成土地，在劃分土地建立的店面則是**虛擬機 (virtual machine)**，在其中經營的店主則是 **"dyno"，也就是在 Heroku 平台執行中的程式個體。**

如果你之前沒有註冊過 Heroku，請先按下它的首頁裡的 **Sign Up** (註冊) 鈕，填寫基本資料：

建立免費帳號之後，請到信箱收信，按下信中的超連結啟用帳號並設定密碼
（至少 8 個字元）：

按下 **SET PASSWORD AND LOG IN** 鈕登入，進入你的應用程式頁面。按下
Create New App（建立新 App）鈕：

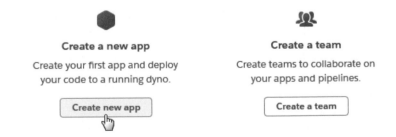

替你的 App 取個名字，名稱只能用英文、數字和連字符號，如果名稱欄位底下出現紅字，代表名稱包含不被接受的字元或者該名稱已經被佔用了。

按下 **Create app**（建立應用程式）鈕，即可在 Heroku 平台上建立好應用程式的執行環境。你的雲端應用程式路徑將是：

```
https://mybid.herokuapp.com/
```
應用程式名稱

Heroku 雲端應用程式的檔案結構

除了 Python 程式檔，佈署到 Heroku 空間的應用程式根目錄，必須包含三個文字檔案：

● **Profile**：定義專案程式的類型和主程式名稱，讓 Heroku 知道要如何配置與啟動此專案。

● **runtime.txt**：指定專案程式執行環境，如：Python 3.7.2。

● **requirement.txt**：列舉執行專案程式所需的程式庫套件和版本。

Flask 網站程式屬於 "web" 類型，執行環境使用 gunicorn 網站伺服器，而非 Flask 內建的開發用伺服器。請在 Profile 文字檔寫入這一行，日後佈署其他 Flask 程式也是沿用相同的寫法，只需要更改主程式名稱。

選用的網站伺服器↘　　Python主程式名稱，不加副檔名！↓

web: gunicorn hello:app

↑
程式專案（dyno）類型

完整的檔案結構如下，請在 requirement.txt 當中加入 gunicorn 伺服器以及 flask，其餘程式套件可刪除或保留，將來佈署到 Heroku 時，它會自動下載相依套件。

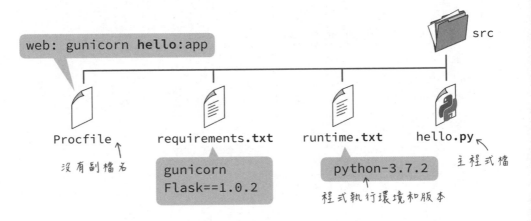

web: gunicorn hello:app

src

Procfile　　requirements.txt　　runtime.txt　　hello.py
沒有副檔名
gunicorn
Flask==1.0.2
python-3.7.2
程式執行環境和版本
主程式檔

一般的網站空間，都是讓使用者透過 FTP 工具軟體，上傳製作完成的程式和相關資源（如：圖檔）。但 Heroku 並不用 FTP，而是稱作 Git 的原始碼版本管理工具，以及 Heroku 開發的文字命令工具。所以，上傳寫好的 Python 程式檔之前，先來認識 Git。

> 筆者撰寫本文時，gunicorn 網站伺服器尚無 Windows 版，所以在本機測試時，使用 Flask 內建的伺服器即可。

10-4 認識程式原始檔版本 管理工具與 Git

開發軟體時，我們都是把程式原始碼放在本機的某個「工作目錄」，像上文的 src 資料夾就是工作目錄。

包含專案原始檔

工作目錄

在軟體開發過程，我們經常會為了調整或新增功能而修改原始碼，而修改後的程式也許會因為有錯誤，需要先復原到之前的版本。為了協助程式設計師紀錄及管理不同階段編寫的程式檔，因而誕生了**版本管理工具**或者稱**版本控制系統**（Version Control Systems，簡稱 VCS）軟體。

> 修改文件後的一個存檔，
> 代表一個新「版本」。

版本管理的基本概念就是替工作目錄建立備份和歷程紀錄，而備份資料經過壓縮、加密存放在叫做**儲存庫**（Repository，也簡稱 Repo）的檔案空間。使用者可從版本管理工具瀏覽儲存庫的修改歷程，並將程式檔復原到任意紀錄點。如果沒有版本管理工具，就得自己把文件用不同名稱另存新檔，例如：app_測試.py, app_改版 1.py... 等，也要紀錄哪個檔案修改了哪些部份。

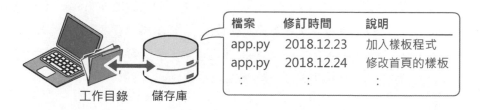

檔案	修訂時間	說明
app.py	2018.12.23	加入樣板程式
app.py	2018.12.24	修改首頁的樣板
:	:	:

工作目錄　儲存庫

儲存庫也能存放在網路上的某個電腦主機（伺服器），所以工作團隊的每個人都能存取相同的專案資源（程式碼、圖像、聲音...等）、協同合作。

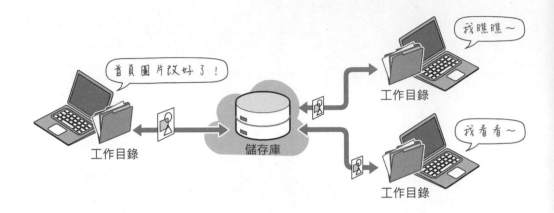

市面上有許多不同的版本管理軟體，如：Git, Subversion, Mercurial, CVS...等。本文採用的是由 Linux 作業系統之父 Linus Torvalds 發明的開放原始碼 Git。Git 的特色是採分散式管理，意思是除了位於遠端伺服器上，分享檔案給全部成員的**共享儲存庫**，每一位成員的電腦裡面也有**本機儲存庫**。

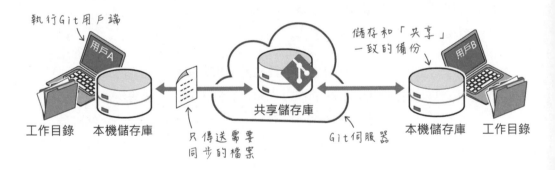

本機儲存庫跟**共享儲存庫**同步，也就是每位成員都保有完整的原始檔，即使共享儲存庫故障，也不會導致整個專案數據損毀，所以**本機儲存庫**也具「備援」的作用。此外，編輯原始檔時，不必每次都從遠端下載檔案，所以存取檔案的速度比其他只用「共享儲存庫」的版本管理系統快達 10 倍。

10-5 安裝與初設 Git 前端工具

有些電腦系統（如：樹莓派微電腦的 Raspbian Linux）已經內建 Git，多數電腦
系統並沒有；請到 Git 官網的下載頁（git-scm.com/downloads）下載 Windows ，
Mac OS X 的 Git 安裝程式。

雙按下載安裝程式開始安裝 Git，安裝過程大都是一路按 **Next**（下一步）採
預設值進行安裝，但是有幾個設定畫面需要留意，底下是 **Select Component**
（選擇元件）畫面：

在桌面建
立捷徑 ——

勾選這兩項 ——

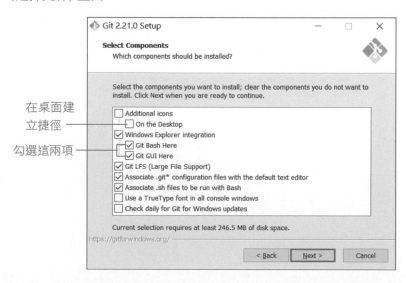

請勾選其中的 **Windows Explorer Integration**（Windows 檔案總管整合）底下的兩個選項，方便日後直接在 Windows **檔案總管**的視窗中，從滑鼠右鍵快捷選單執行 Git 指令。

底下的畫面包含預設的**文字編輯器**選項，在 Windows 系統上，可以選擇 Notepad＋＋（一款知名的免費文字編輯器）或者微軟的 VisualStudio Code。

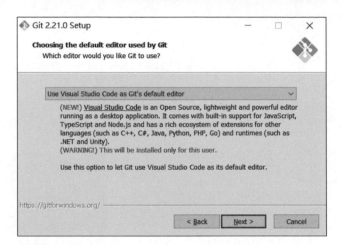

在底下的**字行結尾設置**畫面，請勾選第一個選項，代表讓程式碼的字行結尾自動相容 Windows 和 Unix/Linux 系統，確保在多人參與專案時，無論在那一種電腦系統下編輯，都不會影響程式原始碼。

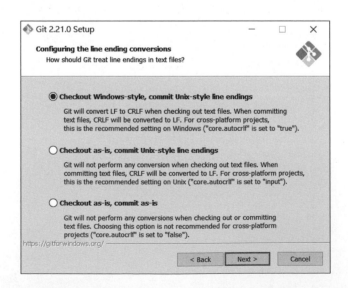

日後若要更新 Windows 版 Git，可在命令提示字元輸入底下的命令，或者重新下載安裝，無須事先解除安裝。

```
C:\> git update-git-for-windows     ← 更新 Git
Git for Windows 2.17.1.windows.2 (64bit)    代表有更新的訊息
Update 2.19.1.windows.1 is available    ←
Download and install Git for Windows 2.19.1 [N/y]? y   ← 按 Y 確認安裝
```

在 Linux 系統安裝與更新 Git

不同 Linux 發行版本的軟體安裝方式可能不同，於 Ubuntun, Debian 以及樹莓派的 Raspbian 系統，在終端機輸入底下的命令即可下載並安裝 Git：

```
sudo apt-get install git
```

日後若要更新 Git，請再次執行上面的指令，系統會自動比對版本新舊、進行升級；如果已安裝最新版則不變動。

設置 Git 的個人資訊

第一次使用 Git 時，需要設定使用者資訊，請在命令行字元或終端機輸入底下的命令，儲存你的名字和 e-mail；**這兩個命令只需要執行一次。**

```
C:\> git config --global user.name "Jeffrey Chao"    ← 請改成你的名字
C:\> git config --global user.email "○○○○@gmail.com"
                                          你的 e-mail
```

Git 設置命令中的 --global 參數，代表「全域」，也就是本機的所有專案資料夾都能引用此個人資訊。這個設置資訊存放在使用者的「家目錄」裡的 .gitconfig 檔案中。

假設 Windows 的使用者名稱是 "cubie"，家目錄路徑是：C:\Users\cubie；在 macOS 和 Linux 系統上，此設置檔的路徑是：~/.gitconfig。

10-6 下載、安裝與執行 Heroku CLI

管理佈署在 Heroku 網站的應用程式，要透過該公司提供的 Heroku CLI（命令行介面）工具軟體，它的功能和指令很多，舉凡新增/刪除/重新命名應用程式、取得應用程式資訊、擴增伺服器容量、新增/刪除管理人員...等，都能透過文字命令完成。

有些文字命令提供的功能，也能直接在 Heroku 網站透過瀏覽器圖像介面操作，因此，我們通常只用到 Heroku CLI 兩項功能：

● 登入/登出 Heroku。

● 設定遠端 Git 儲存庫。

在 Heroku CLI 的操作說明網頁（devcenter.heroku.com/articles/heroku-cli），包含 Mac 和 Windows 版的下載連結，以及 Linux 版的安裝說明。

下載之後執行它，然後照著螢幕上的說明，基本上就是一路按**下一步**，直到安裝結束。日後執行 Heroku CLI 時，它會自動檢查是否有更新並自動下載。

登入與登出 Heroku

安裝完畢後，開啟 Windows「命令提示字元」或者 Mac 的終端機，輸入
"heroku login" 命令，測試登入你的 Heroku 平台：

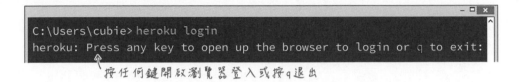

按任何鍵開啟瀏覽器登入或按q退出

按任意鍵，它將開啟瀏覽器連結到 Heroku 網站，請按下其中的 Log in 鈕：

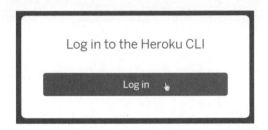

接著，CLI 介面將出現登入成功的訊息，這時你就可以關掉剛剛開啟的瀏覽器
畫面。

```
C:\Users\cubie> heroku login
heroku: Press any key to open up the browser to login or q to exit:
Logging in... done
Logged in as ○○○○@gmail.com
```

隨後要登出時，請輸入：heroku logout。

```
C:\Users\cubie> heroku logout
Logging out... done
```

10-7 設置 Heroku CLI 與發布檔案

假設 Flask 網站程式原始碼位於 D 磁碟的 microweb\src 資料夾，請在命令提示字元（終端機）**執行 "git init" 命令**（"init" 代表 initialize，初始化），讓 Git 替此工作目錄建立儲存庫，**這個命令只需執行一次。**

執行git或heroku命令時，不必預先啟動Python虛擬環境。

```
(microweb) D:\microweb\src> git init
Initialized empty Git repository in D:/microweb/src/.git/
```

已初始化空白的Git本機儲存庫

執行初始化命令之後，git 將在工作目錄裡面新增一個**.git 隱藏資料夾**。

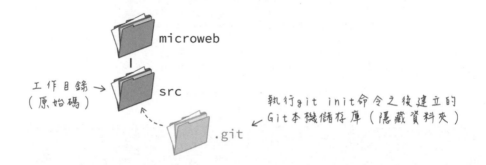

microweb

工作目錄 → src
（原始碼）

執行git init命令之後建立的
Git本機儲存庫（隱藏資料夾）

.git

接著，先使用 Heroku CLI 工具登入 Heroku，再執行底下的命令，替此工作目錄設定遠端的**共享儲存庫**，讓 git 工具知道檔案的上傳位址。

```
heroku git:remote -a 你的App名稱
```

遠端 ↗   ↖ 代表新增（add）

此 Heroku 命令執行結果如下，如果你之前已登出 Heroku，請先輸入 heroku login 命令登入。

請改成你的App名稱 ↓

```
(microweb) D:\microweb\src> heroku git:remote -a mybid
set git remote heroku to https://git.heroku.com/mybid.git
```

↑ 遠端儲存庫設置完成

用 Git 發布檔案到 Heroku 雲端平台

Git 工具有許多操作命令，但是在本書中上傳或更新程式碼到 Heroku 雲端空間，都是依序執行 3 個命令：

1 add：新增、登記要提交的檔案。

2 commit：提交檔案到**本機儲存庫**。

3 push：將**本機儲存庫**的檔案發布到**遠端的共享儲存庫**。

在**工作目錄**和**本機儲存庫**之間，有個負責暫存工作目錄變動內容、紀錄提交檔案的**索引**，由 git 工具產生。執行 commit（提交）命令時，**唯有登記在索引裡的檔案，才會被存入本機儲存庫。**

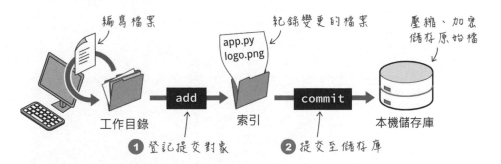

把檔案或資料夾加入索引的命令語法和範例：

```
git add 檔名  ⟹  git add app.py      ← 加入檔案"app.py"
                  git add *.py        ← 加入工作目錄中的所有.py檔
                  git add .           ← 加入整個工作目錄的檔案
```

10-33

提交已加入索引的檔案到本機儲存庫的命令語法：

```
git commit -m "提交訊息"
```
代表訊息（message）

提交檔案時一定要加入訊息，訊息內容就是**交待本次提交的主要更動部份**，方便日後自己或他人閱讀。如果沒有加上 -m 參數和提交訊息，它將啟動預設的文字編輯器，要求你輸入提交訊息。若加上 -a 參數，它將自動檢查之前提交的檔案是否有修改（不包括新增的檔案），並自動將修改過的檔案加入索引和提交。

```
git commit -am "提交訊息"
```

如果在不含 .git 資料夾（本機儲存庫）的路徑執行 git commit 命令，將發生底下的錯誤：

```
C:\> git commit -am 'make it better!'
fatal: Not a git repository (or any of the parent directories): .git
```
不是 git 儲存庫

假如程式檔不在索引裡面，就無法做任何更改或提交更新。透過 git status 可以得知某個檔案是否位於索引中（顯示 untracked files）。

```
D:\microweb\src> git status
On branch master
Changes not staged for commit:
  (use "git add <file>..." to update what will be committed)
  (use "git checkout -- <file>..." to discard changes in working dire

        modified:    hello.py

Untracked files:
  (use "git add <file>..." to include in what will be committed)

        requirements.txt

no changes added to commit (use "git add" and/or "git commit -a")
```
這裡將顯示已經索引，但有修改過的檔案。

這裡將顯示未加入索引的檔案

發布與測試 Heroku 平台上的網站

發布到共享（遠端）儲存庫的 **push** 命令語法如下，關於「分支」，請參閱下文說明：

> git push 遠端名稱 分支 ⟹ `git push heroku master`

綜合以上說明，將工作目錄檔案上傳到 Heroku 雲端平台的命令操作流程：

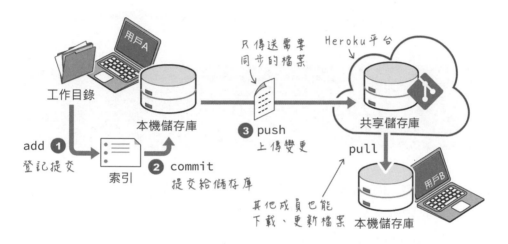

實際操作示範如下：

```
                                         把當前路徑的所有檔案（含子目錄）加入Git索引
D:\microweb\src> git add .
                                         將檔案提交到本機Git儲存庫
D:\microweb\src> git commit -am "make it better"

[master 8dddaf6] make it better
 4 files changed, 4 insertions(+), 0 deletions(-)
                插入4個檔案，刪除0個
     :
     :
D:\microweb\src> git push heroku master        從本機儲存庫發布到
                                                Heroku平台並進行安裝
Counting objects: 4, done.
Delta compression using up to 4 threads.
     :
remote: Verifying deploy... done.        確認佈署…完成。
To https://git.heroku.com/mybid.git
   b970cb7..741ffd0  master -> master
```

程式檔發布到 Heroku 平台後，在終端機執行 **heroku open** 命令，它將啟動瀏覽器並自動連接到你的 Heroku 雲端網址，你將看到 Flask 輸出的網頁，代表程式執行無誤。

若執行 heroku open 命令出現底下的錯誤訊息，代表目前不在專案的根路徑：

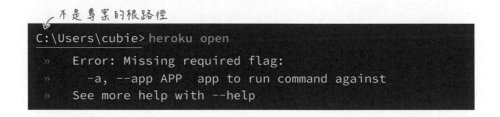

push 命令最後的 master 參數，代表「主軸」。Git 允許工作成員為專案程式建立不同的「開發測試版」，假設你正在開發一個網站，其他成員提出一個新點子想要加入測試，如果沒有 Git，你可能需要先複製一份目前的網站程式（避免更新程式影響原有功能），然後在複製版本中加入測試程式。在 Git 中，可以透過建立「分支」來實驗新增功能，若實驗成功，再將新增程式合併到「主軸」或者獨立發展甚至放棄。

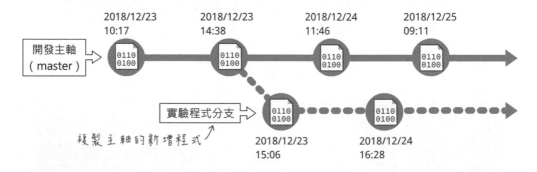

建立分支以及合併程式碼的功能不在本書的討論範圍，請讀者參閱 Git 主題書籍或者上網搜尋關鍵字 "Git 分支"。

佈署網站程式出現錯誤：
未指定 buildpack（建構套件）

假如執行 heroku open 開啟你的網站時，瀏覽器顯示如下的 Application error
（應用程式錯誤）畫面：

請回到你的 Heroku App 設定網頁（dashboard.heroku.com/apps/你的 APP 名
稱），按右上角的 **More**（更多）選單，選擇 **View logs**（檢視執行紀錄），可看
到出錯的原因，此例的錯誤是系統找不到 gunicorn 命令。

請先確認 requirements.txt 檔裡面有加入 gunicorn。如果 requirements.txt 檔
正確無誤，請在 Heroku 的 App 列表網頁（dashboard.heroku.com/apps），確認
App 的執行環境是 Python。

此 App 的執行環境是 Python

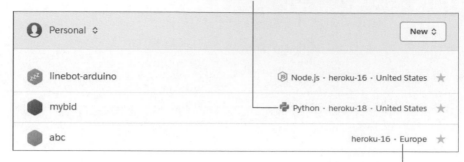

此 App 尚未指定執行環境

如果伺服器沒有設置執行環境，請點擊上圖頁面中的 App 名稱，切換到下圖的
頁面後，點擊 **Settings**（設定）分頁，再按下 **Add buildpack**（新增建構套件）：

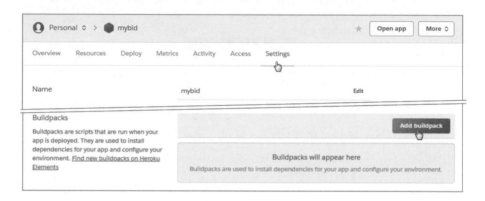

畫面將出現如下的
設定面板，請選擇
Python。儲存變更
後，此雲端平台就
能正確執行 Flask
網站程式了。

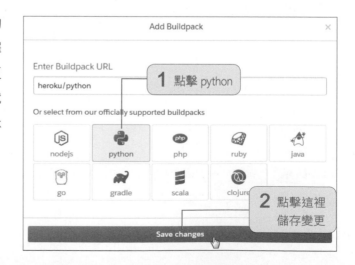

重新佈署專案程式

若你修改了專案程式碼，需要將它重新佈署到 Heroku 平台。請先執行 commit 命令，再執行 git push 命令。

```
(microweb) D:\microweb\src> git commit -am "這裡簡短說明修改內容"
(microweb) D:\microweb\src> git push heroku master
```

若有新增檔案的話，則得先執行 git add 命令，再執行上面的 commit。

如果程式碼完全沒有更動，直接執行 push 命令打算將程式碼重新佈署到遠端伺服器的話，git 工具將回應底下的訊息，不會發布到遠端：

```
(microweb) D:\microweb\src> git push heroku master
Everything up-to-date        ←——— 代表儲存庫內容都是最新版
```

若要強制令 git 重新佈署程式到遠端，無論原始碼是否有修改，請執行：

```
(microweb) D:\microweb\src> git --allow-empty -m "沒有修改，只是重新發布。"
(microweb) D:\microweb\src> git push heroku master
```

📊 查看 git 紀錄並解決中文亂碼

執行 git log 命令，可查看所有提交紀錄與訊息，不過，在 Windows 系統的命令提示字元和 PowerShell 視窗裡面，中文的提交訊息可能會顯示成亂碼，這是因為 Windows 的這兩個 CLI 介面預設不是用 UTF-8 字元編碼。

```
D:\microweb\src> git log
commit 14f86fbdf8947e26259d7c9a3fe (HEAD -> master, heroku/master)
Author: Jeffrey <○○○@gmail.com>      ←——— 作者
Date:   Thu Feb 14 13:14:20 2019 +0800  ←——— 發布的日期時間

    <E6><B2><92><E6><9C><89>...<99><BC><E5><B8><83><E3><80><82>
                      git的發布訊息 (中文呈現亂碼)
    :  ←——— 代表還有內容
```

解決的辦法是把 Windows 的「地區設定」環境變數改成 UTF-8 編碼。在**命令提示字元**設定 Windows 系統使用者「環境變數」的指令是 setx，將環境變數 "LC_ALL"（LC 代表 locale，地區設定）的值改成 "C.UTF-8"，即可在**命令提示字元**正確呈現 UTF-8 編碼文字。

```
D:\microweb\src> setx LC_ALL "C.UTF-8"          ←── 設成 UTF-8 編碼
成功: 已經儲存指定的值。
```

除了用**命令提示字元**設定環境變數，我們也能在**進階系統設定**面板中設定。只是用文字命令設定，比起圖形操作介面迅速方便。

```
D:\microweb\src> git log
commit 14f86fbdf8947e26259d7c9a3fe (HEAD -> master, heroku/master)
Author: Jeffrey <○○○@gmail.com>
Date:    Thu Feb 14 13:14:20 2019 +0800
        沒有修改，只是重新發布。
```

本章重點回顧

● Python 3.3 版之後，內建產生「虛擬環境」的指令，虛擬環境建議命名成 "venv"，VS Code 編輯器將能自動識別。

● 網路 IP 分享器有內建防火牆，要讓外部人士連接到自家或者公司內部的電腦，可透過 Serveo 或 ngrok 代理伺服器轉發本機網站服務。

● 在雲端平台佈署網站，或者移交專案成果之前，請先產生列舉專案所需程式庫的名稱和版本的 requirements.txt 檔。

● 在 Heroku 平台佈署 Flask 網站應用程式之前，記得在 requirements.txt 檔中加入 gunicorn 伺服器。

● 第一次使用 Git 工具時，必須先執行 git config 命令設定你的名字和 e-mail。

● 每次新增專案時，若要啟用 Git 版本控管，請在專案的原始碼資料夾，執行一次 git init 命令，初始化**本機儲存庫**。若要將程式碼佈署到 Heroku，請執行一次 heroku git:remote 命令，設定遠端的**共享儲存庫**。

11

01011

多執行緒下載檔案、
規則表達式以及
定時執行工作排程

11-1 透過 Python 程式發出 HTTP 請求

第 6 章介紹使用 Selenium（以下簡稱 Se）和 WebDriver（Web 驅動器）擷取網頁資訊的方法，本章將使用另一個名叫 requests 的程式庫來擷取網路資訊。Se 程式透過操控瀏覽器去瀏覽網頁，再使用如 XPath 等方式，解析網頁內容。如果把 Se 比喻成手機，那麼，requests 程式庫則不過是手機裡的訊號收發元件。

解析複雜的動態網頁，如下文「下載 JavaScript 產生的動態內容」提到的，網頁包含由前端程式產生的內容時，需要使用 Se 來開啟並解析網頁。但是如果網頁本身並不複雜，或者你想要下載某個網址的資源（如：圖檔），使用 requests 程式庫就夠了，因為 requests 佔用系統資源（如：主記憶體）少，運作速度也比較快。

此外，某些網路開放資料平台提供的是方便透過程式下載，而不是為了讓人類在瀏覽器上觀看的數據，像行政院環境保護署的環境資源資料開放平臺（https://opendata.epa.gov.tw/Data/Contents/AQI/）的空氣品質資料，所以我們可以方便地採用 requests 程式庫擷取。

HTTP 前端通訊程式庫：requests

透過 requests 程式庫的 get() 方法，即可發出 HTTP GET 連線請求，取得指定網址內容。請先安裝 requests 程式庫：

```
pip install requests
```

底下是環境資源資料開放平臺的台中地區空氣品質資料網址：

```
http://opendata.epa.gov.tw/webapi/api/rest/datastore/
355000000I-000259?filters=County eq '臺中市'
```

從瀏覽器開啟這個網址，將能看到該網站傳回的 JSON 格式資料：

改用 requests 發出 HTTP GET 請求這個網址，並將伺服器的回應存入 resp 變數的程式敘述如下：

典型的 HTTP 回應包含狀態行、標頭欄以及資源主體：

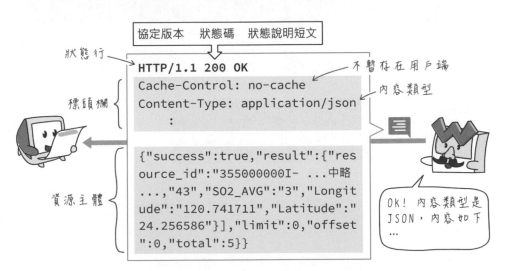

回應內容可透過下列屬性取得：

- **text**：文字，取得純文字格式的資源本體。

- **content**：內容，取得 byte（位元組）格式的 HTTP 內容。

- **headers**：標頭，取得 HTTP 回應的完整標頭。

- **status_code**：狀態碼，取得 HTTP 狀態碼。

- **reason**：原因，取得 HTTP 狀態原因短語。

接著，透過 status_code 屬性取得伺服器的回應狀態碼，若是 200 則表示資源
存在，否則代表資源不存在或伺服器故障。

```
>>> resp.status_code  ←── 取得狀態碼
200  ←── 代表成功取得資源
```

headers 屬性可取得字典格式的完整標頭欄位：

```
>>> resp.headers
{'Cache-Control': 'no-cache', 'Pragma': 'no-cache', ... 中略 ... ,
'Date': 'Thu, 11 Apr 2019 09:37:11 GMT'}
```

因此，底下的敘述將能取出標頭裡的 "content-type"（內容類型）欄位：

```
>>> resp.headers['content-type']
'application/json; charset=utf-8'
代表資源格式為 JSON
```

回應物件的 text 屬性包含資源本體內容，此例為 JSON 資料：

```
>>> resp.text
'{"success":true,"result":{"resource_id":"355000000I- ... 中略 ...
,"PM2.5_AVG":"30","PM10_AVG":"43","SO2_AVG":"3","Longitude":"120.7
41711","Latitude":"24.256586"}],"limit":0,"offset":0,"total":5}}'
```

因此，我們可以透過 json 程式庫的 loads() 方法載入與解析 JSON 資料，然後就能用字典語法讀取其中的元素值：

```
>>> import json
>>> data = json.loads(resp.text)
>>> data['result']['records'][0]['SiteName']    ⟵ 第1筆資料的觀測站
'西屯'
>>> data['result']['records'][0]['PM2.5']    ⟵ 第1筆資料的PM2.5值
'29'
```

使用 requests 下載檔案

本節將使用 requests 從給定的網址下載圖檔。這是位於筆者網站的一張圖檔的網址，程式將從中取出檔名，當作在本機儲存圖檔的名稱：

路徑用斜線分隔 ↘
```
"https://swf.com.tw/scrap/img/IR.png"
```
檔名

取出檔名的敘述如下，先將網址用斜線分割成列表，再取出倒數第 1 個元素：

```
url = 'http://swf.com.tw/scrap/img/IR.png'
file_name = url.split('/')[-1]    ↰ 取出倒數第1個元素
```
['https:','','swf.com.tw','scrap','img','IR.png']

下載並儲存圖檔的完整程式碼如下，執行 requests 的 get() 方法請求圖檔，然後從回應物件的 content 屬性取出內容，寫入檔案。由於圖像檔非純文字格式，所以執行 open() 新建檔案時，要指定用二進位格式寫入。

```
Python 3                                        _ □ ×
>>> import requests as req
>>>
>>> url = 'http://swf.com.tw/scrap/img/IR.png'
>>> file_name = url.split('/')[-1]
>>> r = req.get(url)
>>>
                              ┌── 以二進位格式寫入
>>> with open(file_name, 'wb') as f:
...       f.write(r.content)
...                    └── 檔案內容
9527 ←── 下載檔的位元組大小
>>>
```

IR.png

程式執行之後，IR.png 檔將被存入目前的執行路徑。

設定 requests 下載檔案的區塊大小

使用 requests 的 get() 方法取得資源時，預設會**把目標資源全部「立即下載」
到電腦記憶體**。下載網頁和圖檔沒有問題，但如果目標檔案大小達幾十甚至上
百 MB，程式就得改用**串流 (stream)** 方式下載，以免耗用太多電腦資源。

筆者把下載檔案的敘述寫成 download() 自訂函式，它接收一個網址 (url) 參
數，並傳回下載檔名。這個函式裡的 get() 方法當中有個 stream=True (啟用串
流，或者說「延後下載」) 設定：

```
def download(url):
    filename = url.split('/')[-1]
    r = req.get(url, stream=True)   ← 延後下載

    with open(filename, 'wb') as f:   ← 區塊大小 (chunk_size)
        for data in r.iter_content(1024):
            f.write(data)
                       ↖ 每次下載達區塊大小時，
                         就寫入檔案。
    return filename
```

stream 參數設成 True，requests 物件就不會立即下載檔案，而只是先載入
HTTP 訊息標頭並且保持和伺服器的連線狀態。在隨後的程式中，我們就能透
過 requests 物件的 content (內容) 屬性，或者 iter_content() 分批下載檔案。

iter_content() 預設一次下載 1 位元組，換句話說，1KB 檔案會被分成 1024 個部份下載。資源分割檔案太小，會讓電腦頻繁地存取磁碟機，導致效能低落。因此上面程式裡的 iter_content()，將區塊大小設定成 1024 位元組。

如果想要讓程式顯示檔案的下載進度的話，可以先在程式開頭引用 tqdm 程式庫，再用 tqdm() 方法包圍下載區塊的敘述即可：

```
with open(filename, 'wb') as f:
    for data in tqdm(r.iter_content(1024)):
        f.write(data)
```
顯示下載進度

tqdm 原意是阿拉伯語的「進度」，不屬於 Python 標準程式庫，需要額外用 pip 命令安裝：

```
pip install tqdm
```

底下是 tqdm 的基本範例，只需用 tqdm() 函式包含要測量進度的可迭代物件，它就能計算下載速率並顯示進度列。

```
import time
from tqdm import tqdm
                        模擬計數的數字範圍
for i in tqdm(range(150)):
    time.sleep(0.1)      可迭代物件
```

上面程式的執行結果，將在 CLI 視窗顯示從 0~150 的更新進度：

```
D:\python>python test.py
49%|███████████        | 73/150 [00:07<00:07,  9.92it/s]
```

本節下載檔案的完整程式碼請參閱 download_stream.py 檔，檔案將下載在此程式檔的相同資料夾中。

11-2 擷取並下載網頁的全部圖像

本節將示範自動擷取網頁中的所有圖像網址並下載存檔的程式,讓程式自動從筆者的網站 (swf.com.tw/scrap) 下載頁面上的 3 張圖。

運作流程如下,提供網頁的網址讓程式取出其中的影像資料:

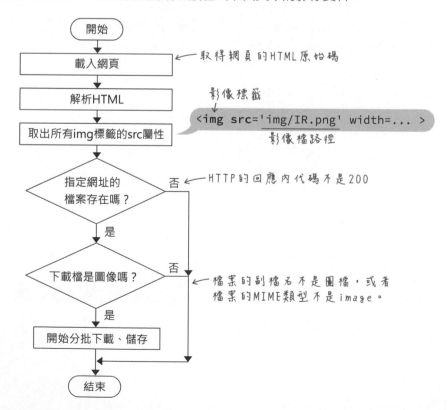

使用 lxml 解析 HTML

由於網頁原始碼是一堆文字，若要從中取出某些資訊（如頁面上的圖片網址），可透過搜尋字串來取得；更好的作法是把網頁原始碼解析成具有結構的資料，再用 xpath 語法存取元素。具備解析 HTML 文件功能的解析器程式庫，叫做 lxml。

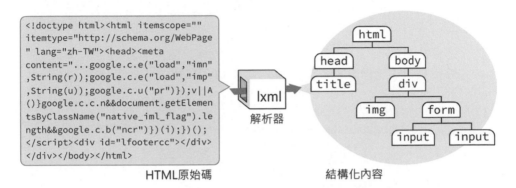

```
<!doctype html><html itemscope=""
itemtype="http://schema.org/WebPage
" lang="zh-TW"><head><meta
content="...google.c.e("load","imn"
,String(r));google.c.e("load","imp"
,String(u));google.c.u("pr")});v||A
()}google.c.c.n&&document.getElemen
tsByClassName("native_iml_flag").le
ngth&&google.c.b("ncr")})(i);})();
</script><div id="lfootercc"></div>
</div></body></html>
```

HTML原始碼　　　　　　　　結構化內容

先在命令提示字元（終端機）輸入 pip 命令安裝 lxml 程式庫：

```
C:\>pip install lxml
```

解析網頁 HTML 的範例如下，這個程式片段裡的 images 變數，將儲存網頁裡的所有影像路徑：

```python
import requests as req
from lxml import html          # 從lxml程式庫引用html模組

url = 'http://swf.com.tw/scrap/'
page = req.get(url)                    ← HTML原始碼
dom = html.fromstring(page.text)      # 解析下載的HTML原始碼
images = dom.xpath('//img/@src')      # 取得所有img標籤的src屬性值
         └ 解析後的HTML
```

```
['img/flashlight.jpg','img/mic_boom.jpg','img/IR.png']
```

由於這些影像路徑都是「相對路徑」，需要加上該網頁的網址，才是完整路徑：

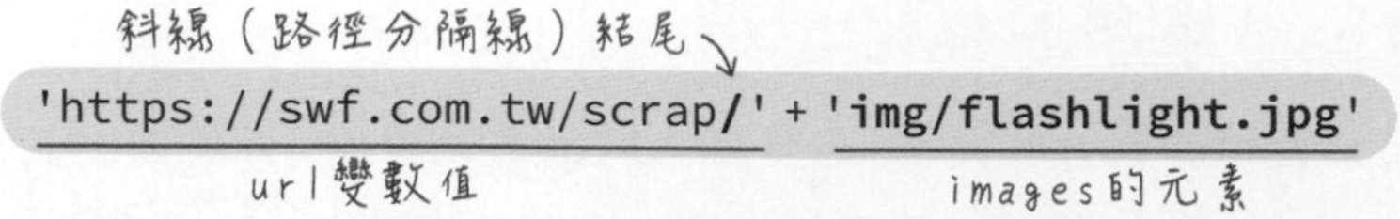

斜線（路徑分隔線）結尾 ↘

`'https://swf.com.tw/scrap/'` + `'img/flashlight.jpg'`

url 變數值　　　　　　　　　　images 的元素

當我們開啟瀏覽器時，通常會在瀏覽器的 URL 欄位輸入完整的網址路徑，例如：

`http://swf.com.tw/files/Sony_NEX_Shutter_Controller.zip`

這種包含通訊協定（http://）、主機名稱以及檔案路徑的連結方式稱為**絕對路徑**。引用**其他網站**的資源時，就必須使用**絕對路徑**，例如，底下的超連結將引用位於 example.com 的 temp.zip 檔：

`<a href="`**`http://example.com/files/temp.zip`**`">下載檔案</a>`

絕對路徑，引用外部網站的資源。

連結本地網站的資源，通常用**相對路徑**，像右圖的 index.html 嵌入 A.jpg 檔：

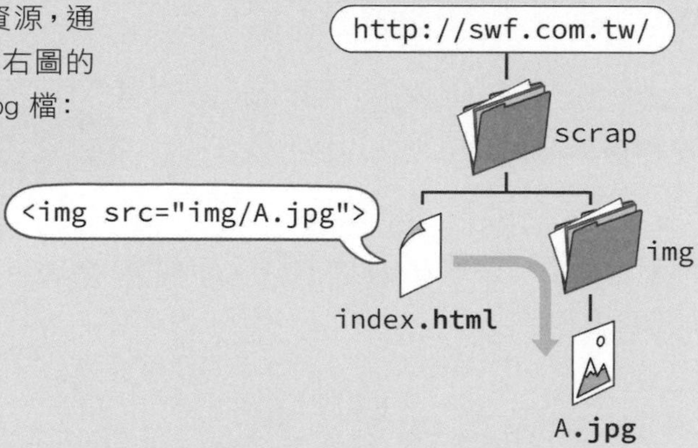

`http://swf.com.tw/`

scrap

`<img src="img/A.jpg">`

img

index.html

A.jpg

上面的 <img> 標籤，也可以用絕對路徑寫成：

`<img src= "http://swf.om.tw/scrap/img/A.jpg" >`

只是因為該影像檔就在相同網站，並且和 index.hml 網頁相同路徑的 img 裡面，所以絕對路徑的寫法就顯得囉唆了。

上面的程式將網頁裡的全部影像檔路徑，以列表格式存放在 images 變數，底下則是透過 for...in 迴圈，逐一下載所有影像檔的程式片段，完整的程式碼請參閱 download_img。

```
for img in images:
    if not img.startswith('http'):     ← 若影像路徑不是'http'開頭，
        img = url+img                      前面要補上url網址。

    h = req.head(img)                   ← 發出HEAD請求，並取出
    MIME = h.headers['content-type']       回應的「內容類型」。

    確認資源存在                                        確認資源是影像檔
    if (h.status_code == 200) and ('image' in MIME):
        print('下載檔案網址:' + img)
        filename = download(img)
        print(filename + ' 下載完畢!')
```

這段程式透過 requests 物件發出 HEAD 請求，HEAD 請求和 GET 請求的差別在於，HEAD 請求的回應只有 HTTP 標頭訊息，沒有夾帶任何資源，所以不佔用網路頻寬。HEAD 請求主要用於確認指定的網址是否有效，亦即，HTTP 回應的狀態碼為 200。

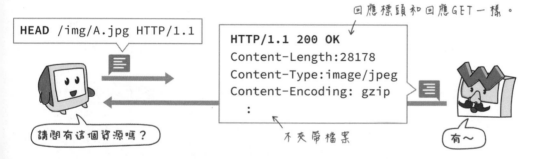

一旦確定伺服器的回應狀態碼是 200，而且請求的資源確實是圖像（參閱下一節說明），就執行上一節的 download() 函式下載檔案。

這個程式的執行結果如下：

```
D:\python>download_img.py
下載檔案網址:http://swf.com.tw/scrap/img/flashlight.jpg
28it [00:00, 165.56it/s]
flashlight.jpg 檔案下載完畢！
下載檔案網址:http://swf.com.tw/scrap/img/mic.jpg
   :
```

11-3 藉由 MIME 類型篩選檔案格式

除了 HTML 文件,網路上還有各種檔案類型的資源,如圖像和視訊,每一種檔案類型都要由特定的程式來處理,像在電腦上雙按 .doc 文件,就會開啟文書處理軟體、雙按 .mp3 則會開啟媒體播放器。

瀏覽器也要先辨別檔案的類型,才知道如何處置該檔,但瀏覽器不是用副檔名分辨檔案,而是在 HTTP 標頭使用稱為「MIME 類型」的描述文字來標示檔案類型。MIME 類型的格式以及標示「視訊」檔的 MIME 寫法如下:

$$\text{類型/子類型} \xrightarrow{\text{視訊檔}} \texttt{video/mp4}$$

當接收訊息的一方(如:瀏覽器)收到此 MIME 敘述,就知道接收的資源是 MP4 視訊檔,並交給內部或者外掛的播放器處理。MIME 的資源類型名稱由 IANA(網際網路號碼分配局)負責登記和維護,這些是常見的 MIME 類型:

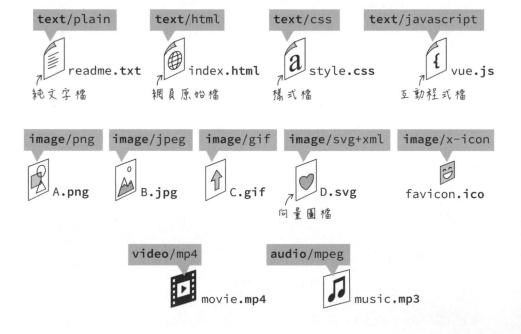

由此可知，圖檔的 MIME 類型定義都含有 "image" 文字。傳送資源時，**MIME 類型寫在 HTTP 標頭的 Content-Type（欄位）**，像底下的 HTTP 訊息代表伺服器傳送一張 JPEG 影像給用戶。

```
HTTP/1.1 200 OK
Content-Length:28178
Content-Type:image/jpeg      ← 內容類型
Content-Encoding: gzip
  :
```

圖檔內容...

因此，下載檔案之前，可以先檢查 HTTP 回應的 Content-Type 欄位值，是否包含指定的格式，以免浪費時間和頻寬下載。

有些檔案類型並未納入 MIME，例如，檔案壓縮程式可以把一個檔案壓縮、分割成數個檔案，像底下的 .r00, .r01 都同屬於某個 RAR 壓縮檔，但是它們並無「公認」的 MIME 名稱，所以這些檔案的「內容類型」，由網站伺服器自行設定。假如網站伺服器沒有設定的話，傳送這類檔案時，**HTTP 訊息就沒有 Content-Type 欄位，所以 Python 程式查驗到的「內容類型」值將是 None**（無）。

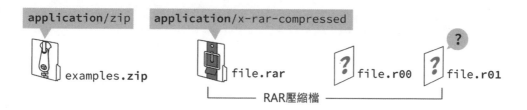

筆者的網站伺服器（swf.com.tw）把這一類檔案歸納成「一般文字」類型（text/plain）。

下載超連結目標檔案

筆者在自己的網站上建立了一個下載檔案練習網頁,其中包含 5 個壓縮檔,每個約 20KB 大小。

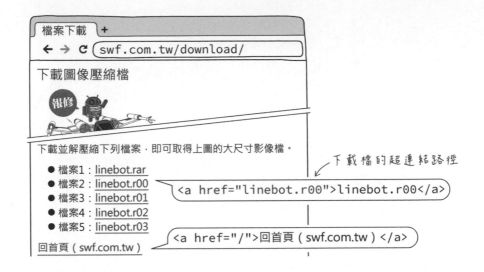

使用 Python 程式自動下載網頁的連結檔案,並且忽略「非網頁」資源(如:「回首頁」的連結),首先要先取出網頁的所有超連結元素裡的連結網址:

```
url = '包含下載檔案連結的頁面網址'
page = req.get(url)
dom = html.fromstring(page.text)
links = dom.xpath('//a/@href')  ← 取出網頁裡的所有超連結網址
```

接著透過連結資源目標的 MIME 類型,排除下載 "html" 類型的檔案:

```
for href in links:
    if not href.startswith('http'):
        href = url+href
    h = req.head(href)            用get()讀取「內容類型」欄位值
    MIME = h.headers.get('content-type')

    if (h.status_code == 200) and        確認資源不是HTML檔
            ((MIME is None) or ('html' not in MIME)):
        print('下載檔案網址:' + href)
        filename = download(href)  ← 透過之前寫好的
        print(filename + ' 下載完畢!')  download函式下載
```

請注意其中的讀取「內容欄位」值的敘述,不可簡寫成:

```
MIME = h.headers['content-type']
```

因為如果 HTTP 訊息沒有 'content-type' 欄位的話,上面的敘述將引發錯誤;若改用 get() 嘗試存取不存在的名稱值,將傳回 None,不會引發錯誤。下載所有連結檔案的完整程式碼,請參閱 download_href 檔。

11-4 規則表達式

「規則表達式」是一個用來篩選/搜尋文數字組合的規則,例如,在字串中找出以 09 開頭的電話號碼,或者驗證使用者輸入的 e-mail 地址格式是否正確。Python 語言透過 re 程式庫處理規則表達式,典型的用法是執行 re.search() 方法,底下的敘述將檢查字串裡面是否包含 '電話':

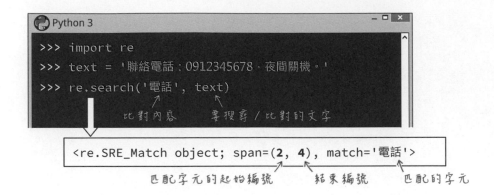

如果找到相同的文字，它將傳回 match（代表「吻合」或「匹配」）類型物件，其中包含搜尋目標所在的字元位置的起始和結束編號，以及找到的文字內容；若找不到，則傳回 None。

$$text= \text{"} \quad 聯絡電話 ： 0 \quad 9 \quad 1 \cdots$$

$$\begin{array}{ccccccccc} 0 & 1 & \mathbf{2} & 3 & \mathbf{4} & 5 & 6 & 7 & 8 \end{array}$$

同樣的功能，也可以用 'in' 指令簡單地完成，例如，底下的敘述將傳回 True：

```
txt = '聯絡電話：0912345678'
'電話' in txt
```

要真正發揮 re 程式庫的威力，我們要使用**樣式規則（pattern）**來比對內容，「樣式」代表篩選文數字的規則。以比對包含 **10 個任意連續數字**的電話號碼為例，樣式規則的寫法如下：

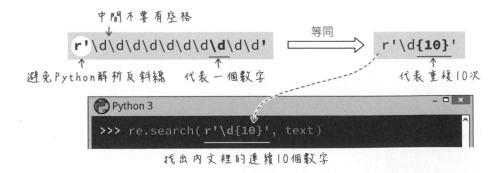

找出內文裡的連續10個數字

'\d' 代表**數字**（**digit**），{n} 語法代表前面的字元重複出現 n 次；為了避免
Python 把樣式字串裡的反斜線 '\' 解析成 '\\'，樣式規則用 r" 或 r"" 包圍。因
為台灣的手機號碼是 09 開頭，所以樣式規則可改成底下的敘述，如此就只會
匹配 09 開頭、後面跟著 8 個任意數字的組合：

r'09\d\d\d\d\d\d\d\d'   等同⟹   r'09\d{8}'

底下程式將把比對結果存入 match 變數，如果 match 值不是 None，就顯示吻
合的內容：

```
import re

text = '聯絡電話：0912345678，夜間關機。'
match = re.search(r'09\d{8}', text)

if match:
    print ('找到：', match.group())
else:
    print ('找不到吻合的內容')
```

顯示⟹ 找到：0912345678

~~~ 匹配的字元內容

紀錄搜尋結果的 match 物件包含下列 3 個方法：

● **group()**：匹配的字元內容。

● **start()**：匹配字元的起始索引編號。

● **end()**：匹配字元的結束索引編號。

常見的手機電話還有用連字符號隔開區碼，所以我們可以在樣式規則裡面加
入 "-?"，代表匹配對象包含選擇性的 "-" 字元：

問號代表前一個
字元可有可無
↓
09\d{2}-?\d{6}   匹配⟹   0912345678
                         0912-345678

修飾器、識別字和其他帶有特殊含意的符號

比對電話號碼的例子當中，指定字元重複次數的大括號部份，稱為「修飾器」。

$$09\backslash d\{2\}-?\backslash d\{6\}$$

↑　　↑　↑
修飾器

表 11-1 列舉樣式規則的修飾器和說明。

表 11-1

修飾器	說明
{}	指定重複出現的次數或範圍，例如：
	{3}：代表重複 3 次
	{2, 5}：代表重複 2~5 次
	{2, }：代表重複 2 次或更多
+	匹配一個或更多，等同 {1, }
?	匹配 0 或 1 個，等同 {0, 1}
*	匹配 0 或更多，等同 {0, }
^	匹配字串的開頭
$	匹配字串的結尾
|	或。例如：boy|x，匹配 boy 或 x，如要匹配 boy 或 box，請用（?: 和）包圍關鍵字，像這樣：bo(?:y|x)

表 11-1 列舉的修飾器以及 ‘(’ ‘)’, ‘\’ 和 ‘.’，在規則表達式中都有特殊意義，用在比對規則時需要轉義，也就是前面要加上反斜線。假設要匹配「售價：$30.5 元」當中的 "$30.5"，樣式規則寫成：

前面要加反斜線　　　　0~2個數字

$$\backslash\$\backslash d+\backslash.?\backslash d\{,2\}$$

↑　　↑
至少一個數字　　「點」可有可無

```
import re

pattern = r'\$\d+\.?\d{,2}'
text = '售價：$30.5元'
re.search(pattern, text).group()
```

'$30.5'

上面的規則也能匹配 "$120", "$9.99" 之類的金額數字。底下的規則將匹配
"886"（台灣國際電話碼）或 "09" 開頭的手機號碼：

```
群組   「或」   群組結尾
 ↓      ↓       ↓
(?:0|886-?)9\d{2}-?\d{6}    匹配 ⟹
```

```
0912345678
0912-345678
886-912345678
886-912-345678
886912-345678
886912345678
```

除了代表數字的 '\d' 識別字，規則表達式還具有表 11-2 的識別字來代表各種
字元組合。

表 11-2

識別字	說明
\s	所有空白 (space) 字元，包括 Tab (退位,\t) 和新行 (\r 與 \n)
\S	任何非空白字元
\d	任何數字 (digit)，等同 [0-9]，參閱下文說明
\D	任何非數字，等同 [^0-9]
\w	英文字母、數字和底線符號，等同 [a-zA-Z0-9_]
\W	非英文字母、數字和底線符號，等同 [^A-Za-z0-9_]
.	匹配除換行 (\r\n) 之外的任一字元
\b	匹配一個字元的邊界 (border)，也就是開頭或結尾的位置。例如，"on\b" 匹配 "python" 裡的 "on" (位於結尾)，但不匹配 "song" 中的 "on"；而 "\bre" 匹配 "reward" 中的 "re" (位於開頭)，但不匹配 "are" 裡的 "re"

指定字元集合的方括號 []

方括號用於指定一組字元集合當中的一個，像 [abc] 代表該字元可以是 a, b
或 c。方括號裡面可以用 '-' 代表連續範圍，像 0-9 代表數字 0~9；A-Z 代表全
部大寫的字母。如果 '-' 後面沒有結束範圍，就代表一個連字符號，例如，[xy-]
代表該字元可以是 'x', 'y' 或 '-'。

方括號裡面，用 "^" 開頭代表排除，像〔^123〕代表**除了數字 1, 2 和 3 以外**的字元。

使用 findall() 找出所有符合條件的內容

re 程式庫的 search() 只會傳回第一個符合條件的結果，findall() 則可傳回所有符合的結果，傳回值是列表格式。

```
import re

pattern = r'(?:0|886-?)9\d{2}-?\d{6}'
text = '電話1：886-912-345678；電話2：0911-234567'
re.findall(pattern, text)
```

傳回值 ← 樣式規則

['886-912-345678','0911-234567']

取出購物網站的價格數字

樣式規則經常和擷取網站資料的程式搭配，底下是 MOMO 購物網站的某項商品價格欄位的 HTML 原始碼，其「折扣後價格」位於引用 "special" 類別的 <li> 標籤：

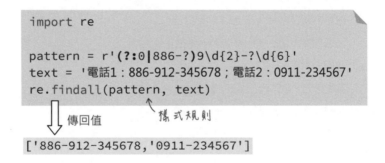

促銷價 ~~12,999~~ 元　　折扣後價格**12,799**元　賣貴通報

網頁的部份 HTML 原始碼 →

```
<ul class="prdPrice">
    <li>促銷價<del>12,999</del>元</li>
    <li class="special">
    折扣後價格<span>12,799</span>元
    :
```

價格文字可透過 selenium 物件的 XPath 敘述擷取：

```
txt = driver.find_element_by_xpath("//li[@class='special']").text
```

'折扣後價格**12,799**元 賣貴通報'

取得價格文字，再透過 "([0-9]+\,)?([0-9]+)" 或者 "(\d+\,)?(\d+)" 篩選出其中的數字：

匹配0或1個以上的數字和逗號　　匹配1個以上的數字

```
pattern = r'(\d+\,)?(\d+)'
price = re.search(pattern, txt).group()   # 篩選出價格數字
print('商品價格：', price)
```

輸出

'商品價格：**12,799**'

如果要去除價格數字裡的逗號，可用字串的 **replace（取代）方法**，或者 re 程式庫的 **sub（代表 substitute，替代）方法**，用空字串（''）替換原始字串中的逗號：

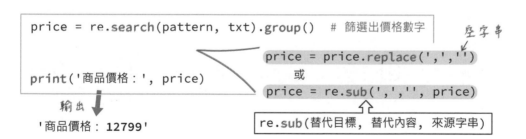

```
price = re.search(pattern, txt).group()   # 篩選出價格數字


print('商品價格：', price)
```

　　　　　　　　　　　　　　　　　　　　　空字串
```
price = price.replace(',','')
```
　　　　　　　　　　　或
```
price = re.sub(',','', price)
```

re.sub(替代目標，替代內容，來源字串)

輸出

'商品價格：**12799**'

匹配 e-mail 的樣式規則

在驗證使用者輸入資料的場合，經常會用到檢驗 e-mail 格式的功能。電子郵件的基本格式如下，使用者名稱和域名可以包含大小寫英文字母、點、連字符號和底線：

英數字、底線、
連字符號和點。　　　　一定有@　　　　必定有點號，且前面有英數字。

cubie_123@example.com

使用者名稱　　　　　　　　　　　域名

因此，匹配電子郵件的樣式規則可以寫成：

代表「其中任一個」　　　　　代表「至少一個」

[\w.-]+@[\w.-]+

英數字或底線　　　　　代表一個以上的英數字、
　　　　　　　　　　　底線、點或連字符號。

上面的樣式規則比較鬆散，像 "cubie@.taipei" 這種不合規範的電郵也能匹配。考量到 @ 符號後面不應該緊接 @、空格和點，所以可用〔^@\s.〕排除這 3 個字元；域名的結尾應該有「點」加上英文字母，例如：.tw, com, .io 和 .taipei，納入這兩項規則的匹配樣式如下：

逗號前後不能有空格

代表「結尾」

方括號外面的點號，前面要有反斜線。

[\w.-]+@[^@\s.]+\.[a-zA-Z]{2,10}$

排除@、空白或點　　　結尾包含2~10個英文大小寫字元

實際的測試程式片段，結果將顯示找到的 e-mail：

```
text = '電子郵件：cubie@yahoo.com'
pattern = r'[\w.-]+@[^@\s]+\.[a-zA-Z]{2, 10}$'
match = re.search(pattern, text)
if match:
    print ('找到：', match.group() )
else:
    print ('找不到吻合的內容')
```

11-5 下載 JavaScript 產生的動態內容

有些網站內容由 JavaScript（網頁前端程式碼）產生，前端程式必須在瀏覽器中執行，光憑使用 requests 模組擷取網頁，無法得到完整內容。筆者在 infinityfree.net 提供的免費網域和架站空間建立一個 "files" 路徑，該路徑裡面沒有放置 index.html 網頁檔，所以瀏覽 "files" 路徑時，瀏覽器會列舉該資料夾內容：

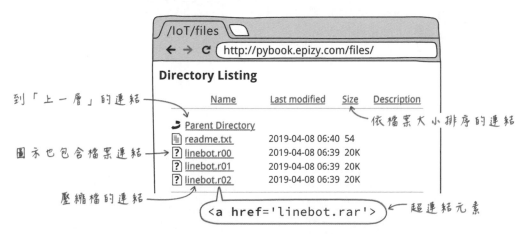

若用 requests 物件擷取 "files" 路徑並嘗試取得所有超連結內容，將得到「空」列表；透過回應物件的 content 屬性取得網頁內容，可看到「本網站需要有 JavaScript 方可運作的訊息」，遇到這類型的網頁，請使用 selenium（以下簡稱 se）來擷取內容，因為 se 會用真實的瀏覽器開啟目標網頁。

```
>>> import requests as req
>>> url = 'http://pybook.epizy.com/files/'
>>> page = req.get(url)
>>> page.content
b'<html><body><script type="text/javascript" ... 中略 ...
This site requires Javascript to work  please enable
Javascript in your browser or use a browser with Javascript
support</noscript></body></html>'
```

擷取檔案名稱：使用 re.compile()

本單元的程式將採用規則表達式來取出網頁裡的下載檔名。在多次執行比對樣式規則的場合，用 re 模組的 compile() 方法事先「編譯」樣式規則，可提昇程式運作效率。以匹配 .rar 壓縮檔名的樣式規則為例：

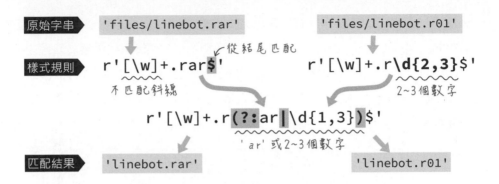

這個程式片段將比對 links 列表中的每個元素，並將匹配的檔名存入 file_set 集合，以便剔除重複元素：

```python
links = [
  'files/iot.rar',
  'files/iot.r00',
  'files/iot.r01',
  'files/iot.r00'
]
file_set = set()                        # 宣告空白「集合」

for href in links:
    ext = re.search(r'[\w]+.r(?:ar|\d{1, 3})$', href)
    if ext:                             # 如果匹配結果不是 None...
        file_set.add(ext.group() )      # ...把匹配的檔名加入「集合」
```

執行之後，file_set 集合的內容將是 {'iot.r01', 'iot.rar', 'iot.r00'}。for 迴圈中的樣式規則，最好先用 re.compile() 編譯再執行，上面的程式片段可改寫成：

```
pattern = re.compile(r'[\w]+.r(?:ar|\d{1,3})$')
```
← 編譯規則表達式以利重複使用

```
for href in links:
    ext = pattern.search(href)
    if ext:
        file_set.add(ext.group())
```
← 用已編譯的規則表達式搜尋匹配字串

搭配 selenium 瀏覽與下載檔案

使用 se 程式庫開啟目標網頁的主要程式片段如下：

```
from lxml import html
from tqdm import tqdm
import re
import requests as req
from selenium import webdriver

driver_path = "C:\\webdriver\\chromedriver.exe"
url =  'http://pybook.epizy.com/files/'
option = webdriver.ChromeOptions()
option.add_argument('headless')    # 隱藏瀏覽器
driver = webdriver.Chrome(driver_path, options=option)
driver.implicitly_wait(10)          # 隱性等待，最長 10 秒
driver.get(url)                     # 瀏覽目標網頁
```

當 se 開啟目標網頁之後，即可執行 XPath 敘述取得此網頁的全部超連結元素：

```
driver.get(url)
links = driver.find_elements_by_xpath('//a')
```

透過 for 迴圈取出每個超連結元素的 "href" 屬性，並且比對超連結目標的檔名，如果是 .rar 系列檔案，則將檔名存入 file_set 集合：

```
file_set = set()
pattern = re.compile(r '[\w]+.r(?:ar|\d{1, 3})$')

for a in links:
    href = a.get_attribute("href")  # 取出超連結元素的 href 屬性值
    rar = pattern.search(href)

    if rar:     # 若樣式比對結果不是 None，則儲存此檔名
        file_set.add(rar.group() )
```

最後再執行一個 for 迴圈，下載 file_set 集合裡的全部檔案：

```
for rar in file_set:
    link = url + rar     # 設定檔案的完整下載路徑
    h = req.head(link)
    if h.status_code == 200:
        filename = download(link)
        print(filename + '檔案下載完畢！')

driver.quit()            # 關閉瀏覽器
```

11-6 讓電腦一心多用的執行緒

假如把電腦比喻成工廠，軟體的執行環境是生產線，早期的電腦一次只能執行一個程式，好比只有一條生產線的工廠，一個工作執行完畢再執行下一個。

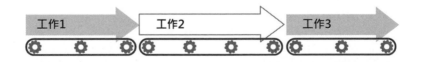

以底下程式為例，它將依序計算平方以及計算平方根，為了突顯執行時間，筆者刻意在每次計算之前先延遲 0.5 秒：

```
import time

data = [4, 9, 16]                # 計算資料

def calc_square(nums):           # 計算平方的函式
    for n in nums:
        time.sleep(0.5)          # 暫停 0.5 秒
        print(f'{n}的平方是{n**2}')

def calc_root(nums):             # 計算平方根的函式
    for n in nums:
        time.sleep(0.5)
        print(f'{n}開根號是{n**0.5}')

start_time = time.time()         # 取得目前時間
calc_square(data)                # 計算平方
calc_root(data)                  # 計算平方根
print('花費時間：', time.time() -start_time)
```

執行結果如下，終端機顯示程式花費時間約 3 秒：

```
D:\python> python th1.py
4的平方是16
   :
16開根號是4.0
花費時間： 3.004206418991089
```

編寫多執行緒程式

現代的電腦則像是有多條生產線，可同時處理多項工作，例如，瀏覽網頁時，在背景播放音樂。這個虛擬生產線的正式名稱是**執行緒（thread）**。Python 語言可透過 threading 程式庫同時執行多個任務，本單元將修改上一節的程式碼，讓程式同時執行兩個計算工作：

請先在程式開頭引用 threading 程式庫：

```
import threading  ← 引用此程式庫
import time
```

接著執行 threading 程式庫裡的 Thread()，建立執行緒物件；執行緒物件將在收到 start() 命令開始運作，而 threading 程式庫的 active_count() 函式，將傳回目前工作中的執行緒數量。

請將上一節程式裡的計算平方和平方根的函式呼叫敘述改成註解或刪除：

```
# calc_square(data)    # 計算平方
# calc_root(data)      # 計算平方根
```

然後加入底下建立以及運行執行緒的敘述：

threading.Thread(**target**=執行函式名稱, **args**=元組型參數)

```
start_time = time.time()    # 取得目前時間
t1 = threading.Thread(target=calc_square, args=(data,))
t2 = threading.Thread(target=calc_root, args=[data])
t1.start()
t2.start()
print('作用中的執行緒:', threading.active_count())
print('花費時間:', time.time()-start_time)
print('主程式執行完畢！')
```

執行緒物件 →
啟動執行緒 →
列表類型也行

傳入在執行緒上面運行的函式的
參數，必須是元組或列表類型。以
元組格式傳入時，若參數只有一
個，請別忘了後面要加一個逗號，
像這樣：(data,)。完整的程式碼請
參閱 th2.py 檔，其執行結果：

```
D:\python> python th2.py
作用中的執行緒： 3
花費時間： 0.0009968280792236328
主程式執行完畢！
4的平方是16
  :
16開根號是4.0
```

由於主程式在其他兩個執行緒工作完畢之前就跑完了，所以沒有測到真正的花
費時間。為此，我們可以在執行緒物件上執行 join（原意為「加入」），讓主程式
等待執行緒工作完畢，再繼續執行後面的程式碼。

這是加入執行 join() 方法的程式碼：

```
    :
t2.start()
print('作用中的執行緒：', threading.active_count())
t1.join()    # 等待t1執行完畢
t2.join()    # 等待t2執行完畢
print('花費時間：', time.time()-start_time)
print('作用中的執行緒：', threading.active_count())
```

執行結果如下，「花費時間」那一行在兩個執行緒跑完之後才被執行，而程式
關閉之前，只剩下「主執行緒」仍在運作，所以最後一行的 active_count() 函式
傳回數量 1。

```
D:\python> python th3.py
作用中的執行緒：3
4的平方是16
    :
16開根號是4.0              節省一半時間！
花費時間：1.503751277923584
作用中的執行緒：1
```

11-7 多執行緒同時下載多個檔案

本單元將示範把多執行緒程式包裝成自訂類別，讓下載檔案的程式本體僅區區數行搞定，像這樣：

自訂模組名稱 ↘   自訂類別 ↘

```
from thread_download import Download        虛構的下載檔案列表
urls = ['A.png', 'B.png', 'C.png', 'D.png', 'E.png',↙
        'F.png', 'G.png', 'H.png', 'I.png', 'J.png',
        'K.png', 'L.png', 'M.png', 'N.png', 'O.png']

dw = Download(urls, 3)    # 開3個執行緒同時下載
dw.start()   # 開始下載
```

多執行緒版的檔案下載自訂類別

底下是 thread_download.py 類別檔的內容，建構式接收兩個參數，第二個「最大同時下載數量」是選擇性參數。虛構的私有 download() 方法（亦即，只能由此類別程式執行），會在暫停一秒之後顯示「下載完畢！」。

```
import threading
import time
                                下載網址列表        最大同時下載數量
                                      ↓                ，預設4。
class Download:                                      ↙
    def __init__(self, urls, max_download=4):
        self.max_download = max_download
        self.urls = urls

    def __download(self, url):  ←── 虛構的檔案下載程序
        time.sleep(1)
        print(f'{url}下載完畢！')
```

雙底線開頭，
代表私有方法。

執行開始下載的 start() 方法程式一開始需要建立指定數量的執行緒物件，然而，假設用戶指定同時下載 10 個檔案，但是網頁上只有 5 個下載檔，那程式就只需要建立 5 個執行緒物件。底下程式碼裡的 group，負責暫存從 urls 列表取出最大不超過指定執行緒數量的下載檔網址：

```
def start(self):
    downloading = True     # 設定目前「正在下載」
    threads = []           # 儲存執行緒的列表
    url_index = 0          # 下載網址的索引編號

    group = self.urls[:self.max_download]   # 取出前幾個下載網址
```
從第一個元素開始 ↗   …取到此數值為止

此外，為了方便管理執行緒，我們不替它們用個別的變數命名儲存，而是統一存入名叫 threads 的列表。

```
t1 = threading.Thread(...)
t2 = threading.Thread(...)
    :
```

threading.Thread(...)

存放執行緒物件

threads

動態附加（append）元素

接下來的程式逐一從 group 取出下載檔案網址、建立執行緒物件並存入 threads 列表，然後再逐一啟動這些執行緒。

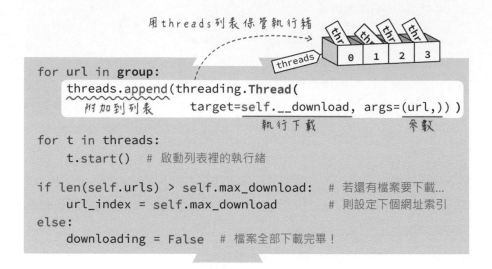

上面程式最後的 if 條件式用於設定下一個下載檔的元素索引，假設 urls 列表共有 5 個元素，而程式一次同時下載 4 個（max_download 值），所以下一個下載檔的元素編號就是 4。

現在，工作中的執行緒物件全都存在 threads 列表，所以，程式可用一個迴圈輪流查看 threads 裡的執行緒狀態。假若有執行緒完成任務（檔案下載完畢），程式就可將它從 threads 列表中移除，接著建立新的執行緒並將該物件附加到 threads 列表。

執行緒物件有個 is_alive() 方法，若它處於工作狀態，此方法將傳回 True，否則傳回 False。判斷執行緒是否執行完畢，然後新增執行緒物件的迴圈程式如下：

筆者的網站伺服器會抵擋沒有 User-Agent（用戶端名稱）欄位的 HTTP 請求，所以執行 requests 物件的 get 方法時，要加入 User-Agent 標頭，筆者將此用戶端自訂為 "PYTHON3"，讀者可改用其他名稱：

```
req.get(url, headers={"User-Agent":"PYTHON3"})
```

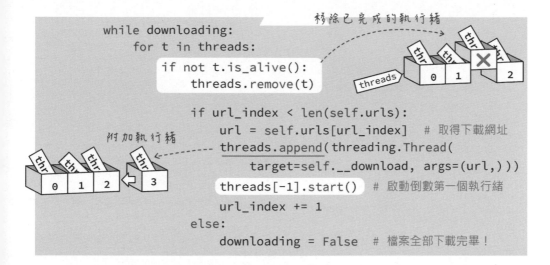

自訂多執行緒下載類別的程式

實際運用上文的多執行下載類別程式時，要先修改 __download() 方法，讓它
真正下載檔案：

```
def __download(self, url):
    filename = url.split('/')[-1]
    r = req.get(url, stream=True)
    with open(filename, 'wb') as f:
        try:
            for data in tqdm(r.iter_content(1024)):
                f.write(data)
        except:
            print('下載出錯啦！')
    print(f '{url}下載完畢！')
```

採用多執行緒下載檔案的完整程式碼如下，相較於普通的依序下載程式，這個
程式先把下載檔都先存入一個列表型變數，再交給自訂類別一起下載。

```
from lxml import html
import requests as req
from thread_download import Download # 引用自訂類別
```

```
url = 'http://swf.com.tw/download/'   # 包含下載檔案的網頁
page = req.get(url)
dom = html.fromstring(page.text)
links = dom.xpath('//a/@href')
files = []                 # 儲存下載檔案的列表

for href in links:
    if not href.startswith('http'):
        href = url + href

    h = req.head(href)
    MIME = h.headers.get('content-type')

    if (h.status_code == 200) and ((MIME is None) or \
                                   ('html'  not in MIME)):
        files.append(href)   # 把檔案加入下載列表

dw = Download(files)    # 宣告「多執行緒下載」類別物件
dw.start()              # 開始下載列表裡的檔案
```

11-8 定時執行程式碼

第 6 章自動擷取網路資料的程式還缺少一個重要的功能：定時執行，例如，每天每隔 12 小時自動擷取一次，這樣一來，我們只要開啟 Google 試算表，就能看到當日最新商品情報了。

無論 Windows, macOS 還是 Linux 系統，都內建定時執行某些任務的功能，使用者可以令電腦每天下午 5 點自動備份資料、清理垃圾桶。這項功能在 Windows 上稱作「工作排程器」，在 macOS 和 Linux 則可透過終端機執行 crontab -e 命令（代表 cron table，工作排程表）達成。

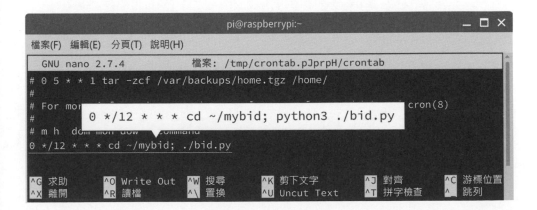

以執行 Linux 系統的樹莓派微電腦為例,假設我們把查詢網拍的程式複製到使用者家目錄的 mybid 路徑底下,在終端機執行一次 bid.py 檔的命令如下:

不同命令寫在同一行,用分號區隔　　'./' 代表當前目錄

```
pi@raspberrypi:~ $ cd ~/mybid; python3 ./bid.py
```

切換到 mybid 路徑　　執行 bid.py 檔

mybid

bid.py

透過 crontab 命令,讓系統將每天每隔 12 小時自動執行 bid.py 的設定步驟如下:

1 在終端機輸入 crontab -e 命令:

```
pi@raspberrypi:~ $ crontab -e
```

若是頭一次執行這個命令,系統可能會詢問你要用哪一種文字編輯器來編輯 cron 設定檔。通常有 vi 和 nano 兩種選擇,建議選擇 nano。

2 在文字編輯器 (以 nano 為例) 開啟的設定檔中,按 ↓ 方向鍵,直到最後一行,輸入底下的 cron 設定敘述,代表每隔 12 小時執行一次 bid.py 檔。

```
pi@raspberrypi:~                                    _ □ ×
檔案(F)  編輯(E)  分頁(T)  說明(H)

  GNU nano 2.7.4          檔案: /tmp/crontab.pJprpH/crontab
# 0 5 * * 1 tar -zcf /var/backups/home.tgz /home/
#
# For mor                                              cron(8)
#          0 */12 * * * cd ~/mybid; python3 ./bid.py
# m h  dom mon dow   command
0 */12 * * * cd ~/mybid; ./bid.py

^C 求助      ^O Write Out   ^W 搜尋      ^K 剪下文字    ^C 游標位置
^X 離開      ^R 讀檔        ^\ 置換      ^U Uncut Text  ^T 跳列
                                          ^J 對齊
                                          ^T 拼字檢查
```

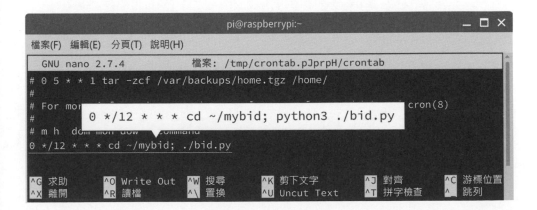

3 按 `Ctrl` + `O` 鍵寫入檔案（存檔），再按下 `Enter` 鍵確認。

4 按 `Ctrl` + `X` 鍵離開 nano 文字編輯器。

從寫入 cron 設定檔那一刻起，系統將每隔 12 小時執行 bid.py 檔。日後若要停止執行 bid.py，請重複上面的步驟，但是在第 2 步驟加入的命令開頭加入 # 號（代表「註解」），或者刪除那一行再存檔。crontab 有專屬的設定時間語法，關於上面設定時間敘述當中一堆星號的意義，請讀者上網查閱關鍵字 "linux crontab"。

使用 APScheduler 程式庫執行工作排程

不同作業系統設定排程的方式不太一樣，請自行上網查閱相關設定方式；倘若 Python 程式佈署在某個伺服器上執行，我們可能沒有設定系統排程的權限。沒關係，我們仍可透過 Python 來定時執行程式。請先用 pip 命令安裝 APScheduler 程式庫（Scheduler 代表計畫或排程）：

```
pip install apscheduler
```

底下是採用 apscheduler 程式庫的 BlockingScheduler 類別建立的簡單「間隔時間執行工作」程式，它將每隔 3 秒在終端機顯示一段報時訊息：

```
from apscheduler.schedulers.blocking import BlockingScheduler
from datetime import datetime
                                         自訂的工作函式

def hello():                                          自訂工作函式
    print(f'牛仔很忙，報時：{datetime.now()}')
                                                      建立排程物件
sch = BlockingScheduler()                    3秒      新增工作排程
sch.add_job(hello,'interval', seconds=3)

    add_job(自訂的工作函式,'interval', 間隔時間設定)
                          代表依「間隔時間」執行工作函式
```

其中的間隔時間設定參數，可以是：

- weeks：週數
- days：天數
- hours：小時數
- minutes：分鐘數
- seconds：秒數

接著執行排程物件的 start（啟動）或 shutdown（關機）方法，啟動或停止工作排程：

```
try:
    print('工作排程開始，按Ctrl+C結束。')
    sch.start()          ← ————— 啟動工作排程
except KeyboardInterrupt:
    sch.shutdown()       ← ————— 停止工作排程
    print('工作排程結束~')
```

筆者將此程式檔命名成 cron.py，執行結果如右：

```
C:\ 命令提示字元

D:\python>python cron.py
工作排程開始，按Ctrl+C結束。
牛仔很忙，報時：2019-03-08 17:51:12.151175
牛仔很忙，報時：2019-03-08 17:51:17.152601
牛仔很忙，報時：2019-03-08 17:51:22.152398
工作排程結束~
```

工作排程可以包含多項工作，底下的程式將定義另一個工作函式，它將在 count 值累加到 3 時，停止執行本身的工作。

```
count = 0       # 儲存計數值的全域變數

def counter():
    global count
    count += 1
    print(f'數到3結束：{count}')
                            移除指定識別名稱的工作任務
    if count == 3:             ↓
        sch.remove_job('job_counter')
```

將此工作函式加入排程並指定一個識別名稱：

```
sch.add_job(hello,'interval', seconds=3)
sch.add_job(counter,'interval', seconds=1, id='job_counter')
```

自訂的id（識別名稱）

程式執行結果如下，累加 count 值的工作執行 3 次後自動結束，先前的報時程
式將繼續進行，直到使用者按下 Ctrl 和 C 鍵。

```
D:\python>python cron.py
工作排程開始，按Ctrl+C結束。
數到3結束：1
數到3結束：2
牛仔很忙，報時：2019-03-08 17:53:48.367461
數到3結束：3
```

設定工作排程的時段

新增排程時，我們可以指定運作時段。筆者先編寫一個 hello() 函式：

```
from apscheduler.schedulers.blocking import BlockingScheduler
def hello():
    print('你好！')
```

透過 start_date（起始日期）和 end_date（結束日期）參數，設定排程的時段。
請注意，起始日期時間必須大於現在時刻，否則此工作排程將不會運作（關於
設定台北時區的說明，請參閱第 12 章）。

```
if __name__ == '__main__':
    sch = BlockingScheduler(timezone='Asia/Taipei')
    sch.add_job(hello,'interval', seconds=3,
                start_date='2019-03-08 20:56:30',
                end_date='2019-03-08 20:57:00')
```

設成台北時區

起始日期時間

結束日期時間

最後加上啟動排程的敘述：

```
sch.start()
print('你看不到我啦～')
```

程式執行結果如右，它將
在排程時段內每隔 3 秒
執行 hello() 函式：

```
D:\python>python cron.py
你好！
你好！
 :
 ▬      ←── 時間結束，工作排程停止。
```

工作排程結束後，程式仍停留在啟動排程的 start() 敘述那裡，並沒有往下執行。這是因為此程式採用**阻塞式（blocking）**排程，代表執行排程的程序會佔用整個主執行緒。

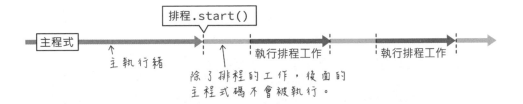

而且，即便程式有用 try...except 敘述捕捉例外（如：按下 `Ctrl` + `C` 鍵），你可能會感到程式有點卡卡的，有時要狂按 `Ctrl` + `C` 鍵，它才能捕捉到例外。

以背景模式執行 APScheduler 工作排程

本文將改用 BackgroundScheduler 建立**背景（background）**工作排程，代表排程工作將在新開的執行緒運作，不影響主程式。請修改引用的程式庫套件和類別：

```
from apscheduler.schedulers.background import BackgroundScheduler
import os                                                ← 背景工作排程
import time

def hello():
    print('你好！')
```

接著建立並啟動背景工作排程物件，跟之前的「阻塞式」排程物件程式相比，只是更改了建立排程物件的類別名稱。

```
if __name__ == '__main__':
    sch = BackgroundScheduler()          ← 建立背景工作排程物件
    sch.add_job(hello,'interval', seconds=3)
    sch.start()
    print('工作排程開始，按Ctrl+C結束。')  ← 這段訊息寫在啟動排程之後
```

存檔之後，若執行此程式，你將發現工作排程尚未開始，整個程式就結束了。

```
D:\python>python cron.py
工作排程開始，按Ctrl+C結束。    ← 工作排程尚未開始，程式就結束了。
D:\python>
```

這是因為背景工作排程會在新啟動的執行緒運作，但是，如果主程式所在的執行緒已經結束了，整個程式也隨之關閉。

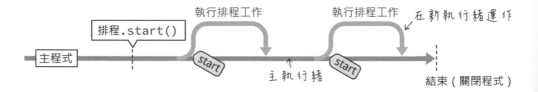

所以，主程式必須持續運作，背景執行緒才能執行，我們可以透過一個簡單的 while 迴圈達成目的：

```
    try:
        while True:          ←── 主程式不停地執行迴圈
            time.sleep(1)
    except KeyboardInterrupt:
        sch.shutdown()
        print('工作排程結束~')
```

存檔後再次執行，就能看到工作排
程有定時被觸發執行，而且按下
Ctrl 和 C 鍵，程式也立即關閉。

```
D:\python>python cron.py
工作排程開始，按Ctrl+C結束。
你好！
你好！
工作排程結束~
D:\python>
```

透過 APScheduler 程式庫啟動的工作程式敘述，必須寫在自訂函式裡面，如果
要啟動另一個程式檔，例如，第 6 章的擷取網拍資料程式檔（mybid.py），可以
透過第 5 章介紹過的 os.system() 函式執行外部程式。筆者把 os.system() 敘
述包在 bid() 自訂函式中：

```
    :
import os
                        ┌─ 請自行修改要執行的檔案路徑
def bid():
    cmd = 'python D:\\python\\bid\\mybid.py'
    os.system(cmd)
```

再修改新增排程的敘述，如此，它將每隔 12 小時執行 bid() 函式，完整的程式
請參閱 mybid_schedule 檔。

```
if __name__ == '__main__':
    sch = BackgroundScheduler()
    sch.add_job(bid,'interval', hours=12)    ←── 每隔12小時執行排程工作
    sch.start()
    print('工作排程開始，按Ctrl+C結束。')
```

本章重點回顧

- 使用 request 的 get() 方法下載大型檔案時，請記得把 stream（串流）參數設定成 True。

- HTTP 訊息大多包含標示傳送內容類型（MIME）的 Content-Type 欄位，下載檔案之前，可先透過 request 物件的 headers.get() 方法取得並確定內容欄位值。

- 網頁的資源通常用 "相對連結"，請記得加上網頁本身的網址，才是完整的資源網址。

- 執行 re 模組的 search() 匹配樣式的結果，如果不是 None，便能用 group() 方法取得第一個匹配的字元值。

- 在多次執行比對樣式規則的場合，用 re 模組的 compile() 方法事先「編譯」樣式規則，可提昇程式運作效率。

- threading.Thread() 函式的 args 參數，接受元組或列表類型的參數值。

- 使用 APScheduler 程式庫建立工作排程時，採用 BackgroundScheduler 建立背景工作排程，就不會影響主程式的運作。

01100

留言板網站應用程式

本單元將結合 Flask 和資料庫建立一個留言板網站應用程式，底下是此留言板網頁的外觀，使用者輸入的留言以及選擇的圖像會被存入資料庫，然後連同之前的留言被從資料庫取出，呈現在網頁下方的留言列表。

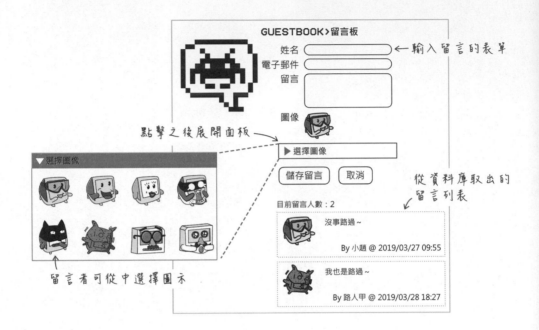

管理人員從 "/admin" 路徑的頁面登入之後，會自動切換到留言列表（"/list" 路徑）頁面，並可從此頁面編輯或刪除留言。

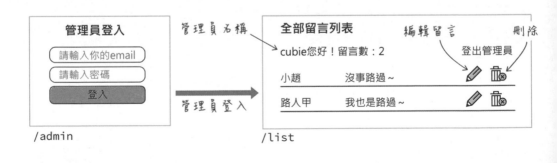

12-1 資料庫簡介

資料庫系統由「資料庫」和「資料庫管理系統」組成,前者可將資料分門別類地
儲存起來,後者負責存取與管理資料。「資料庫」可比喻成「檔案櫃」,每個抽
屜儲存不同資料。

資料表可包含許多欄位
(column)、存入資
料表的資料稱為紀錄
(record)。

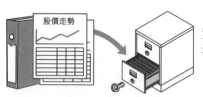

資料庫(database)可儲
存許多資料表(table)

在紀錄少許資料的記事或資料的場合,只需要「便條貼」或者用文字檔甚至
Excel。一旦資料量變多,最好交給資料庫有系統地歸納和儲存。本章採用的
資料庫也是一種伺服器軟體,用戶端透過網路連線到資料庫,對它下達指令操
作。

資料庫伺服器

相較於純文字檔,採用資料庫儲存數據至少有下列優點:

● 方便透過程式執行查詢、更新與刪除等操作。

● 可替資料欄位加入「索引」,增快查詢速度。

● 允許多人透過網路存取資料。

● 比較安全可靠,資料庫管理系統可設置使用者帳號與權限,且資料並非以
「明文」方式儲存,而是經過編碼,非人類可直接閱讀的形式。

● 可維護資料的完整性，在多人同時操作資料的場合，資料庫管理系統可確保資料的一致性，不會發生某個人在修改資料時，另一個人也在改寫相同的資料。

由於分析、整理和儲存資料的形式不同，資料庫分成不同的類型，目前被廣泛採用的是**以行、列表格形式來存放資料（此表格稱為「資料表」）的「關聯式資料庫（Relational Database）」**：

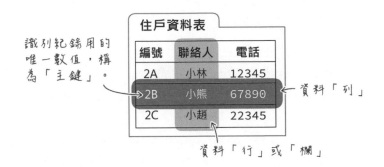

使用關聯式資料庫儲存資料之前，我們必須先定義好資料表的**架構**（**schema**，也譯作「綱要」），例如，表格的欄位數量（像上圖的「住戶資料表」包含了 3 個欄位）以及各個欄位所儲存的資料格式（如：字串、數字、日期...）。

存放在不同資料表中的相關資料，可透過識別資料的鍵值（如上表的「編號」）關聯/連結在一起（沒錯，這就是這種資料庫的名稱由來）。例如，「社區活動報名表」可透過「住戶編號」檢索到報名者的詳細資料：

社區康樂活動報名表

登記編號	住戶編號	參加人數
1	4D	3
2	6F	2
3	2C	4

住戶資料表

住戶編號	聯絡人	電話
2A	小林	12345
2B	小熊	67890
2C	小趙	22345

關聯

關聯式資料庫採用 **SQL 語言**操作資料庫,所以一些相關產品名稱多半有 "SQL" 字眼,像微軟的 Microsoft SQL Server,以及開放原始碼的 MySQL, PostgreSQL 和 SQLite。**本文採用的資料庫是 Python 內建的 SQLite。**

> 資料庫的**建立 (Create)**、**讀取 (Read)**、**更新 (Update)** 和**刪除 (Delete)** 四個基本操作,簡稱為 CRUD。

使用 SQLAlchemy 程式庫連結與操作資料庫

SQLAlchemy 是個連接與操作各種資料庫的 Python 程式庫,由 Mike Bayer 在 2005 年開發出來。透過它,Python 程式設計師就不必編寫 SQL 程式,而是直接用 Python 原有的類別物件語法來操作資料庫,SQLAlchemy 將擔任翻譯的角色。像這種把資料庫對應到物件導向程式語言的物件模型的程式,叫做 ORM (Object Relational Mapping,直譯為「物件關聯對應」)

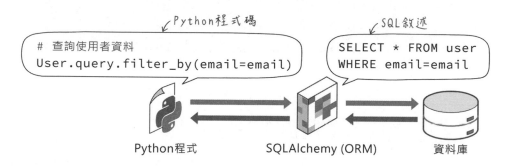

除了不需要接觸 SQL 語言,採用 SQLAlchemy 的另一個顯著優點是,倘若將來更換資料庫系統,例如,從 SQLite 改成 PostgreSQL,只需更改連接資料庫的敘述,其他都不用改。

建立留言板網站程式的虛擬環境

編寫留言板網站程式之前,請先建立虛擬環境並安裝必要的程式庫。筆者將本單元的虛擬環境建立在 D 磁碟機的 db 目錄。

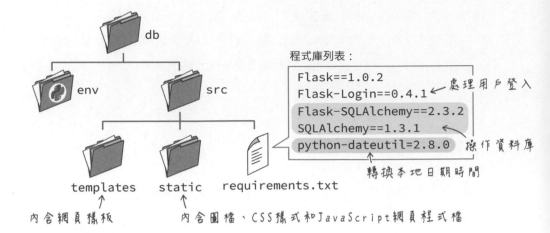

程式庫列表：

```
Flask==1.0.2
Flask-Login==0.4.1        ← 處理用戶登入
Flask-SQLAlchemy==2.3.2
SQLAlchemy==1.3.1         ←
python-dateutil=2.8.0     操作資料庫
```

轉換本地日期時間

templates   static   requirements.txt

內含網頁樣板   內含圖檔、CSS樣式和JavaScript網頁程式檔

筆者已經把本章程式所需的全部程式庫列舉在 requirements.txt 檔，請將它複製到虛擬環境的 src 路徑，再執行 pip 命令進行安裝：

```
D:\db> env\scripts\activate    ← 啟動虛擬環境
(env) D:\db> cd src                           在 src 路徑執行 pip 命令
(env) D:\db\src> pip install -r requirements.txt ←
```

12-2 建立資料庫檔案

建立資料庫檔案的方式有三種：

● 在終端機執行 sqlite3，透過文字命令操作。

● 使用圖形操作介面工具：DB Browser for SQLite（以下簡稱「DB 瀏覽器」）。

● 使用 Python 的 SQLAlchemy 程式庫。

本章稍後將使用 DB 瀏覽器 (sqlitebrowser.org) 檢視資料庫檔案，建立資料庫
檔案就直接用 Python 程式吧！使用 SQLAlchemy 建立資料庫需要經過 3 大
步驟：

1 **規劃資料表結構**：也叫做定義**綱要（schema）**，實際上是自訂
Python 類別。

2 **產生資料表**：依據**綱要**生產資料容器，實際上是透過 SQLAlchemy
把自訂類別變成資料表。

3 **建立資料庫檔案**：執行 SQLAlchemy 物件的 create_all（直譯為「全部
建立」）方法，建立資料庫檔案。

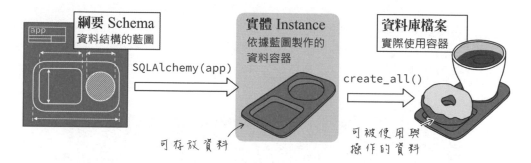

建立 Flask 網站程式

留言板網站資料庫依附在 Flask 程式底下，所以我們得先建立 Flask 應用程
式，請先在專案的 src 路徑新增 questbook.py 檔，並輸入底下的程式碼：

```
from datetime import datetime
from flask import Flask, render_template
from flask_sqlalchemy import SQLAlchemy
from flask_login import UserMixin
from werkzeug.security import generate_password_hash, \
                             check_password_hash


app = Flask(__name__)
```

接著設定 Flask 網站應用程式的資料庫檔案和其他參數。sqlite 資料庫檔的副
檔名通常採 .db 或者 .sqlite，本單元將建立一個名叫 bbs.db 的資料庫檔，存放
在網站程式的根路徑。

相對於網站根路徑的資料庫檔案

```
app.config['SQLALCHEMY_DATABASE_URI'] = 'sqlite:///bbs.db'
app.config['SQLALCHEMY_TRACK_MODIFICATIONS'] = False
app.config['SECRET_KEY'] = b'_5#y2L"F4Q8z\n\xec]/'

db = SQLAlchemy(app)
```

自訂的字串資料

登入使用者程式所需的密鑰

建立資料庫物件

密鑰（SECRET_KEY） 的值可以是簡單的字串，例如：'123456'。但就像設
定密碼一樣，應該使用不容易被猜測的文數字組合，Flask 官網建議使用系
統產生的隨機值當作密鑰：

```
>>> import os
>>> os.urandom(24)
b'WD\x04\xf7W\npI\xbd\xfcA\x82\xf5\x7f\xa7\xf4\xcd\x84/\x96x94'
```

可當作密鑰的隨機字串

請將 SQLALCHEMY_TRACK_MODIFICATIONS（追蹤修改）參數設成 False，
不然的話，程式在匯入 db 物件時會出現如下的警告訊息：

```
D:\db\env\lib\site-packages\flask_sqlalchemy\__init__.py:794:
FSADeprecationWarning:SQLALCHEMY_TRACK_MODIFICATIONS adds
significant overhead and will be disabled by default in the
future.  Set it to True or False to suppress this warning.
 'SQLALCHEMY_TRACK_MODIFICATIONS adds significant overhead and'
```

12

12-3 規劃資料表結構：建立資料表的自訂類別

假如把資料表比喻成「鬆餅」，建立資料表的自訂類別程式則是「鬆餅製作機」。鬆餅製作機分成「烤盤」和「烤爐」兩大部份。SQLAlchemy 程式庫的 Model 類別包含建立資料表的相關功能，相當於「烤爐」。我們的程式只需要制定資料表的格式，相當於「烤盤」，負責製作成形、轉換成實際資料表的程式，SQLAlchemy 程式庫已經寫好了。

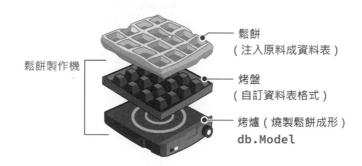

鬆餅製作機

鬆餅（注入原料成資料表）

烤盤（自訂資料表格式）

烤爐（燒製鬆餅成形）
db.Model

自訂的資料表都必須以 Model 為基底來建立新的類別，語法如下：

以此類別為基底，建立自訂資料表類別。

```
class 資料表名稱(db.Model):
    欄位名稱 = db.Column(資料類型, 其他參數)
    def __repr__(self):
        return '資料表內容'
```

代表「欄位」，C大寫。

傳回字串格式的物件資料

__repr__（原意為 "representation"，「表示」之意）為 Python 內建的方法名稱，代表把物件資料用字串格式呈現，自訂資料表的類別都必須具備 __repr__ 方法。**將來在資料庫執行「查詢」命令取得資料表內容時，查詢顯示的結果就是 __repr__ 傳回的字串。**

表 12-1 列舉 SQLAlchemy 程式庫支援的幾種資料類型，完整列表請參閱官方文件（網址：http://bit.ly/2lZ2eid）。

表 12-1

類別名稱	說明	參數
Integer	整數類型	無
String	字串類型	length（字數），預設為沒有限制
Float	浮點數	precision（精確度）
Number	整數或浮點數	precision（精確度）、length（長度）
DateTime	日期時間	無
Binary	二進制類型，如影像	length（長度），預設為沒有限制
PickleType	儲存 Python 原生物件	無

建立 Guestbook（留言板）資料表類別

留言板資料庫包含兩個資料表，分別存放留言內容與管理人員的帳號。儲存留言的資料表類別稱為 Guestbook，編寫程式之前，我們要先規劃資料表包含的欄位名稱和資料格式：

表 12-2

欄位名稱	資料類型	欄位大小	說明	備註
id	Integer（整數）	自動設置	留言編號	自動編號，此欄為資料表的主鍵
guestname	String（字串）	30	留言者的名字	必填
email	String（字串）	50	電子郵件	不可重複、必填
message	Text（大量文字）		留言內容	必填
icon	String（字串）	10	圖示名稱	必填
postdate	DateTime（日期時間）		留言的日期與時間	必填，預設為留言時間

每個資料表都應該包含一個足以識別該筆資料的唯一值，稱為**主鍵**（**primary key**）。個人資料的身份證、email、車牌號碼、商品的序號...都能當作主鍵，但資料表通常會採用一個**自動連續編號的整數欄位**當作主鍵。

習慣用大寫開頭　　　　務必包含此類列

```
class Guestbook(db.Model):
    id = db.Column(db.Integer, primary_key=True)
    guestname = db.Column(db.String(30), nullable=False)
    email = db.Column(db.String(50), unique=True, nullable=False)
    message = db.Column(db.Text, nullable=False)
    icon = db.Column(db.String(10), nullable=False,
                    default='ico1.png')
    postdate = db.Column(db.DateTime, nullable=False,
                    default=datetime.utcnow)
```

此欄設成主鍵

代表「不可空白」

代表「唯一值」

預設填入 "ico1.png"

預設成當前時間

包含 **primary_key=True**（主鍵）**參數的欄位，其值將從 1 開始，在每次新增一筆資料時自動累加 1**。日期時間欄位預設成 datetime.utcnow（後面沒有小括號，代表不立即執行），將來寫入資料時，此欄位會自動填入當時的日期和時間。

接著編寫 __repr__ 方法，你可以在其中列舉全部或部份欄位，但敏感性資料（如：密碼），通常不被列舉出來。

```
def __repr__(self):
    return 'guestname:{},email:{},postdate:{}'.format(
        self.guestname,
        self.email,
        self.postdate
    )
```

資料表欄位以「物件屬性」形式存取

根據上面的 __repr__ 定義，將來查詢該資料表時，它將傳回該筆資料的 guestname（留言者大名）、email 和 postdate（留言日期時間）。

建立 User（使用者）資料表類別

User 類別用於建立儲存留言板網站管理人員的資料表，此資料表的欄位名稱和資料類型如表 12-3 所示。

表 12-3

欄位名稱	資料類型	欄位大小	說明	備註
id	Integer（整數）	自動設置	使用者編號	自動編號，此欄為資料表的主鍵
name	String（字串）	30	姓名	必填
pwd_hash	String（字串）	80	加密後的密碼	必填
email	String（字串）	50	電子郵件	不可重複、必填
is_admin	Boolean（布林）	自動設置	是否為管理員	預設為 False（否）

定義「使用者」資料表時，可以繼承 **UserMixin 類別**，稍後在編寫「管理員登入」程式時，將會用到這個類別提供的「確認用戶登入狀態」功能。

確認用戶登入狀態的類別

```
class User(UserMixin, db.Model):    # 使用者資料表
    id = db.Column(db.Integer, primary_key=True)
    name = db.Column(db.String(30), nullable=False)
    email = db.Column(db.String(50), unique=True, nullable=False)
    pwd_hash = db.Column(db.String(80), nullable=False)
    is_admin = db.Column(db.Boolean, nullable=False, default=False)
```

密碼欄位（80字元）

> 子類別可以繼承多個父類別，達成多重功能，就像鬧鐘可以和 MP3 播放器整合，用音樂代替鬧鈴。User 類別繼承了 UserMixin 和 db.Model 兩個父類別。

為了避免使用者的密碼外洩，把密碼存入資料表之前，通常會先經過「加密」。例如，假設密碼是 '12345'，將它直接保存在資料庫，稱為「明文密碼」，假如資料庫被盜走，這個密碼就曝光了。

產生與驗證密碼雜湊值

Flask 程式庫包含處理安全密碼的 werkzeug.security 模組,其產生**密碼雜湊值**的 generate_password_hash() 函式,採用 SHA (Secure Hash Algorithm,安全雜湊演算法)。SHA 是一種不可逆的演算法,代表它的輸出值無法被逆轉推導回原始值,也就是說,我們無法從演算的輸出值輕易推敲出原始的密碼值。

generate_password_hash() 函式的語法如下,其中的 sha1 已被破解,不建議採用。目前大多使用 sha256 類型,無論輸入的密碼長度為何,它都固定產生 80 字元長度的字串。sha384 和 sha512 產生的安全碼字串長度更長,也更安全。

```
                      'sha1', 'sha224', 'sha256', 'sha384'或'sha512'
generate_password_hash('密碼', '安全雜湊函式')
```

讀者可以在包含 Flask 套件的虛擬環境,執行底下的指令測試產生密碼雜湊值:

```
Python 3                                                          _ □ ✕
>>> from werkzeug.security import generate_password_hash
>>> generate_password_hash('123456', 'sha256')
'sha256$0Zmw0FAf$3b0d08247a27e841d9cf2e9...1763cd91aac4d3c4dab8a'
```

固定長度 (80個字元) 的密碼雜湊值

werkzeug.security 模組也提供了驗證密碼雜湊值的 **check_password_hash()** 函式,若比對結果相同,則傳回 True,否則傳回 False:

驗證密碼雜湊值的模組

```
>>> from werkzeug.security import check_password_hash
>>> pwd = generate_password_hash('123456', 'sha256')
>>> check_password_hash(pwd, '123456')
True
```

check_password_hash(密碼雜湊值, 明文密碼)

使用 raise 拋出自訂例外錯誤訊息

當某個錯誤發生時，程式可透過 raise 指令拋出例外，指令語法如下：

$$\text{raise } \underbrace{\text{例外錯誤類型}('例外錯誤說明文字')}_{\text{選擇性參數}}$$

「例外錯誤類型」代表例外的類別名稱，例如，按下 Ctrl + C 鍵中斷程式執行時產生的 KeyboardInterrupt（鍵盤中斷）例外，或者嘗試存取不可讀取的物件屬性發生的 AttributeError（屬性錯誤）例外，完整的 Python 例外錯誤類別名稱表列，請參閱這個官方文件：https://bit.ly/2uz2poC。

如果不知道該拋出哪一種例外錯誤類型，就寫成通用的 Exception（代表「例外」）。以底下程式片段為例，若使用者輸入小於 0 的數字，它將拋出夾帶 "金額不可小於 0" 字串的 ValueError（數值錯誤）例外：

```
try:
    price = input('請輸入金額：')          若無法轉成整數，將拋出
                                          ValueError（數值錯誤）例外。
    if int(price) < 0:
拋出
例外 ──→  raise ValueError('金額不可小於0')  ←── 例外類型及原因
                                              把例外簡稱為err
    print(f'售價：{price}元')
except (KeyboardInterrupt, ValueError) as err:
    print(err)
    print('程式結束！')                    捕捉「數值錯誤」例外

           捕捉鍵盤輸入Ctrl+C
           的「中斷程式」例外
```

捕捉例外錯誤的 except 敘述，可包含多個例外，像上面的敘述可捕捉兩個例外。若採通用的 Exception 拋出自訂例外，程式要改寫成：

```
    :                沒指所有例外錯誤
        raise Exception('金額不可小於0')

    print(f'售價：{price}元')
except (KeyboardInterrupt, Exception, ValueError) as err:
    print(err)
    print('程式結束！')
```

程式執行結果如下：

```
C:\ 命令提示字元                                    _ □ ×

D:\python>python test.py
請輸入金額：-10
金額不可小於0  ←── 捕提到例外並顯示原因。
程式結束！
```

在 User 類別加入產生及驗證密碼的方法

User 類別的密碼欄位應該避免被外部程式讀取，而寫入密碼時，密碼需要先
經過安全雜湊演算，達成目的的程式片段如下，請將它加入 User 類別：

```
                  ┌─── 將方法轉成屬性 ───────┐
@property  ←
def password(self):        ←── 若讀取此屬性，則拋出「屬性錯誤」例外。
    raise AttributeError('無法讀取password屬性')

@password.setter  ←── 將方法轉成「設定屬性值」
def password(self, password):
    self.pwd_hash = generate_password_hash(password, 'sha256')
         ↑                          ↑
      資料表欄位              用安全雜湊演算處理輸入的密碼
```

如此，外部程式就能以 'User 物件.password=密碼' 的語法存入密碼。User 類別
還得提供驗證密碼的方法，若通過驗證則傳回 True。

```
def verify_password(self, password):
    return check_password_hash(self.pwd_hash, password)
              ↑                      ↑              ↑
         驗證密碼雜湊值           資料表欄位值      此方法的參數
                                (密碼雜湊值)     (明文密碼)
```

最後，宣告 __repr__ 方法傳回字串格式的 User 物件資料：

```
def __repr__(self):
    return f'name:{self.name},email:{self.email}'
```

12-4 產生 SQLite 資料庫檔案 與操作資料

我們已經在 guestbook.py 檔中建立 Flask 網站、SQLAlchemy 物件 (db) 以及兩個資料表類別 (Guestbook 和 User)，接下來，**執行此 db 物件的 create_all() 方法，即可建立資料庫檔案。**

切換到虛擬環境的 src 路徑，再執行 Python。

```
(env) D:\db\src> python
>>> from guestbook import db
>>> db.create_all()    ← 建立資料庫檔案
>>>
```

由於這個 Flask app 物件的 SQLALCHEMY_DATABASE_URI (資料庫路徑) 參數設定成 'sqlite:///bbs.db'，所以執行上述指令之後，它將在 src 路徑建立 bbs.db 資料庫檔案 (如果檔案已經存在，它並不會覆蓋舊檔，而是默默地取消作業)：

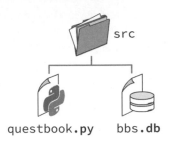

src

questbook.py   bbs.db

在命令行新增資料

編寫留言板程式之前，請先在 Python 互動直譯器中測試自訂的資料表類別，首先宣告一個 Guestbook 類別物件，新增一筆留言；Guestbook 類別的 id (留言編號) 和 postdate (留言日期時間) 欄位都有預設值，不需要填寫。

引用資料表的自訂類別

```
>>> from guestbook import Guestbook
>>> gb = Guestbook(guestname='小趙', email='jeff@example.com',
... message='沒事路過～')
>>>
```

資料表物件＝資料表類別 (欄位1＝值1，欄位2＝值2，...)

gb 物件及其資料現在僅存於記憶體，請執行底下的命令將它們寫入資料庫。
session 代表「目前作用中的連線」，db 則是上一節建立的資料庫物件：

資料表物件

```
>>> db.session.add(gb)       新增資料到資料庫
>>> db.session.commit()      交付、寫入資料庫
```

接下來，請嘗試新增兩筆使用者資料，第一筆資料代表「留言管理員」，所以
is_admin 欄位設成 True。

```
>>> from guestbook import User
>>> usr1 = User(name='cubie', email='cubie@yahoo.com',
... password='123456', is_admin=True)
>>>
            不是直接寫入pwd_hash
```

第二個使用者是一般用戶，非管理員：

```
>>> usr2 = User(name='路人甲', email='xyz@example.com',
... password='abcdefg')
>>>
                     沒有設定is_admin欄位，預設為False。
```

同樣執行資料庫物件 (db) 的 add() 和 commit() 方法，寫入資料庫：

```
>>> db.session.add(usr1)
>>> db.session.add(usr2)
>>> db.session.commit()
```

查詢資料表

列舉資料表內容的操作，叫做**查詢（query）**，底下敘述將傳回指定資料表的全
部資料：

```
資料表類別.query.all()
```

```
>>> User.query.all()
[name:cubie,email:cubie@yahoo.com, name:路人甲,email:xyz@example.com]
```
第一筆資料　　　　　　　　　　第二筆資料

all() 方法將傳回列表類型資料，其中的每個元素都是資料表類別的 __repr__()
方法傳回的字串。多數時候，我們都會執行篩選（或者說「過濾」）敘述，從資
料表取出特定資料：

```
資料表類別.query.filter_by(欄位=篩選值)
```

```
>>> User.query.filter_by(name='cubie').first()
name:cubie,email:cubie@yahoo.com
```
篩選結果的第一筆資料

表面上，我們只取得 User 類別的 name 和 email 兩個欄位值，但實際上，程式
可透過『**資料表物件.欄位**』的語法存取欄位值，例如，底下的敘述將讀取 User
第一筆資料的 is_admin 欄位值：

user資料表共有兩筆資料 →

第一個使用者是管理員 →

```
>>> usr = User.query.all()
>>> len(usr)
2
>>> usr[0].is_admin
True
```

使用 DB Browser for SQLite 瀏覽資料庫

「DB 瀏覽器」是個免費的 SQLite 資料庫圖形介面操作軟體，提供建立資料庫
和資料表，以及瀏覽、新增、編輯和刪除資料等功能。底下是開啟留言板資料
庫 bbs.db 檔的畫面：

按下此鈕開啟資料庫檔案

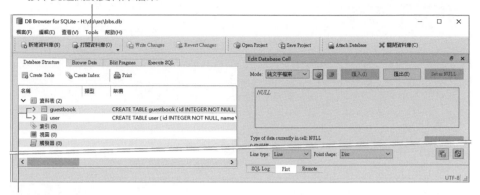

共有兩個資料表

我們可以看到在 Python 中，使用 User 類別建立的資料表，實際名稱是全部小寫的 'user'。資料表後面的「架構」欄位顯示的是建立此資料表的 SQL 敘述，由 SQLAlchemy 程式庫自動產生。點擊 **Browse Data**（**瀏覽資料**）可查看資料表的全部資料：

切換到此標籤頁

從 **Table**（**資料表**）選單可選擇要瀏覽的資料表：

選擇資料表

12-5 瀏覽留言板的頁面

留言板網站的所有 HTML 網頁，都存放在 templates 路徑。

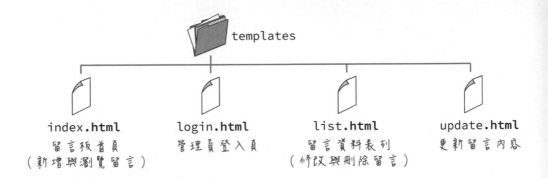

留言內容以表格排列呈現在首頁（index.html）下方：

這部份的樣板原始碼和表格的結構如下，HTML 使用 **<table>**（**表格**）、**<tr>**

（**表格列**）和**<td>**（**儲存格**）標籤定義表格，樣板的變數 b 儲存該筆留言資

料：

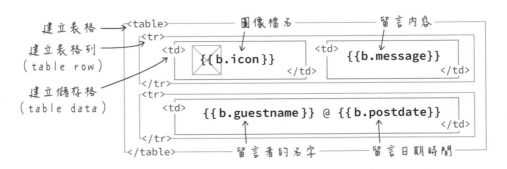

完整的顯示留言的樣板程式如下，請留意，**某些樣板變數後面跟著 '|' 字元，代表資料會經過後面的「過濾器 (filter)」處理再顯示**，例如，樣板引擎內建 length 過濾器，能計算列表的元素數量；nl2br 與 datetimefilter 則是我們在主程式 (guestbook.py) 自訂的過濾器，請參閱下文說明。

```
<p>目前留言人數：{{books|length}}</p>          取得資料筆數的過濾器
{% for b in books %}
  <table width="350" class="msgBox">
    <tr>
      <td width="75" valign="top">                   影像路徑和檔名
        <img width="75" height="75" src="icons/{{b.icon}}">
      </td>
      <td valign="top">{{b.message|nl2br}}</td>
    </tr>              留言內容        新行字元（\nl）轉<br>標籤
    <tr>
      <td colspan="2" align="right">
      By {{b.guestname}} @ {{b.postdate|datetimefilter}}
    </tr>                                轉換日期格式的過濾器
  </table>        留言日期時間
{% endfor %}   留言者的名字
```

將 UTC 日期時間轉成本地時區

執行 datetime 模組的 now() 函式，可傳回本機的目前日期時間：

```python
from datetime import datetime

dt = datetime.now()          # 取得本機的目前日期時間
print('現在日期時間：', dt.strftime('%Y/%m/%d %H:%M'))
```

設定日期時間顯示格式   年年年年/月月/日日 時時:分分

執行結果像這樣：

```
現在日期時間： 2019/03/31 19:47
```

把 Python 程式佈署在雲端時，由於網站伺服器可能位在地球的任何地點，像 Heroku 的伺服器建置在美洲和歐洲，所以在該伺服器執行上面的程式，顯示的就不是台灣地區的時間了。

Europe/Amsterdam   Asia/Taipei   Asia/Tokyo   America/Mexico_City

因此，在網站伺服器儲存的日期時間，通常採用以原子鐘計時的 **UTC（Coordinated Universal Time，世界協調時間）**標準時間，顯示的時候再將它轉換成目標時區。台灣地區的時區名稱是 "Asia/Taipei"，世界各地的時區名稱列表，請參閱維基百科的這個條目：http://bit.ly/2VlyrjG。

本單元的 UTC 時區轉換程式採用 dateutil 程式庫，可透過 pip 安裝：

```
pip install python-dateutil
```

取得當前 UTC 日期時間，再將它轉換成台灣地區時間的程式如下：

```
from datetime import datetime
from dateutil import tz
                               ← 基準時區
utc_zone = tz.gettz('UTC')
                               ← 轉換目標時區
tw_zone = tz.gettz('Asia/Taipei')

utc = datetime.utcnow()            # 取得目前的UTC日期時間
utc = utc.replace(tzinfo=utc_zone) # 將基準時間設定成UTC標準
print('轉換前：', utc.strftime('%Y/%m/%d %H:%M'))
tw_time = utc.astimezone(tw_zone)  # 把日期時間轉成台灣時區
print('轉換後：', tw_time.strftime('%Y/%m/%d %H:%M'))
```

執行結果：
```
轉換前： 2019/03/31 13:14
轉換後： 2019/03/31 21:14
```

自訂 Flask 樣板過濾器

Flask 樣板過濾器用於「後製處理」資料，例如轉換或格式化，過濾器是位於 Flask 主程式的自訂函式，前面冠上 "@app.template_filter()" 裝飾器。底下是轉換與格式化日期時間的自訂過濾器程式碼：

將底下的自訂函式設成「樣板過濾器」

```python
@app.template_filter()        ← 接收日期時間物件
def datetimefilter(utc):
    utc_zone = tz.gettz('UTC')
    tw_zone = tz.gettz('Asia/Taipei')    ← 轉換目標時區是「台北」
    utc = utc.replace(tzinfo=utc_zone)
    tw_time = utc.astimezone(tw_zone)     傳回轉換成字串
    return tw_time.strftime('%Y/%m/%d %H:%M')    ← 格式的日期
```

樣板網頁另一個要過濾的資料是留言內容。假如留言由數段文字組成，亦即，每一段文字後面包含 `Enter` 鍵輸入的 **'\n'(新行)字元**，如果不處理它的話，將來顯示留言時，**瀏覽器會把新行字元，顯示成一個空白**。

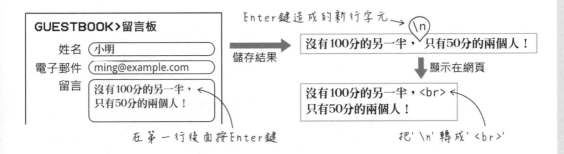

為了正確呈現分行文字，樣板網頁必須把留言字串當中的每個 '\n' 字元都轉換成 HTML 的 **'
'(斷行)標籤**。底下是取自 Flask 官網的「新行字元轉
 標籤」的範例程式（網址：http://flask.pocoo.org/snippets/28/），完成的留言板網頁程式請參閱 guestbook.py 檔。

```python
# 搜尋字串中的 '\r\n', '\r' 或 '\n'
_paragraph_re = re.compile(r'(?:\r\n|\r|\n){2, }')
@app.template_filter()
```

```
@evalcontextfilter
def nl2br(eval_ctx, value):
    result = u'\n\n'.join(u'<p>%s</p>' %
                            p.replace('\n', Markup('<br>\n'))
                for p in _paragraph_re.split(escape(value)))
    if eval_ctx.autoescape:
        result = Markup(result)
    return result
```

Flask 樣板過濾器的處理程式寫在 Python 程式檔,而非個別的樣板 (HTML) 檔,如此可以讓樣板保持簡潔。

把 '\n' 字元轉換成
 標籤的過濾器程式有個 @evalcontextfilter 裝飾器,其主要作用是取得樣板引擎的 eval_ctx 參數,此參數原意為 Evaluation Context(演算內容,context 代表傳遞給樣板的變數內容),它具有一個 autoescape 屬性(原意為 auto escape,自動轉義)。

樣板的「轉義」代表把 HTML 的特殊字元,例如 '<' 和 '>' 轉換成特殊編碼文字。例如:

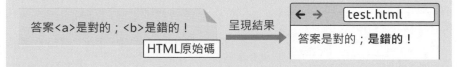

把 '<' 和 '>' 分別轉義成 '<' 和 '>',即可正確顯示這兩個字元:

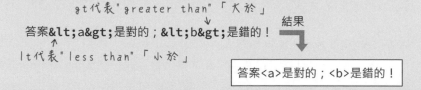

若 eval_ctx.autoescape 的值是 True,代表要轉義 HTML,這時,可以透過 Jinja2 樣板引擎的 Markup 類別來包圍 HTML 字串,達成轉義的效果,詳細說明請參閱這份官方文件:https://bit.ly/2X6MrEw。

12-6 新增留言的表單網頁

留言板首頁上方的留言表單，將透過 POST 方法把留言資料傳給 Flask 伺服器的 "/add_msg" 路由，表單的 HTML 原始碼如下：

使用POST方法傳送表單　　　　表單處理路由用'/'開頭

```
<form method="POST" action="/add_msg">
  <label>姓名</label>
  <input type="text" name="guestname">
  <br>
  <label>電子郵件</label>
  <input type="email" name="email">
  <br>
  <label>留言</label>
  <textarea name="message"></textarea>
  <br>
```

欄位名稱

多行欄位

顯示圖示影像

儲存「圖示檔名」的「隱藏」型欄位

```
  <label>圖像</label>
  <img id="myIcon" src="icons/ico1.png">
  <input type="hidden" name="icon">
  <div>
    <input type="submit" value="儲存留言">
    <input type="reset" value="重填">
  </div>
</form>
```

表單在傳送資料時，只有表單元素（如：文字欄位、下拉式選單和核取方塊）的名稱和值會被送出，網頁的其他部份（如：上面表單中的圖示影像）不會被傳送到伺服器。

為了傳送使用者選取的圖像檔名，筆者安排了一個**隱藏欄位，也就是 type 屬性設成 "hidden"**（代表「隱藏」）的 **<input> 標籤**，來存放圖像檔名。而取得使用者點選的圖像檔名的程式，則是由在瀏覽器端執行的 JavaScript 完成（位於 index.html 的檔頭區）。

在 guestbook.py 程式中，負責接收留言表單資料的 "/add_msg" 路由的程式碼如下。收到以 POST 方法傳入的資料之後，就宣告 Guestbook 資料表類別物件，把資料存入 guestbook 資料表：

```
@app.route("/add_msg", methods=["POST"])
def add_msg():
    try:
                                            表單欄位名稱
        guestname = request.form["guestname"]  ← 讀取表單欄位
        email = request.form["email"]
        message = request.form["message"]       資料表欄位名稱
        icon = request.form["icon"]
                                                    資料變數名稱
        gb = Guestbook(guestname=guestname, email=email,
                        message=message, icon=icon)

        db.session.add(gb)
        db.session.commit() ← 寫入資料庫
    except Exception as e:
        print('出錯啦~無法新增留言！')
        print(e)
    return redirect('/') ← 讓瀏覽器重新載入首頁
```

12-7 認識 Cookie 和 Session

網站應用程式是一種**無狀態**（stateless，可理解為「**沒記性**」）程式，當伺服器處理完用戶的請求後，它就切斷連線並釋放記憶體和其他資源給下一個連線用戶，因此，網站伺服器預設無法辨別連線用戶。這就好比撥電話詢問客運班次，詢問完畢就掛斷電話，雙方都不會留下紀錄，客服不知道對方是誰。

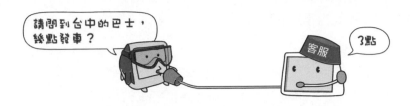

無狀態系統不需要一直和用戶端保持連線，因此可以提昇處理效率。然而有許多網站應用程式需要在不同的網頁之間辨認用戶，並且追蹤該戶點選了哪些資訊，例如，「網站購物車」需要記錄用戶在各個頁面選購了哪些商品。「辨別用戶」不一定要透過用戶的名字，就像在餐廳點餐，「桌號」相當於顧客編號，後台完成訂單，再依照桌號交給顧客。

因為網站伺服器沒有記性，所以它需要額外的協助幫忙**維持與管理狀態（state）**，常見的方法有兩種：

● 用戶端 Cookie（餅乾）：瀏覽器在用戶端儲存的少量資料（不超過 4KB），像餐廳的桌號。

● 伺服器端 Session（會談）：在伺服器端保存目前連線用戶的資料；Session 必須和 Cookie 搭配使用。就像餐廳的訂單，上面有桌號以及點餐內容。

儲存在用戶端的 cookie 資料，都會經過我們在程式開頭設定的 app.config['SECRET_KEY'] 密鑰值進行加密，所以凡是運用到 session 的 Flask 應用程式，都必須設定 'SECRET_KEY' 參數。

使用 Cookie 維持狀態

Cookie 是一種儲存在用戶端的特殊文字檔,其內容能被相同網域的不同網頁程式讀取,因此可以維持應用程式的狀態。Cookie 通常被用來儲存用戶的識別資料,像「使用者登入」機制或者網路購物車都派得上用場。

初次到訪網站的使用者,瀏覽器沒有儲存該網站的 cookie,網站應用程式將發送一個 cookie 給使用者,裡面可存放使用者的瀏覽紀錄,以購物網站為例,它可紀錄使用者觀看了哪些商品。

日後每當用戶對伺服器發出連線請求時,瀏覽器會自動把屬於該伺服器網域的 Cookie 傳送給它。以購物網站為例,透過分析 Cookie 儲存的瀏覽紀錄,它大概就能知道該使用者偏好哪些商品。

使用 Session 變數維持狀態

每當有新的瀏覽器視窗向網站應用程式提出請求時,如果網站想要追蹤該使用者在此網站的瀏覽行為,網站程式可以在伺服器端暫存與此用戶相關的資料,負責存放這一類資料的物件稱為 Session。

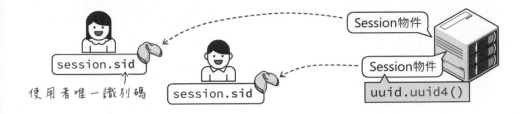

為了識別不同用戶，Flask 會執行 uuid.uuid4() 函式產生唯一值（請參閱第 9 章說明），保存在 session 變數，並將這個號碼傳給瀏覽器、存入 cookie。因此，網站應用程式將能透過 Cookie 裡的 session.sid 識別碼來辨別用戶。

12-8 管理員登入

只有具備管理員身份的用戶才能編輯和刪除留言，確認使用者身份的方法是透過「管理員登入」頁面，使用者輸入 e-mail 和密碼，經過後端資料庫比對，如果資料正確，即可進入管理留言的頁面。

本單元使用的 flask-login 程式庫會自動產生並管理 cookie 與 session。flask-login 程式庫要求「登入使用者」的程式必須定義一個「用戶類別」，並且在其中編寫下列 3 個屬性和一個方法：

● **is_authenticated**：若用戶登入成功，則此值為 True。

● **is_active**：若該用戶賬號已被啟用且用戶已成功登入，則此值為 True。

● **is_anonymous**：是否為匿名（未登入）用戶，若未登入，則此值為 True。

● **get_id()**：每個用戶都必須有一個唯一識別碼（id），這個方法將傳回該用戶的 id。

我們並不真的需要自行定義「用戶類別」，因為 flask-login 程式庫已經準備好了，就是我們之前建立 User 類別時繼承的 UserMixin。繼續編寫「管理員登入」程式之前，gustbook.py 程式必須在開頭引用 login_user，以及 flask_login 程式庫的其他模組：

```
from flask_login import (UserMixin, LoginManager,
                         login_user, logout_user,
                         login_required, current_user)
```

負責管理登入作業的模組是 LoginManager（登入管理員），底下是建立與初始化「登入管理員」物件的敘述；若使用者嘗試進入被限制的頁面（也就是僅限管理員才能進入的網頁），將會被導向到 'admin' 路由函式，顯示「管理員登入」頁面。

```
login_manager = LoginManager()
login_manager.init_app(app)
login_manager.login_view = 'admin'    ← 若未登入，則導向到此路由。
```

程式還需要替「登入管理員」物件，宣告一個接收使用者 id 並傳回使用者資料的方法：

```
@login_manager.user_loader    ← Flask 透過此函式來判定用戶的身份
def load_user(user_id):
    return User.query.get(int(user_id))
```

管理員登入表單程式

顯示「管理員登入」頁面的路由是 "/admin"：

```
@app.route("/admin")
def admin() :
    return render_template('login.html')
```

「登入表單」樣板頁 (login.html) 的表單畫面和主要的 HTML 碼如下：

```
<form action="/login" method="POST">
    <h1>管理員登入</h1>          email類型欄位
    <input type="email" name="email"          代表「必填」
            placeholder="請輸入你的e-mail" required>
    <input type="password" name="password"
            placeholder="請輸入密碼" required>
    <button type="submit">登入</button>
    </div>     也可以用<input>標籤
</form>
```

瀏覽器有提供 email 類型表單欄位基本的驗證功能，若使用者填寫 e-mail 時沒有輸入 '@' 和 '.' 字元，瀏覽器會提示 e-mail 格式錯誤，並且不允許提交表單。password 類型的表單欄位，其輸入的文字會自動以星號（"*"）或小黑點（"●"）呈現。

按下**登入**鈕之後，表單欄位值將以 POST 方法傳送給 Flask 的 "/login" 路由。此路由程式將讀取表單欄位並查詢 User 類別物件 (user 資料表)，看看是否有吻合的 email 紀錄：

```
@app.route('/login', methods=['POST'])
def login():
    email = request.form['email']          資料欄位名稱
    pwd = request.form['password']              表單欄位值
    user = User.query.filter_by(email=email).first()
```

如果找不到吻合的 email 紀錄，user 值將是 None；若 user 不是 None，則進一步驗證密碼並確認該使用者的 is_admin 屬性為 True。一旦通過這些驗證，就能執行 Flask 的 login_user() 函式，它將在背地裡產生 cookie 和 session 資訊，令瀏覽器記住目前登入的使用者。

```
if not user:
    return '找不到此使用者！'
elif not user.verify_password(pwd):    ← User類別的驗證密碼方法
    return '密碼錯誤！'
elif not user.is_admin:    ← User類別的屬性（資料表欄位）
    return '你不是管理員！'

login_user(user)    ← Flask程式庫的「登入使用者」模組
```

最後，查詢並傳回所有留言資料：

確認目前的使用者已通過驗證並已登入
```
if current_user.is_active:
    usr = current_user.name    ← 取得用戶的大名

    gb = Guestbook.query.all()    ← 查詢全部留言資料
    return render_template('list.html', books=gb, user=usr)
```

顯示全部留言列表的網頁

列舉所有留言資料的路由是 "/list"，必須是「具備管理員身份」的使用者才能存取；目前已登入的使用者資料，可透過 flask_login 套件的 **current_user** 模組取得。自訂函式不要命名為 'list'，因為 list（列表）是 Python 的指令名稱。

```
@app.route('/list')    ← 代表「需要登入」才能存取此路由
@login_required
def list_db():    ← 函式不要取名 "list"
    if current_user.is_active:
        usr = current_user.name    ← 取得登入者的大名

    gb = Guestbook.query.all()
    return render_template('list.html', books=gb, user=usr)
```

list.html 樣板頁面的呈現畫面如下：

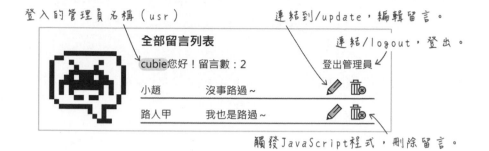

此頁面的留言，透過表格編排，每一則訊息佔一個表格列：

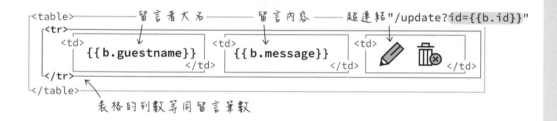

此頁的主要 HTML 程式碼如下，首先在頁首顯示留言數和「登出管理員」連結：

```
<h1>所有留言列表</h1>
<p>{{user}}您好！留言數：{{ books|length }}
   <a href="/logout" id="logout">登出管理員</a></p>
```

「登出管理員」連結將觸發 "/logout" 路由，執行 flask_login 程式庫的 logout_user() 模組：

```
@app.route("/logout")
@login_required
def logout() :
    logout_user()    # 登出使用者
    return redirect(url_for('index'))   # 將瀏覽器導向到網站首頁
```

list.html 樣板頁的所有留言透過 for 迴圈列舉出來，**編輯**鈕（鉛筆圖像）被超
連結包圍，其查詢字串包含留言的編號。例如，編號 1 留言的**編輯**連結是：
"/update?id=1"、編號 3 留言的**編輯**連結是："/update?id=3"... 以此類推。

```
<table>
  {% for b in books %}      ←── 用迴圈包圍<tr>（表格列）
  <tr>
    <td>{{b.guestname}}</td>
    <td>{{b.message|nl2br}}</td>
    <td width="85">
                                      連結/update時，一併傳遞id參數。
      <a href="/update?id={{b.id}}"><img src="images/edit.png"></a>
      <img src="images/delete.png" id="b{{b.id}}" class="del_ico">
    </td>
                    識別名稱用字母開頭      用戶編號（數字）
  </tr>
                                                自訂的類別名稱
  {% endfor %}
</table>
```

確認刪除留言的 JavaScript 程式

若按下留言列表旁邊的**刪除**鈕，畫面
將出現對話方塊：

確定刪除？

一旦刪除，資料就無法復原喔！

確定刪除 沒有啦~

感應**刪除**鈕的點擊（click）事件、彈出對話方塊以及觸發 "/delete" 路由，都是由
瀏覽器端的 JavaScript 程式碼執行。

```
                <img src="images/delete.png" id="b23" class="del_ico">
<script>
$(function() {
  $('.del_ico').on('click', function() {
    _id = $(this).attr('id').substr(1);
        「這個」元素的id屬性          從第1個字元開始，取到最後。
                                  "b23"
                                  012
  });
});
</script>          這裡插入「顯示確認面板」的程式碼
```

刪除鈕（垃圾桶圖示）的影像標籤（<img>）使用 id 屬性紀錄留言的編號，編號 1 留言的 id 名稱是 "b1"、編號 3 留言的 id 名稱是 "b3" ...以此類推。

顯示確認面板的程式，筆者採用知名的 JavaScript 程式庫，jQuery 的 jquery-confirm 模組（http://bit.ly/2J15xFB），當**確定刪除**鈕被按下時，它將用 POST 方法傳遞 id 值給 '/delete' 路由。

```
$.confirm({
boxWidth:'40%',        // 對話方塊寬度：40%瀏覽器視窗大小
useBootstrap:false,   // 不使用 bootstrap（知名的網頁框架）
title:'確定刪除？',      // 標題文字
content:'一旦刪除，資料就無法復原喔！',   // 對話方塊內文
type:'red',           // 對話方塊樣式類型（紅）
buttons:{             // 設定按鈕文字和動作
  confirm:{           // 確認鈕
    text:'確定刪除',   // 按鈕文字
    btnClass:'btn-red',  // 按鈕樣式（紅）
    action:function() {  // 確認鈕的動作
      // 以 POST 方法傳遞 id 值
      $.post("/delete", { id:_id }, function(data) {
        location.reload(true) ;  // 收到網站的回應之後，重新載入此網頁
      });
    }
  },
  cancel:{              // 設定取消鈕
    text:'沒有啦～'   // 沒有設定動作，預設僅關閉對話方塊
  }
}
});
```

true 代表強制連到網站伺服器取得最新的網頁資料，而非來自瀏覽器快取（cache）。

若按下**沒有啦～**，對話方塊將被關閉，留言不會被刪除；按下**確定刪除**，底下的 "/delete" 路由將被執行，刪除指定編號的留言：

```
@app.route("/delete", methods=[ "POST" ])
@login_required
def delete() :
    id = request.form[ "id" ]
    msg = Guestbook.query.filter_by(id=id).first()
```

```
db.session.delete(msg)
db.session.commit()

return 'ok!'
```

更新留言的程式碼

更新留言的路由是 "/update_msg"，首先取得更新留言內容的表單資料：

```
@app.route("/update_msg", methods=[ "POST" ])
@login_required    # 必須先登入管理員
def update_msg() :
    try:             # 取得表單欄位值
        id = request.form[ "id" ]
        guestname = request.form[ "guestname" ]
        email = request.form[ "email" ]
        message = request.form[ "message" ]
        icon = request.form[ "icon" ]
```

更新資料之前，必須先執行查詢，從資料庫取出準備要修改的那一筆資料，然後賦予新的資料值：

```
        b = Guestbook.query.filter_by(id=id).first()
        b.email = email                    ← 取出指定id的
更新資料  b.guestname = guestname                那一筆留言資料
        b.message = message
        b.icon = icon
        db.session.commit()    ← 確認更新
```

如果資料更新成功，則令瀏覽器重新開啟 "list_db" 路由（重新開啟 list.html 頁面）：

```
    except Exception as e:
        print("出錯啦～無法更新留言！")
        print(e)
    return redirect(url_for('list_db'))
```

12-9 再談 Cookie 與 Session

上文的「管理員登入」程式運用了 cookie 和 session，但是 flask-login 程式庫幫我們寫好了所有必要的程式碼，為了提供讀者更清晰的輪廓，本章最後使用兩個簡單的例子介紹 cookie 和 session 的 Flask 程式寫法。

第一個例子是在使用者初次瀏覽網站首頁時，在用戶端寫入一個包含 "user" 資料的 cookie；若重新整理首頁，程式將讀取並顯示該 cookie 資料：

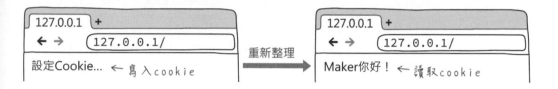

這個範例檔名是 cookie.py。首先引用 flask 程式庫裡的 request 和 make_response 模組。回應內容給用戶端時，通常只要直接 return 網頁內容（字串），但也可以用 make_response() 模組包裝回應內容：

```
from flask import Flask, request, make_response
app = Flask(__name__)
                              ↑            ↑
                          讀取請求內容   建立回應物件
@app.route('/')
def index():
    return '你好！'     可改寫成    make_response('你好！')
```

同樣地，回應**樣板網頁**的敘述，也可以用 make_response() 模組包裝：

```
return render_template('index.html')
```
可改寫成
```
return make_response(render_template('index.html'))
```

使用 make_response() 建立回應物件，是為了在 HTTP 回應訊息中加入額外的欄位，例如，設定 cookie 資料（是的，cookie 是透過 HTTP 訊息設定）。

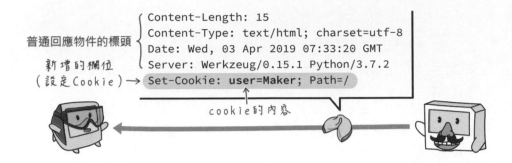

普通回應物件的標頭
```
Content-Length: 15
Content-Type: text/html; charset=utf-8
Date: Wed, 03 Apr 2019 07:33:20 GMT
Server: Werkzeug/0.15.1 Python/3.7.2
```
新增的欄位
（設定Cookie）→ `Set-Cookie: user=Maker; Path=/`

cookie的內容

底下是在首頁讀取及設定 cookie 的程式碼。Cookie 的資料儲存結構，相當於 Python 的字典，當使用者請求此路由（首頁）時，程式將嘗試從用戶的「HTTP 請求」取得名叫 "user" 的 cookie 資料，如果沒有的話，則透過「HTTP 回應物件」的 set_cookie() 方法設定一個 'user' 值為 'Maker' 的 cookie（資料值可以是中文，但為了方便從瀏覽器的「開發人員工具」面板觀察，請先存入英文）。

```
@app.route('/')
def index():
    if not request.cookies.get('user'):
        res = make_response('設定Cookie…')
        res.set_cookie('user', 'Maker', max_age=60*3)
    else:
        usr = request.cookies['user']
        res = f'{usr}你好！'
    return res
```

request.**cookies**.get('資料名稱')　← 讀取cookie

← 建立「回應物件」

回應物件.**set_cookies**('資料名稱','值',max_age=保存秒值)

↖ 寫入cookie

可改寫成　request.**cookies**.get('user')

Cookie 可以用 max_age 參數設定有效時間（單位是秒），若不指定，cookie 會在關閉瀏覽器時被自動清除；60*3 代表有效時間為 3 分鐘。測試執行時，若在 3 分鐘內重新整理首頁，網頁將出現 "Maker 你好！" 文字，過了 3 分鐘再重新整理，cookie 已經到期被清除了，所以首頁將顯示 '設定 cookie'，並再次儲存 cookie 資料。

從 Chrome 瀏覽器開發人員工具觀察 cookie

開啟瀏覽器的**開發人員工具**，然後瀏覽到本機伺服器的首頁，將能看到 HTTP
回應（Response）標頭裡面包含 Set_Cookie 欄位，其中包含 user=Maker 設定
值（若是中文資料值，這裡將顯示被拆解成 8 位元資料的數字編碼）、Cookie
的有效日期時間、有效期限（秒數）以及 cookie 在網站上的作用路徑。

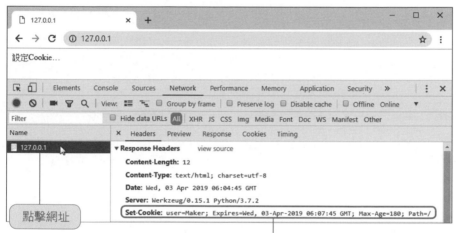

設定 Cookie 資料的 HTTP 訊息

重新整理網頁，你將能從**開發人員工具**面板的 Cookies 分頁，看到伴隨著
HTTP 請求傳入的 Cookie 資料：

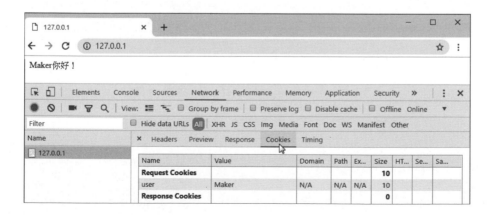

設定 Session

本節將透過一個簡易的「用戶登入」
表單,示範用 session 紀錄資料。最初
開啟本節的範例首頁時,網頁將顯示 "
路人甲你好!":

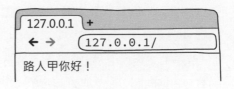

開啟 /login 路徑,在表單欄位輸入你的名字,按下**登入**後,表單欄位輸入值將
被存入 session,而瀏覽器將跳轉到首頁並從 session 取出資料,顯示 "歡迎回
來,○○○!"。

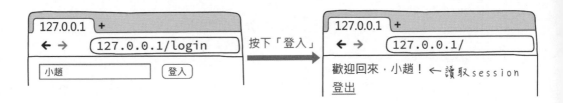

若按下首頁的**登出**連結,之前紀錄的 session 資料將被刪除,首頁畫面也變回
"路人甲你好!"。

本節的程式檔名為 session.py,首先在程式開頭引用 session 和其他 flask 程式
庫模組。本單元程式包含寫入 session 資料的敘述,所以**必須設定 "SECRET_
KEY" 密鑰**,否則將來寫入 session 資料時,會出現 Runtime Error (執行期間錯
誤)。Session 和 cookie 一樣,都有保存期限,預設在瀏覽器視窗關閉之後自動
被刪除;底下程式將 session 的有效期限設定為 3 分鐘。

```python
from datetime import timedelta    ← 計算時間差的模組
from flask import (Flask, redirect, render_template,
                   request, session, url_for)

app = Flask(__name__)             ← 務必設定密鑰
app.config['SECRET_KEY'] = b'_5#y2L"F4Q8z\n\xec]/'
app.config['PERMANENT_SESSION_LIFETIME'] = timedelta(minutes=3)
```
設定「session有效時間」參數 ↗   3分鐘

timedelta（時間差）模組的計時單位，常見的單位值：days（天數）、seconds（秒）、minutes（分）、hours（時）和 weeks（週）。底下是處理首頁連結請求的路由：

```
@app.route('/')          若session包含'user'資料
def index():                 ↓                    if session.get('user'):
    if 'user' in session:    可改寫成
        usr = session['user']
        return f'歡迎回來，{usr}！\      連到/logout的超連結
                <br><a href="/logout">登出</a>'
    return '路人甲你好！'          若session沒有'user'資料，則顯示這段文字。
```

"/login" 路由的程式碼如下，當我們在瀏覽器地址欄位輸入網址，或者透過超連結開啟某個頁面時，瀏覽器將發出 HTTP GET 請求；「登入」表單則是採用 POST 方法傳回資料，所以這個程式可以透過「請求方法」來判斷，要傳遞「登入表單」網頁還是處理表單資料：

允許GET和POST方法請求，預設僅允許GET。

```
@app.route('/login', methods=['GET', 'POST'])
def login():
    if request.method == 'POST':        若是用POST方法請求此路由…
        session['user'] = request.form['user']    ← 儲存session
        session.permanent = True                   ← 保留session
        return redirect(url_for('index'))
    return render_template('login_session.html')
```
若用戶端用GET請求此路由，則傳回「登入表單」頁面。

儲存表單資料之後，若沒有把 session 的 **permanent 屬性**（直譯為「常駐」）設定成 True，session 資料將在瀏覽器關閉之後消失；設定為 True，在保存期限之內再度回到網站首頁，仍可讀取到 session 資料。

這是位於 templates 資料夾的「使用者登入」網頁及其主要的 HTML 程式碼：

處理表單的路由

```
<form action="/login" method="POST">
    <input type="text" name="user" required>
    <button type="submit">登入</button>
</form>
```

templates

login_session.html

最後是處理 "登出" 的路由，執行 session 的 **pop() 方法**刪除指定的資料之後，令瀏覽器轉跳回首頁：

```
@app.route('/logout')
def logout():
    session.pop('user', None)       刪除session裡的'user'資料
    return redirect(url_for('index'))
```

測試本節的程式時，建議開啟 Chrome 瀏覽器的**開發人員工具**面板，在登入之後，你將能在 **Network（網路）**分頁看到 session 物件會透過 cookie 在用戶端儲存識別碼（參閱上文「使用 Session 變數維持狀態」），其他跟使用者相關的資訊，則是存在 session。

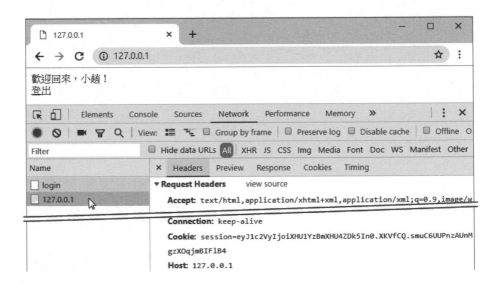

筆者網站有一篇補充文章「佈署 Python Flask 網站留言板應用程式到 Heroku ＋ PostgreSQL 資料庫系統」，說明如何把本章的留言板資料庫網站佈署到 Heroku 平台，網址：https://swf.com.tw/?p=1327

本章重點回顧

● SQLite 資料庫隨著 Python 一併安裝，它採用 SQL 語言操作，本文使用 SQLAlchemy 居中處理，直接透過 Python 的物件導向語法操作資料庫。

● **資料表類別是 db.Model 的子類別**，並且要定義傳回查詢結果的 __repr__() 方法；每個資料表通常都有一個 "primary_key"（主鍵）欄位，儲存一個自動編號的唯一整數值。

● 儲存用戶資料的資料表類別，則需要額外繼承 **UserMixin 類別**，獲取「確認用戶登入狀態」功能。使用者的密碼不應該直接儲存，而是儲存經過**安全雜湊演算**後的值。

● 表單只會傳遞表單元素資料，某些不必顯示在頁面上的資料，例如使用者選取的圖示檔名，可填入隱藏欄位，讓表單傳遞給伺服器。

● Flask 樣板變數後面可加上 "|" 和過濾器處理與格式化資料。

● session 必須搭配 cookie 使用，凡是運用到 session 的 Flask 應用程式，都必須設定 'SECRET_KEY' 參數，才能給 cookie 加密。

● 筆者有分享留言版網頁分頁的貼文〈Python Flask SQLAlchemy 網站資料庫分頁程式與介面製作〉，網址：https://swf.com.tw/?p=1556。

M E M O

01101

打造 LINE 聊天機器人

LINE 不僅是台灣用戶滲透率最高的即時通訊軟體，也因為它提供 Messaging API（訊息應用程式介面），允許外部程式與 LINE 對接，讓 LINE 變成公司跟消費者對話的管道，進而取代某些專屬 App。

以餐廳業者為例，他們可以透過網頁、專屬 App、LINE 和社群媒體提供訂餐服務，但除了瀏覽器是內建軟體，其他服務可能都需要使用者額外下載 App。由於 LINE 在台灣的高佔有率，加上 LINE 平台持續增加遊戲、支付、新聞...等跨領域功能，讓它成為許多手機用戶的日常夥伴，也吸引許多業者和政府機關向 LINE 靠攏。

透過 LINE 的「訊息應用程式介面」建立的網路應用程式，通稱「LINE bot 聊天機器人」，可具備下列功能：

● **取得使用者的部份個人檔案資訊**：包括 id（唯一識別碼）、姓名（display name）、大頭貼和狀態消息。

● **接收/回應/傳送訊息**：包括文字、影像、視訊、聲音、檔案、地理位置和貼圖。

● **存取裝置資源**：相機、相簿和 GPS 定位數據。

● **回應事件**：偵測加入好友（follow）/群組（join）或者被取消好友（unfollow）/群組（leave）...等事件。

這是本章完成的「LINE 線上報修聊天機器人」操作示範，使用者先把聊天機器人加入 LINE 好友，碰觸螢幕底下的「圖文選單」中的**報修**，或直接傳送 "報修" 訊息給它，將能啟動報修流程，報修結果將存入 Google 試算表。

13-1 LINE bot 聊天機器人程式開發

聊天機器人程式的處理架構如下，LINE 公司的訊息伺服器（Messaging Server）負責接收與回應用戶端的訊息，並且管理 LINE 應用程式的權限。當 LINE 伺服器收到用戶端的訊息時，它會把訊息轉送給我們開發的「聊天機器人」程式，而此程式碼存放在我們自己的網站伺服器。

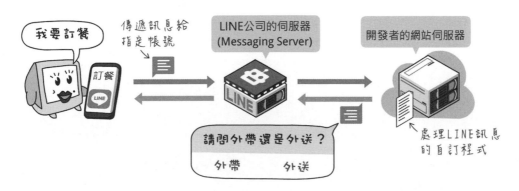

其中的**網站伺服器，必須採用 HTTPS 安全加密連線**，不能用未加密的 HTTP 協定。開發 LINE 應用程式的大致步驟：

1 在 LINE 網站把自己的 LINE 帳號註冊成開發人員。

2 在 LINE 開發者網站新建一個供應商（Provider），相當於設立品牌名稱。

3 替品牌建立一個頻道（Channel），一個頻道對應一個 LINE 應用程式（機器人），這個步驟就是設定 LINE 機器人的名稱和基本資料；一個供應商旗下可擁有多個頻道。

4 撰寫 LINE 應用程式並上傳到自己的網站伺服器。

5 將 LINE 機器人加入好友並測試。

註冊成為 LINE 開發者並建立頻道

開啟 **Line 開發人員**網頁（developers.line.me），輸入你的 LINE 電子郵件帳號與密碼，或者用手機掃描網頁 QR Code 的方式登入。

登入之後，請填寫你的大名和 e-mail 並勾選底下的**同意 LINE 開發人員條款**、按下 **Confirm**（確認）。

確認註冊訊息無誤，按下 **Register**（註冊）。

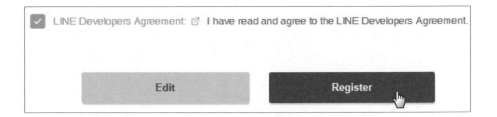

按下網頁上的 **Create New Provider**（建立新的供應商）：

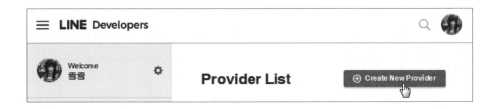

輸入自訂的供應商名字（最多 100 個字）：

按下 **Confirm**（確認）、再按下 **Create**（建立），畫面將切換到下一頁，讓你選擇要建立的 Channel（頻道，相當於「應用程式」）類型，製作「聊天機器人」請選擇 **Message API**（訊息應用程式介面）類型，另一個 **Clova Skill** 用於開發 LINE 專屬的智慧音箱應用程式。

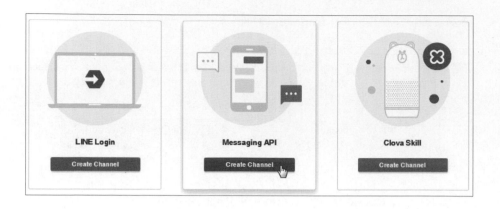

底下是 **Create new channel**（**建立新頻道**）畫面，請上傳自訂的 App 圖示（圖檔最大不能超過 3MB）並填寫 App 的名字和簡介，應用程式名稱在 20 個字以內，簡介則不超過 500 字。

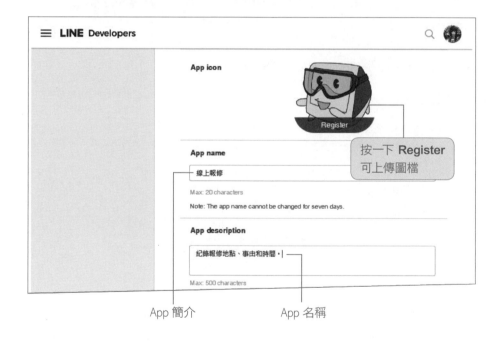

App 簡介   App 名稱

接著輸入你的 e-mail，並選擇此應用程式的**分類**（**Category**）和**子分類**（**Subcategory**）。

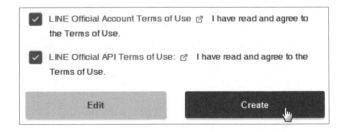

隱私權政策
説明網址

使用條款
説明網址

「隱私權政策」和「使用條款」都是選填項目，如果你有準備這兩個説明文件，
可以在此輸入它們的網址。

按下 **Confirm**（**確認**）之後，畫面將出現「授權我們使用您的資訊」協議訊息，
請按下**同意**。接著，捲動頁面到最底下，勾選這兩個**我已閱讀並且同意 LINE
官方帳號和 API 使用條款**選項：

按下 **Create**（**建立**）之後，捲動到頁面中間，可以看見稍後會用到的 Channel
secret（頻道密鑰），以及尚未指派的 Channel access token（頻道存取代
碼）：

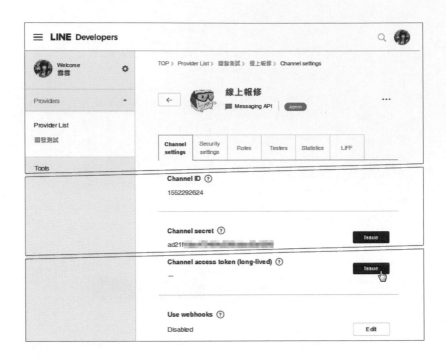

請按下 Channel access token（頻道存取代碼）旁的 Issue（發行），產生一個長期有效的 (long-lived) 存取代碼。畫面將出現底下的訊息，提醒你發行新的頻道存取代碼，將會導致舊代碼失效，你可以設定舊代碼剩餘的有效期限。因為我們之前沒有發行過存取代碼，所以**時數**設定成 0 即可。

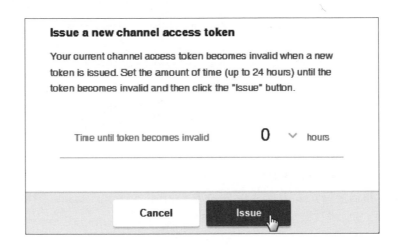

按下 **Issue** 之後，它將產生如下的一長串代碼：

新增頻道的作業到此先告一段落，底下先編寫 Python 程式。

13-2 製作一個 LINE Echo Bot

Echo Bot 可說是所有聊天機器人的第一個入門程式，它的作用是把收到的文字訊息轉發回去給發送者，也就是學你說話。本單元將介紹兩個主題：

● 認識 LINE 的 HTTP 訊息格式

● 撰寫 LINE 聊天機器人的 Python 程式

認識 LINE 的 HTTP 訊息格式

在 LINE 頻道的設定畫面中，我們必須替 LINE 頻道設定接收 LINE 訊息的自訂程式 (也就是 LINE 機器人程式) 網址，這個網址稱為 **Webhook** 或者 **callback**（「回呼」之意）。假設筆者把 LINE 訊息處理程式放在 swf.com.tw 網站的 callback 路徑，那麼，每當有人發送訊息給我的 LINE 機器人，LINE 公司的伺服器將以底下的 HTTP POST 請求格式，將訊息發送給我的網站伺服器：

> hook 代表「掛勾」。

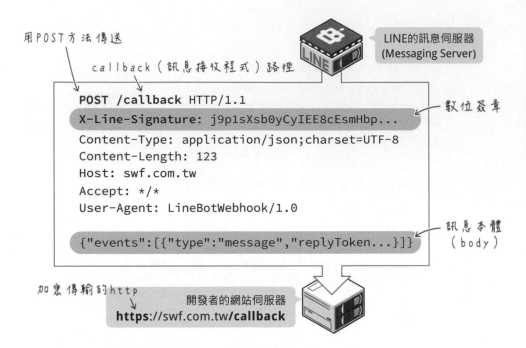

用 POST 方法傳送

callback（訊息接收程式）路徑

LINE的訊息伺服器
(Messaging Server)

```
POST /callback HTTP/1.1
X-Line-Signature: j9p1sXsb0yCyIEE8cEsmHbp...
Content-Type: application/json;charset=UTF-8
Content-Length: 123
Host: swf.com.tw
Accept: */*
User-Agent: LineBotWebhook/1.0

{"events":[{"type":"message","replyToken...}]}
```

數位簽章

訊息本體
（body）

加密傳輸的http

開發者的網站伺服器

https://swf.com.tw/callback

此 **網站伺服器必須採用 HTTPS 加密通訊**，第 10 章介紹的 Serveo 與 Ngrok 中繼網站服務，都有提供 HTTPS 連線功能。

我們的機器人程式要從 POST 訊息本體取出傳入的訊息。此外，POST 標頭有個包含數位簽章資料的 X-Line-Signature 欄位，其作用是讓我們的程式驗證此 POST 請求是真的來自 LINE，而非不明的網站。

下文採用的 LINE 官方 SDK（開發工具）程式庫，已經幫我們寫好驗證程式，我們只要知道驗證的原理即可。驗證數位簽章的過程，需要兩項資料：

1 **頻道密鑰（Channel Secret）**，也就是 Line 開發人員網站的頻道設定畫面裡的 Channel Secret 欄位值。

2 POST 請求的訊息本體。

把這兩個資料透過一種叫做 **HMAC-SHA256** 的演算法計算出一個值，再經過 **BASE64 編碼** 轉換，所得到的值和 X-Line-Signature 欄位一致的話，代表通過驗證。

從 requirements.txt 檔安裝必要的套件

編寫 Python 程式之前,首先替此程式專案建立一個虛擬環境,筆者將它命名為 "line"。

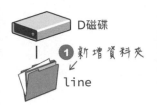 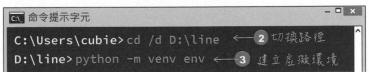

在 line 資料夾裡面新增一個存放專案原始碼的 src 資料夾,然後從書本範例檔複製 requirements.txt 檔。

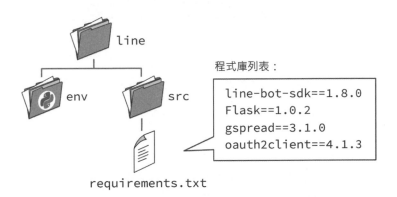

程式庫列表:

```
line-bot-sdk==1.8.0
Flask==1.0.2
gspread==3.1.0
oauth2client==4.1.3
```

requirements.txt 已經預先定義好本單元專案所需的程式庫,我們不需要逐一執行 pip 命令安裝它們,只需要執行底下這個 pip 命令,即可在此虛擬環境安裝所有必要的程式庫。

```
D:\line>env\scripts\activate          ← 先啟動虛擬環境
(env) D:\line>cd src
(env) D:\line\src>pip install -r requirements.txt
```

安裝 requirements.txt 列舉的程式庫

使用 line-bot-sdk 程式庫開發聊天機器人

本單元採用 LINE 官方開發的 line-bot-sdk 程式庫（https://github.com/line/line-bot-sdk-python），並且已在上一節完成安裝。一個基本的 LINE bot 程式，包含下列四個元素：

- 回應與發送訊息的 LinebotAPI 物件（line_bot_api）

- 解讀與包裝訊息的 WebhookHandler 物件（handler）

- 接收 LINE 伺服器傳入訊息的 "/callback" 路由

- 捕捉 LINE 訊息事件的裝飾器（decorator）

首先在程式開頭引用必要的程式庫：

```
from flask import Flask, request, abort
from linebot import LineBotApi, WebhookHandler   ← Linebot核心程式庫
from linebot.exceptions import InvalidSignatureError   ← 處理密鑰錯誤

app = Flask(__name__)
                              ← 輸入你的頻道存取代碼（access token）
line_bot_api = LineBotApi('boqholo.....zIzALDnyilFU=')
handler = WebhookHandler('4e0975.....')
                              ← 輸入你的頻道密鑰（secret）
@app.route('/')   ←
def index():          處理瀏覽首頁的請求
    return 'Welcome to Line Bot!'
```

上面的程式宣告了兩個跟 LINE 相關的物件，LinebotAPI 物件（line_bot_api）用於「**操作**」訊息相關資料，例如回應訊息、發送訊息、取得用戶資料...等；WebhookHandler 物件（handler）則用於「**處理**」訊息，例如解讀或包裝訊息內容。

LINE 聊天機器人程式並不需要處理來自「瀏覽首頁」的請求,筆者加上這段程式只是為了簡單地測試 Flask 網站程式可以運作。底下是負責處理 "/callback" 請求以及確認請求來源是 LINE 訊息伺服器的路由程式:

```
                                        接收POST方法請求
@app.route("/callback", methods=['POST'])
def callback():                            取得HTTP標頭的密鑰欄位
    signature = request.headers['X-Line-Signature']
    body = request.get_data(as_text=True)   ← 取得HTTP訊息本體
                                              並轉成文字格式
    try:
        handler.handle(body, signature) ← 結合本體和密鑰驗證來源
    except InvalidSignatureError:
        abort(400)  ←      若驗證來源失敗,則傳回
                           400錯誤代碼、中斷連接。
    return 'OK'
```

"/callback" 路由將取出 HTTP 標頭的「密鑰」欄位以及內容主體,交給 WebhookHandler 物件 (handler) 的 handle() 方法判斷請求來源是否為 LINE 伺服器,如果不是的話,它將拋出 InvalidSignatureError (密鑰無效) 例外錯誤並中斷連線;若判斷請求來自 Line 伺服器,則傳回 'OK'。

捕捉 **LINE 訊息事件**的程式,要用裝飾器定義;接收**任意類型訊息**的裝飾函式叫做 default (代表「預設」)。底下的程式將把收到的訊息輸出到網站伺服器的「終端機」:

```
@handler.default()  ←——— 接收任意Line訊息的「預設」裝飾器
def default(event): ← 接收「訊息事件」的參數
    print('捕捉到事件:', event)     # 輸出收到的訊息內容

if __name__ == "__main__":
    app.run(debug=True, host='0.0.0.0', port=80)
          在本機測試時,建議啟用除錯模式。
```

最後,將程式檔命名為 bot.py,存入專案的 src 資料夾。

13-3 在本機電腦上測試第一個 LINE 程式

在程式開發初期，我們需要測試一些 LINE 的功能，所以最好先在本機電腦測試，之後再佈署到遠端（如：Heroku 平台）。請先啟動 Python 虛擬環境，再執行 bot.py 程式：

```
CA 命令提示字元
D:\line> env\scripts\activate
(env) D:\line> python src\bot.py
 * Serving Flask app "bot" (lazy loading)
 * Environment: production
     :
 * Running on http://0.0.0.0:80/ (Press CTRL+C to quit)
```

接著使用 serveo.net 或 ngrok 服務，讓外網存取本機 80 埠的網站伺服器：

```
CA 命令提示字元
C:\Users\cubie> ssh -R 80:192.168.0.112:80 serveo.net
Hi there                          ← 輸入本機位址或 localhost
Forwarding HTTP traffic from https://abc123.serveo.net
Press g to start a GUI session and ctrl-c to quit.
```

確認聊天機器人程式與 LINE 伺服器的連結

回到瀏覽器的 **LINE 頻道設定頁面**，如果你已經離開那個頁面，請登入 LINE 開發者頁面之後，點擊之前建立的供應商，再點擊頻道名稱：

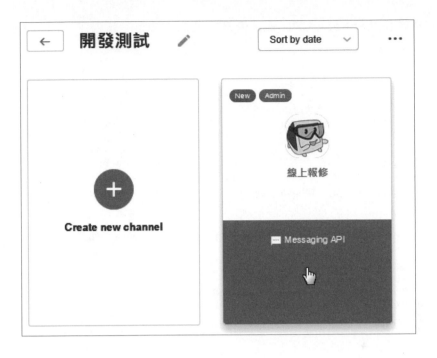

在 **LINE 頻道設定頁面**找到如下的 **Use webhooks（使用 Webhooks）**欄位
（位於**頻道存取代碼**欄位下方），按下旁邊的 **Edit（編輯）**：

選擇 **Enable（啟用）**、再按下 **Update（更新）**，這樣才能讓 LINE 連接到我們
的網站伺服器。

接著按下 **Webhook URL** 欄位旁邊的 **Edit（編輯）**、輸入 Python 程式的 callback() 路由網址：

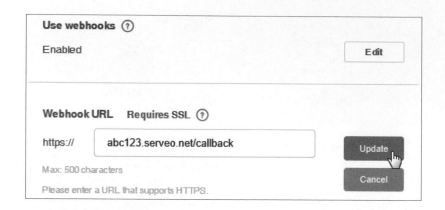

Webhook 網址的格式如下：

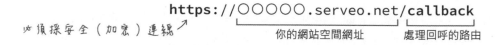

輸入網址之後，按下 **Update（更新）**再按下 **Verify（核實）**，應該會得到 **Success（成功）**回覆，代表連接你的網站程式沒問題；如果不是 Success，請檢查程式裡的 **Channel secret（頻道密鑰）**以及 **Channel access token（頻道存取代碼）**是否設定正確。

LINE 聊天機器人的訊息格式

現階段的 LINE 機器人程式只會在伺服器的「終端機」輸出訊息：按下 **Verify**（**核實**）鈕時，LINE 訊息伺服器將以 POST 方法發出如下兩則訊息到 Webhook 網址，若接收到我們伺服器程式回應 200 OK，則顯示 Success。第一則訊息是文字：

```
* Running on http://0.0.0.0:80/ (Press CTRL+C to quit)        文字訊息
捕捉到事件：{"message": {"id": "100001", "text": "Hello, world", "type":
"text"}, "replyToken": "00000000000000000000000000000000", "source":
{"type": "user", "userId": "Udeadbeefdeadbeefdeadbeefdeadbeef"},
"timestamp": 1552051153296, "type": "message"}
```

第二則訊息是貼圖：

```
捕捉到事件：{"message": {"id": "100002", "packageId": "1", "stickerId":
"1", "type": "sticker"}, "replyToken":                        貼圖訊息
"ffffffffffffffffffffffffffffffff", "source": {"type": "user",
"userId": "Udeadbeefdeadbeefdeadbeefdeadbeef"}, "timestamp":
1552051153296, "type": "message"}
192.168.0.112 - - [08/Mar/2019 21:19:14] "POST /callback HTTP/1.1" 200 -
```

伺服器收到POST方法的/callack連線請求，並回應200 OK

仔細觀察訊息，可看出它是 JSON 格式，line-bot-sdk 程式庫會幫我們解析此 JSON 資料，但認識一下它有助於理解後面單元的程式碼。底下是美化編排後的文字訊息結構，重點部份用反白標示。從中可看出每則 LINE 訊息都包含傳送者的識別碼（userID，位於 "source" 屬性之中），"replyToken"（回覆令牌）則相當於電子郵件的「收信人」位址欄位，用於指定回覆訊息的對象。

```
{
    "message": {"id": "訊息識別碼", "text": "訊息文字內容", "type": "text"},
    "replyToken": "回覆令牌代碼",
    "source": {"type": "user", "userId": "使用者唯一識別碼"},
    "timestamp": 時間戳記,
    "type": "message"
}
```

13-4 接收與解析 LINE 的訊息

每當 LINE 伺服器傳來新訊息時，都會連入 Flask 的 callback 路由，並且傳入 **Webhook 事件物件**。**Webhook 事件物件**其實就是一組資料的集合，當使用者透過 LINE 發送文字、貼圖、影片...等訊息時，該使用者的識別碼、訊息內容、訊息發送時間...等資料，將被包裝成叫做 MessageEvent（訊息事件）的 **Webhook 事件物件**，也就是上文「**確認聊天機器人程式與 LINE 伺服器的連結**」單元，按下 LINE 網站 **Verify（核實）**鈕所看到的 JSON 資料。

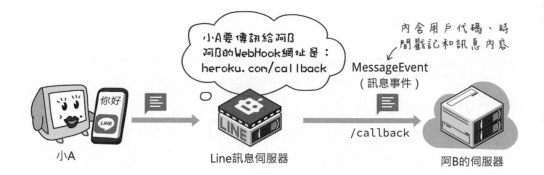

一個「訊息事件」物件包含這些資料欄位（屬性）：

- **type**：類型，其值為 'message'（訊息）。

- **timestamp**：時間戳記；紀錄訊息發送時間。

- **source**：來源；訊息發送者的類型（用戶、群組或聊天室）、使用者識別碼。

- **reply_token**：回覆令牌；指出回覆訊息的對象。

- **message**：訊息內容；貼圖、文字、GPS 座標...等資料物件。

line-bot-sdk 程式庫的 linebot.models 套件，包含讀取「訊息事件」資料的模組，叫做 MessageEvent。此外，不同訊息內容（文字、貼圖...等）是由不同的程式模組負責，這些模組也歸納在 linebot.models 套件之中，部份模組名稱及其處理的訊息類型如下：

● **TextMessage**：文字訊息

● **StickerMessage**：貼圖訊息

● **ImageMessage**：影像訊息

● **LocationMessage**：地點（GPS 座標）訊息

所以，接收並處理文字類型的訊息，程式要引用 linebot.models 套件裡的兩個模組：

```
from linebot.models import MessageEvent, TextMessage
```

如果要回應訊息給對方，我們的訊息需要根據不同類型來包裝。linebot.models 套件也提供了包裝訊息的模組，部份名稱及其功用如下：

● **TextSendMessage**：包裝文字訊息

● **StickerSendMessage**：包裝貼圖訊息

● **ImageSendMessage**：包裝影像訊息

● **LocationSendMessage**：包裝地點（GPS 座標）訊息

因此，接收和回覆「文字」訊息的程式開頭，需要引用這些 linebot.models 模組：

```
from linebot.models import MessageEvent, TextMessage, TextSendMessage
```

上面一行可以用元組格式改寫成多行，以免一行過長：

```
from linebot.models import (
    MessageEvent, TextMessage, TextSendMessage
)
```

回覆 LINE 訊息的事件處理函式

我們的第一個 LINE 測試程式使用的 **@default（預設）裝飾器**，其實是用來處理「**程式沒預料到的訊息格式**」。LINE 機器人程式需要針對不同訊息格式，使用 **@handler.add（新增）函式**加入處理程式。底下是接收**文字**並回傳相同訊息（也就是 echo，學你説話）的程式片段：

處理「訊息事件」　　　　　　　　　　　　　　　　　訊息類型是「文字」

```
@handler.add(MessageEvent, message=TextMessage)
def handle_message(event):          ← 自訂函式名稱
    txt=event.message.text          ← 收到的訊息文字
    line_bot_api.reply_message(               文字內容
        event.reply_token, TextSendMessage(text=txt)
    )                                       包裝文字訊息
```

回覆訊息的語法 → `line_bot_api.reply_message(回覆令牌, 訊息)`

閱讀程式時，請對照「確認聊天機器人程式與 LINE 訊息伺服器的連結」單元末尾的 JSON 格式，就能理解為何「訊息文字」內容是在 event 物件的 message.text 屬性。把這段程式放在 default 函式之前或後面都行。

開始和 LINE 聊天機器人對話以及回應貼圖

開啟手機上的 LINE 應用程式，掃描 **LINE 頻道設定頁面**底下的 QR code 二維條碼，將此機器人加入好友。

13

發送文字訊息給機器人，
它將回覆相同的訊息：

每次 LINE 機器人都會先回覆一則罐頭訊息，若要取消它，請將 LINE 頻道設
定頁面的 **Auto-reply messages（自動回覆訊息）** 欄位設定成 **Disabled（取消）**，操作步驟如下：

按下 **Set message（設定訊息）**

瀏覽器將在新分頁開啟 **LINE Official Account Manager**（官方帳號管理員）的 **Response settings**（回應設定），請點選底下的 **Disabled**（關閉）選項，它將自動儲存設定。

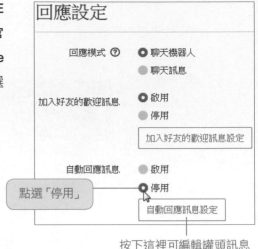

設定完畢後，即可關閉**官方帳號管理員**分頁。

回應及傳送貼圖訊息

LINE 聊天機器人可以使用官方預設的四組貼圖包，但也只能用這四套，內容包含饅頭人、熊大、兔兔、詹姆士、櫻桃可可...等。傳送貼圖時，程式並不是直接送出貼圖的影像檔，而是指定貼圖編號，由 LINE 訊息伺服器送出貼圖影像。

每張貼圖都有唯一的**貼圖包編號**（package id）和**貼圖編號**（sticker id），底下是一則貼圖訊息的例子，跟文字訊息相比，只有第一個 message（訊息）屬性物件的 3 個值不一樣：

```
{                                        貼圖包編號      貼圖編號    訊息類型："貼圖"
  "message": {"id": "訊息識別碼",           ↓             ↓           ↓
              "packageId": "1", "stickerId": "1", "type": "sticker"},
  "replyToken": "回覆令牌代碼",
  "source": {"type": "user", "userId": "使用者唯一識別碼"},
  "timestamp": 時間戳記,
  "type": "message"
}
```

上面的訊息指出傳送貼圖包編號 1、貼圖編號 1 的貼圖。從 LINE 官方的貼圖列表文件（https://devdocs.line.me/files/sticker_list.pdf），可查到貼圖內容是饅頭人在睡覺。

底下是接收貼圖事件並且回覆相同貼圖的程式片段：

處理「貼圖」類型訊息

```
@handler.add(MessageEvent, message=StickerMessage)
def handle_sticker_message(event):
    pid=event.message.package_id    ← 收到的貼圖包編號
    sid=event.message.sticker_id    ← 貼圖編號
    line_bot_api.reply_message(
        event.reply_token,
        StickerSendMessage(package_id=pid, sticker_id=sid)
    )
```

包裝貼圖訊息

```
StickerSendMessage(package_id=貼圖包編號, sticker_id=貼圖編號)
```

程式開頭也要引用 StickerMessage 和 StickerSendMessage 程式庫：

```
from linebot.models import (
    MessageEvent, TextMessage, TextSendMessage,
    StickerMessage, StickerSendMessage
)
```

解析貼圖訊息　　包裝貼圖訊息

回應或者傳送訊息時，不僅能傳送多筆，也能混搭不同的訊息一起傳送。例如，我們可以修改上一節的 echo 文字訊息程式，讓它傳回文字訊息時，一併傳送一張 3 隻小鴨的貼圖，程式碼如下：

```
@handler.add(MessageEvent, message=TextMessage)
def handle_message(event):
    txt=event.message.text
    reply_txt = TextSendMessage(text=txt)          ← 儲存回應文字
    reply_stk = StickerSendMessage(                ← 儲存回應貼圖
                    package_id=3,                  ← 貼圖包以及貼圖編號
                    sticker_id=233 )
    line_bot_api.reply_message(
        event.reply_token, [reply_txt, reply_stk]
    )
```

用列表包裝回應內容

執行結果如下：

13-5 紀錄心情留言悄悄話

本單元將建立一個可暫存訊息的 LINE 聊天機器人，若使用者對它傳送 "Hi" 或 "你好"，程式將從使用者的個人檔案取得姓名資料，回覆 "○○○你好"：

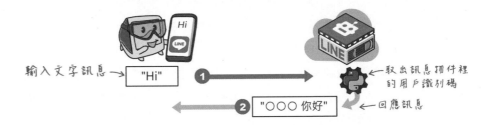

若輸入 "悄悄話"，而程式裡的 words 變數值是空的，它將回覆 "大膽說出心裡的話吧～"，接著儲存使用者輸入的訊息，並回覆 "我會好好保護這個祕密～"。

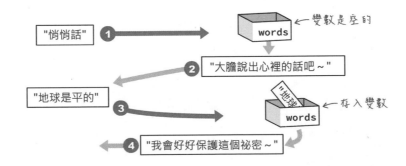

往後再輸入 "悄悄話"，它將傳回使用者之前輸入的悄悄話。

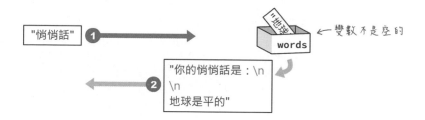

取得使用者的名字

之前我們看到，LINE 傳送的訊息 JSON 資料裡面的 source（來源）物件的 userId 屬性，包含使用者的唯一識別碼。LinebotAPI 物件 (line_bot_api) 的 get_ profile（代表「取得個人資料」）方法可透過此 userId 識別碼，取得使用者的名字、大頭貼和狀態消息，實際的寫法如下：

```
                    words = ''       # 儲存悄悄話
全域變數 ─→          save = False    # 是否已儲存悄悄話，預設為「否」
                       :
處理文字訊息          @handler.add(MessageEvent, message=TextMessage)
的自訂函式 ─→        def handle_message(event):
                        global words
存取全域變數 ─→        global save

                        _id = event.source.user_id    # 取得使用者的唯一識別碼
                        profile = line_bot_api.get_profile(_id)  # 取得個人檔案

僅在伺服器            _name = profile.display_name  # 紀錄使用者名稱
終端機顯示 ─→        print("大頭貼網址：", profile.picture_url)
                        print("狀態消息：", profile.status_message)
```

這是在終端機顯示使用者個人檔案的結果：

```
大頭貼網址：https://profile.line-scdn.net/0hjon3B-○○○○○○
狀態消息：不必太執著，但一定要努力！
```

13-25

從 event（事件）參數取得訊息之後，再依照文字內容決定回覆的訊息。如果使用者的訊息內含 "悄悄話"，則先判斷之前是否已輸入過悄悄話，如果 words 全域變數值為空字串，則請使用者輸入悄悄話。

```python
txt = event.message.text  # 讀取使用者輸入的文字

if (txt=='Hi') or (txt=="你好"):
    reply = f'{_name}你好！'
elif '悄悄話' in txt:           # 若文字訊息裡面有 '悄悄話'
    if words != '':
        reply = f'你的悄悄話是：\n\n{words}'
    else:                       # 插入兩個斷行字元
        reply = '放膽說出心裡的話吧～'
        save = True  # 準備「儲存悄悄話」
elif save:
    words = txt     # 儲存使用者輸入的文字
    save = False    # 悄悄話儲存完畢
    reply = '我會好好保護這個祕密喔～'
else:
    reply = txt  # 學你說話
```

最後，把回覆文字包裝成 TextSendMessage 類型物件，才能透過 reply_message() 方法傳送給使用者。

```python
msg = TextSendMessage(reply)  # 包裝回應文字訊息
line_bot_api.reply_message(event.reply_token, msg)
```

程式存檔並實際上線測試，上面的程式確實可以透過對話存取悄悄話，但由於悄悄話儲存在全域變數 words，和所有此 LINE 聊天機器人的好友共用，因此若有其他人同樣傳遞 "悄悄話" 訊息給聊天機器人，將能讀取到之前儲存的悄悄話。

單獨紀錄使用者的個別資料

程式必須要替每位使用者個別建立一個資料儲存空間，才能保存個人資料；儲存空間必須有個唯一的識別名稱，才能被程式碼存取，使用者識別碼（user id）恰好能勝任。我們將在程式中新增一個 users 全域變數，用如下的字典類型儲存使用者資料：

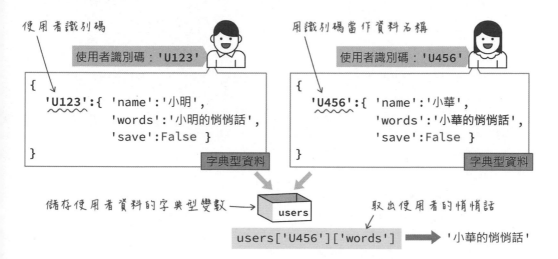

實際的程式片段如下：

```
users = {}   # 空白字典
    :
def check_user(id, name):
    global users

    if id not in users:
        users[id] = {
            'name':name,
            'words':'',
            'save':False
        }
        print('新增一名用戶：', id)
    else:
        print('用戶已經存在 · id：', id)
    print('目前用戶數：', len(users))
```

為了讓程式碼看起來更井井有條，我們可以把回覆訊息內容的程式碼，從接收文字訊息事件的程式碼分離出來，程式看起來也比較清爽：

```python
@handler.add(MessageEvent, message=TextMessage)
def handle_message(event):
    profile = line_bot_api.get_profile(event.source.user_id)
    _id = event.source.user_id      # 取得使用者識別碼
    _name = profile.display_name    # 取得使用者姓名
    _txt=event.message.text         # 取得訊息文字

    check_user(_id, _name)          # 儲存使用者資料

    # 回覆訊息給使用者的自訂函式
    reply_text(event.reply_token, _id, _txt)
```

回覆文字訊息的自訂函式程式碼如下：

```python
# 接收回覆令牌、使用者識別碼和訊息文字參數
def reply_text(token, id, txt):
    global users
    me = users[id]                  # 暫存使用者資料

    if (txt== 'Hi') or (txt== "你好"):
        reply = f'{me[' name ']}你好！'
    elif '悄悄話' in txt:
        words = me['words']         # 取出使用者的悄悄話
        if words != '':
            reply = f'你的悄悄話是：\n\n{words}'
        else:
            reply = '放膽說出心裡的話吧～'
            me['save'] = True       # 準備「儲存悄悄話」
    elif me['save']:
        me['words'] = txt           # 儲存使用者輸入的文字
        me['save'] = False          # 悄悄話儲存完畢
        reply = '我會好好保護這個祕密喔～'
    else:
        reply = txt                 # 學你說話

    msg = TextSendMessage(reply)
    line_bot_api.reply_message(token, msg)
```

上面的程式把使用者資料暫存到 me 變數，其用意是縮短程式碼、可以少打一點字，像取出悄悄話的 me('words') 原本要寫成 users(id)('words')。修改好的完整程式碼請參閱 bot_secr.py 檔。再次測試留下悄悄話看看，聊天機器人不會再洩漏悄悄話給其他人了！

處理「加入好友」事件

每當 LINE 聊天機器人被「加入好友」時，"FollowEvent" 事件將被觸發。程式可以利用這個事件來紀錄用戶資料，底下的事件處理程式將在「被加入好友」時，在終端機（伺服器端）顯示新好友的 ID 和大名：

```
@handler.add(FollowEvent)
def followed(event):
    _id = event.source.user_id
    profile = line_bot_api.get_profile(_id)
    _name = profile.display_name
    print('歡迎新好友，ID：', _id)
    print('名字：', _name)
```

> 若打算在 Heroku 平台佈署此 LINE 應用程式，需要搭配 Redis 資料庫儲存全域資料，請參閱筆者網站的「在 Heroku 雲端平台使用 Redis 記憶體資料庫」貼文，網址：https://swf.com.tw/?p=1207。

13-6 LINE 線上報修

本單元將建立一個處理使用者回報查修地點與問題的 LINE 聊天機器人，使用者只要對它輸入關鍵字 "報修"，它就會透過對話方塊和問題，引導使用者回報地點和查修內容，最後把報修內容存入 Google 試算表。

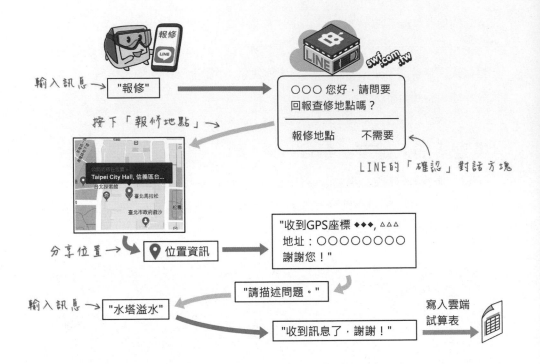

首先規劃暫存使用者回報的查修資料的方式，我們同樣以「使用者識別碼」當作資料的「名稱」建立 users 字典，並且在其中包含另一個字典儲存查修資料。

```
def check_user(id, name):
    global users

    if id not in users:
        users[id] = {
            'name':name,
            'logs':{'日期時間':'', '經緯度':'', '地址':'', '事由':''},
            'save':False
        }
```

預設為「空字串」

字典類型資料

產生「確認」對話方塊

在 LINE 聊天畫面傳送「對話方塊」給使用者，要經過三大步驟：

負責產生對話方塊的是 ConfirmTemplate 模組（直譯為「確認樣板」），它有固定的外觀樣式以及兩個可自訂的部份，以底下的對話方塊為例，我們可以自訂文字和動作（相當於「按鈕」）：

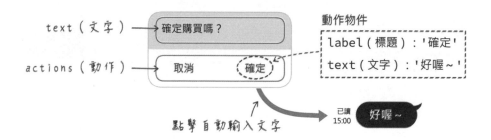

「確認樣板」最多可設定兩個動作按鈕，每個動作可以是下列三種類型之一：

● MessageAction（訊息動作）：發出文字訊息。

● URIAction（超連結動作）：開啟連結，例如，在 LINE 裡面開啟網頁。

● PostbackAction（回傳資料動作）：傳遞資料給伺服器端程式。

建立上面的「確認樣板」的程式片段如下：

自訂的樣板物件名稱 →

有兩個動作，所以用列表形式表達。 →

```
queries = ConfirmTemplate(
    text='確定購買嗎？',
    actions=[
                MessageAction(label='取消', text='取消'),
                MessageAction(label='確定', text='好喔~')
    ])
```

包含「回報地點」的確認對話方塊：
使用 LINE 專屬的通訊協定

當 LINE 聊天機器人收到 "報修" 文字訊息時，它將回覆如下的對話方塊給使用
者。若使用者按下其中的「回報地點」，它將開啟一個 LINE 專屬的通訊協定，
顯示地圖畫面和定位資訊；若按下「不需要」，則送出 "不需要" 文字。

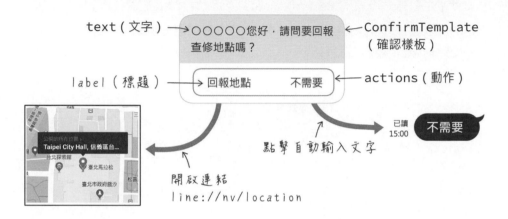

用 LINE:// 專屬通訊協定開頭的網址，可令 LINE 切換到不同的畫面或者執行特
定動作，表 13-1 列舉其中 4 個網址，完整網址列表與說明請參閱 LINE 官方
文件 (http://bit.ly/2JoLnEP)。

表 13-1

LINE 網址協定	說明
line://nv/location	打開「地點」畫面，讓使用者點選地圖分享位置
line://nv/camera/	打開相機
line://nv/cameraRoll/single	打開相簿，讓使用者選取一張照片傳到聊天室
line://nv/cameraRoll/multi	打開相簿，讓使用者選取多張照片傳到聊天室

請先在程式開頭加入引用底下反白部份的模組，最後一個 LocationMessage 用
於「處理地點訊息」。

```
from linebot.models import (
    MessageEvent, TextMessage, TextSendMessage,
    StickerMessage, StickerSendMessage,
    ConfirmTemplate, TemplateSendMessage,
    MessageAction, URIAction, LocationMessage
)
```

確認樣板 → ConfirmTemplate　包裝樣板訊息 → TemplateSendMessage

訊息動作 ↑ MessageAction　超連結動作 ↑ URIAction　處理「地點訊息」 ↑ LocationMessage

在聊天室畫面產生包含回報地點的確認對話方塊的三大步驟如下，TemplateSendMessage 用於包裝樣板訊息，如果使用者的裝置無法顯示確認對話方塊，它將在畫面顯示「替代文字」內容，最後同樣透過 reply_message 送出「對話方塊」訊息。

```
❶ 製作方塊樣板
queries = ConfirmTemplate(
    text=f"{me['name']}您好，請問要回報查修地點嗎？",
    actions=[
        URIAction(            ← 超連結動作
            label='回報地點',
            uri='line://nv/location'     ← 開啟分享位置（地圖）的網址
        ),                                 ← 訊息文字
        MessageAction(label='不需要', text='不需要')
    ])        ↑訊息動作    ↑標籤         ↑替代文字
❷ temp_msg=TemplateSendMessage(alt_text='確認訊息',
                               template=queries)
❸ line_bot_api.reply_message(token, temp_msg)    ← 樣板物件
```

回覆訊息並紀錄報修資料的 reply_text() 自訂函式的完整程式碼如下：

```
def reply_text(token, id, txt):
    global users
    me = users[id]

    if me['save'] == False: # 如果目前不在儲存報修資料的狀態...
        if '報修' in txt:
            queries = ConfirmTemplate(
                text=f"{me['name']}您好，請問要回報查修地點嗎？",
```

```
            actions=[
            # MessageAction(label= '是的', text= '回報地點'),
                URIAction(
                    label= '回報地點',
                    uri= 'line://nv/location'
                ),
                MessageAction(label= '不需要', text= '不需要')
        ])

        temp_msg = TemplateSendMessage(alt_text= '確認訊息',
                                    template=queries)
        line_bot_api.reply_message(token, temp_msg)
        me['save'] = True          # 開始紀錄報修訊息
    else:
        line_bot_api.reply_message(
            token,
            TextSendMessage(text= "收到訊息了，謝謝！"))
else:
    if txt== '不需要':
        line_bot_api.reply_message(
            token,
            TextSendMessage(text= "好的，請大致描述狀況。"))
    elif me['logs']['事由'] == '':
        line_bot_api.reply_message(
            token,
            TextSendMessage(text= "我記下來了，辛苦您了！"))
        me['logs']['事由'] = txt   # 儲存事由
        dt = datetime.now().strftime('%Y/%m/%d %H:%M:%S')
        me['logs']['日期時間'] = dt
        me['save'] = False          # 紀錄完畢

        print('資料紀錄:', me['logs'])
```

如果你的專案需要顯示兩個動作以上的對話方塊，請改用 **Buttons Template**（**按鈕樣板**）。首先在程式開頭引用 ButtonsTemplate 模組：

```
from linebot.models import (
    MessageEvent, TextMessage, TextSendMessage,
    StickerMessage, StickerSendMessage,
    ButtonsTemplate, ConfirmTemplate, TemplateSendMessage,
    MessageAction, URIAction, LocationMessage
)
```

然後把之前建立「確認樣板」敘述改成「按鈕樣板」即可：

改用「按鈕樣板」

```
queries = ButtonsTemplate(
    text=f"{me['name']}您好，請問要回報查修地點嗎？",
    actions=[
        URIAction(                           三個動作（按鈕）
            label='回報地點',
            uri='line://nv/location'
        ),
        MessageAction(label='不需要', text='不需要'),
        URIAction(
            label='前往swf.com.tw網站',
            uri='https://swf.com.tw/'
        )
    ])
```

○○○○○您好，請問要回報
查修地點嗎？

回報地點

不需要

前往swf.com.tw網站

顯示外觀

接收「地點」訊息

接收「地點」訊息的事件處理函式如下，從「地點」訊息事件可取出地址和經緯度資料；經緯度值是浮點數字格式，筆者用 str() 函式將它轉成字串：

處理「訊息事件」   地點訊息

```
@handler.add(MessageEvent, message=LocationMessage)
def handle_location_message(event):
    addr=event.message.address          # 地址
    lat=str(event.message.latitude)     # 緯度，使用str()轉成字串格式。
    lon=str(event.message.longitude)    # 經度
```

若地點訊息不含地址，訊息事件裡的 address（地址）屬性值將是 None，回覆的訊息就不必顯示地址了：

```python
if addr is None:
    msg=f'收到GPS座標：({lat}, {lon})\n謝謝！'
else:
    msg=f'收到GPS座標：({lat}, {lon})。\n地址：{addr}\n謝謝！'
```

最後加上儲存回報地點的程式碼，底下的敘述將回覆使用者兩則訊息，**一次回覆多則訊息，這些訊息必須包裝成列表格式。**

```python
if me['save']:
    me['logs']['經緯度'] = f'({lat}, {lon})'   # 儲存經緯度
    me['logs']['地址'] = addr      # 儲存地址

    line_bot_api.reply_message(
        event.reply_token, [
            TextSendMessage(text=msg),
            TextSendMessage(text='請問是什麼狀況呢？')
    ])
else:
    line_bot_api.reply_message(
        event.reply_token,
        TextSendMessage(text=msg))
```

回覆兩則訊息（列表類型）

執行此 bot.py 程式的手機對話畫面：

此程式也將在終端機視窗回報接收到的資料：

```
192.168.0.112 -- [11/Mar/2019 23:02:45] "POST /callback HTTP/1.1" 200 -
資料紀錄: {'日期時間': '2019/03/11 23:02:59', '經緯度': '(25.037557,
121.564436)', '地址': 'Taipei City Hall, 信義區台北市台灣 110',
'事由': '漏水'}
```

處理 LINE 線上報修並存入 Google 試算表的程式碼

請先把存取 Google 試算表的 sheet.py 模組複製到聊天機器人程式所在的 src 資料夾：

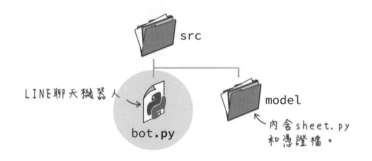

然後在「谷歌試算表」新增一個工作表、將它重新命名成「LINE 線上報修」並填入底下的第一列：

❷輸入這一列資料

	A	B	C	D	E	F
1	用戶ID	用戶名稱	日期時間	經緯度	地址	事由
2						
3						

╋ ☰ 　網拍價格 ▾ 　LINE線上報修 ▾

❶新增工作表

然後在 bot.py 程式開頭引用 sheet.py 模組、建立 GoogleSheet 物件：

```
from model import sheet
gs = sheet.GoogleSheet('谷歌試算表', 'LINE 線上報修')
```

最後加上寫入工作表的敘述：

```
def reply_text(token, id, txt):
    ⋮

        print('資料紀錄:', me['logs'])
    logs = [id, me['name'], me['logs']['日期時間'],
            me['logs']['經緯度'], me['logs']['地址'],
            me['logs']['事由']]
    gs.append_row(logs)
```

在試算表中新增一列→

13-7 建立 LINE 圖文選單

圖文選單（Rich Menus）是位於 LINE 聊天畫面底下的客製化操作選項，可在一張影像上面設定觸發動作的區域和行為。以本單元的線上報修聊天機器人為例，點擊圖文選單左大半邊，將能在聊天畫面輸入 "報修" 文字；點擊右下角，則會連結到筆者的網站；點擊右上角不會有任何反應。

輸入 "報修" 文字

連結到筆者的網站

點擊「圖文選單標題」可開啟或關閉圖文選單

圖文選單可透過「LINE@生活圈」管理畫面設定，請先在 LINE@網頁（https://at.line.me）登入管理畫面，聊天機器人以及分眾訊息推播，都是 LINE@的部份機能。

用 LINE 帳號登入管理介面，可看到之前設定的聊天機器人：

點擊**線上報修**聊天機器人，再從頁面左側功能表，點擊**建立圖文影音內容/圖文選單**，再按一下**新增**：

請在如下的圖文選單管理頁面，開啟圖文選單功能並且設置**使用期間**、**標題**…等選項：

底下的**樣板**提供尺寸以及數種點擊區域的規劃樣式，筆者準備的圖文選單影像檔尺寸是 1280×800，選擇**版型 4**：

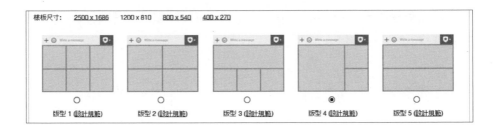

上傳圖檔之後，將左側點擊區域的連結設定成**文字**，傳送 "報修"：

右下角的連結區，則設定成連結網址：

儲存設定結果之後，只要在指定的時段範圍，在手機上跟「線上報修」帳號聊天，畫面底下都會出現圖文選單。

本章重點回顧

● 「開發者試用」方案可**主動發送（PUSH）**訊息，但應用程式有 50 個好友的限制。在筆者撰寫本文時，除了免費的「開發者試用」帳號，有提供發送訊息 API 功能的「進階版（API）」和「專業版（API）」方案，月租費分別是台幣 3, 888 和 8, 888 元。

● LINE 的**訊息伺服器（Messaging Server）**必須採用 HTTPS 連線，每當有新的訊息傳入時，我方伺服器上的「回呼函式」（"callback" 或 "webhook"）就會被觸發執行。

● LINE 的 **LINE 頻道設定**頁面的 **Use webhooks（使用 Webhooks）**設定，必須要選擇 **Enable（啟用）**。LINE 訊息伺服器才會觸發我方伺服器的「回呼函式」。如果你的 LINE 程式始終無法收到訊息，請確認這個選項有啟用。

● 不同的 LINE 訊息類型（如：加入好友、傳送文字、傳送貼圖...）都會產生對應的「事件」，我們的程式要撰寫處理這些事件的程式，如果沒有對應的事件處理程式，該事件將被忽略、不處理。

14

01110

影像處理與人臉辨識

14-1 基本影像處理

Python 影像處理程式庫簡稱 **PIL（Python Imaging Library）**，但這個程式庫不支援 Python 3.x，後來由 Alex Clark 以及一群程式志工發起名叫 **Pillow** 的開放原始碼專案（python-pillow.org），在舊有的 PIL 基礎上，增加新功能並支援 Python 3.x 版，使得 Pillow 成為 Python 最常用的影像處理程式庫。本文將交替使用 PIL 和 Pillow 這兩個詞，它們都代表同一個程式庫。

請執行底下的 pip 指令安裝 Pillow：

```
pip install Pillow
```

建立縮圖

本單元將透過 PIL 程式庫的 Image 模組的下列函式與屬性，建立影像縮圖：

● **open()**：開啟檔案

● **new()**：新建影像

● **paste()**：貼上影像

● **thumbnail()**：縮小影像

● **show()**：顯示影像

● **save()**：儲存影像

● **size**：尺寸屬性

建立縮圖的程式將從 img 資料夾讀取圖檔，處理之後，存入 thumb 資料夾：

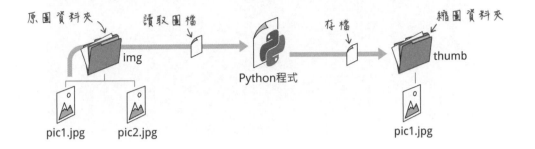

直接在終端機測試 PIL 程式庫指令的示範如下，請先在終端機切換到包含 img 以及 thumb 目錄的資料夾，假設這兩個目錄位於 D 磁碟機的 photo 資料夾：

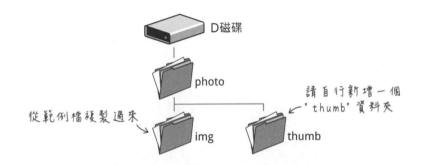

請在命令提示字元中切換到 photo 路徑，再啟動 Python 直譯器：

接下來，引用 PIL 程式庫的 Image 模組，即可執行 Image 的各項指令，其中的 **thumbnail（建立縮圖）方法**的參數是「元組」格式，其寬、高通常設定成相同值。以底下的敘述為例，**(600, 600) 代表寬、高最大不超過 600 像素**，此範例影像的原始尺寸是 2048x1363，執行縮圖指令之後變成：600x399。

```
🐍 Python 3                                                          —

>>> from PIL import Image
>>> thumb_size = (600, 600)    ← 最大縮圖尺寸（寬，高）
>>> img = Image.open('img/pic.jpg')  ← 讀取指定路徑圖檔
>>> img.thumbnail(thumb_size)  ← 縮小影像
>>> img.size  ← 確認縮小之後的影像尺寸
(600, 399)
>>> img.show()  ← 檢視影像
>>>
```

執行 open() 敘述之後，程式將建立 Image 物件並將影像載入記憶體；執行
Image 物件的 show() 方法，將開啟影像檢視工具顯示影像（若系統詢問你要
如何開啟影像檔，請選擇任意一個你慣用的軟體，例如 Windows 10 內建的
「相片」）。

> 執行 open() 敘述之後，若出現 FileNotFoundError (找不到檔案錯誤)，代表你輸入
> 的圖檔路徑或檔名有誤。

觀看影像之後，直接關閉影像檢視工具，回到命令提示字元，執行 save() 方
法儲存影像檔，其中的「品質」參數是選擇性的，數字介於 0~100；數字越大，
JPEG 品質越高，影像檔也越大。

```
>>> img.save('thumb/pic.jpg', quality=80)
         存檔路徑和檔名          品質
```

體驗完建立縮圖的程式之後，先不要離開 Python 直譯器，下文將繼續替縮圖
加上浮水印。

替影像加上浮水印

替影像加上浮水印的步驟如下，（選擇性地）縮小影像（主圖）之後，再貼入浮
水印圖，最後貼上的圖片會疊在前一張影像上。

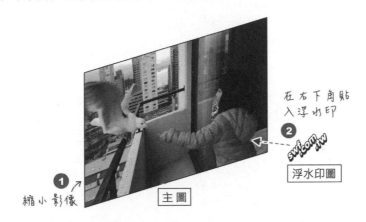

筆者的浮水印圖檔是 logo.png，尺寸為 71x45。假如要把浮水印擺在主圖的右
下角並且距離邊緣 20 像素（留白），根據底下的計算式，浮水印的放置座標是
(509, 334)：

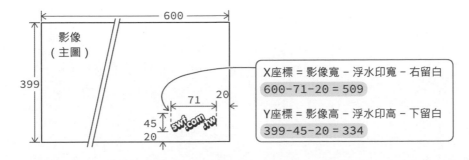

取得影像座標的程式碼如下：

```
Python 3                                              – □ ✕
>>> img_w, img_h = img.size    ← 暫存主圖的寬高
>>> logo = Image.open('img/swf_logo.png')    ← 讀入浮水印圖檔
>>> logo_w, logo_h = logo.size    ← 暫存浮水印的寬高
>>> x = img_w - logo_w - 20
>>> y = img_h - logo_h - 20    ← 計算浮水印座標
```

取得座標之後，再執行 paste（貼入）：

```
              paste(來源影像，座標，遮色片)

>>> img.paste(logo, (x, y), logo)    ← 貼入浮水印
```

paste() 方法的第 3 個「遮色片」參數，會把指定影像裡的 "Alpha" 色版當作透明：

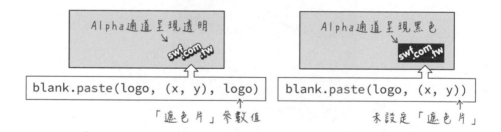

普通全彩影像檔（如：數位相機儲存的 JPEG 圖檔）包含紅、綠、藍 3 個色版，PNG 和 GIF 圖檔可以包含額外的色版（通稱 "Alpha" 色版），當作遮色片（mask），也就是定義影像中的透明範圍的色版。一個像素在一個色版中，佔 8 位元空間，稱為 8 位元深度（depth）；所以全彩影像又稱為 24 位元深度影像，而包含遮色片色版的影像則是 32 位元深度。

以知名的影像處理軟體 Photoshop 為例，開新檔案時，影像的色彩模式選擇 32 位元，背景預設成「透明」，就能開始製作背影透明的影像：

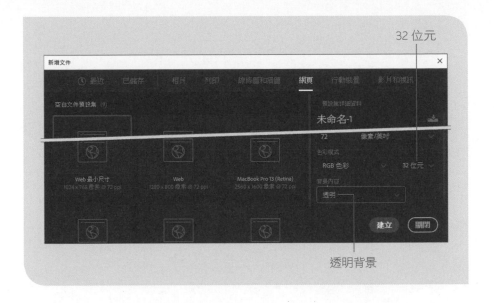

32 位元

透明背景

最後執行 save() 方法存檔，完成包含浮水印的影像檔。

```
>>> blank.save('thumb/pic.jpg', quality=80)
>>>
```

自動合成浮水印的程式

綜合以上練習，本節將自訂一個自動合成浮水印的 watermark() 函式，它可接收 6 個參數設定：影像來源路徑、存檔路徑、浮水印路徑、浮水印檔名、縮圖尺寸和留白，每個參數都有預設值。完整的程式碼如下：

```
import os
from PIL import Image

# 合成浮水印的自訂函式
def watermark(src_dir= 'img', save_dir= 'thumb',
              logo_dir= 'logo', logo_img= 'swf_logo.png',
              size=600, margin=20):
```

```
        thumb_size = (size, size)    # 設置縮圖最大尺寸
        logo_path = os.path.join(logo_dir, logo_img) # 浮水印完整路徑
        logo = Image.open(logo_path) # 開啟浮水印
        logo_w, logo_h = logo.size    # 取得浮水印尺寸

        for f in os.listdir(src_dir):# 逐一讀取來源路徑裡的圖檔
            if f.endswith('.jpg'):    # 確認檔名是 ".jpg" 結尾
                img_path = os.path.join(src_dir, f) # 來源影像完整路徑
                img = Image.open(img_path)    # 開啟來源影像
                img.thumbnail(thumb_size)     # 縮小影像

                img_w, img_h = img.size       # 取得縮圖尺寸
                x = img_w - logo_w - margin   # 計算浮水印座標
                y = img_h - logo_h - margin

                img.paste(logo, (x, y), logo) # 貼入浮水印並設置遮色片

                save_path = os.path.join(save_dir, f) # 建立完整存檔路徑
                img.save(save_path, quality=80)    # 存檔

if __name__ == '__main__':
    watermark()
```

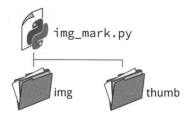

將此程式命名為 img_mark.py，存在包含
img 與 thumb 資料夾的路徑再執行它，它
將自動從 img 讀取圖檔、產生縮圖、存入
thumb 資料夾。

在影像加入中文字

PIL 以及下文的 OpenCV 程式庫內建的字體沒有中文字，所以無法輸出中
文。為了顯示中文，程式必須引用 PIL 的 ImageFont 模組，然後執行該模組的
truetype() 方法取用包含中文字的 TrueType 或 OpenType 字體（這兩種都是
Windows, Mac, Linux 系統支援的字體格式），如 Windows 內建的**新細明體**、
微軟正黑體，或者 macOS 的**黑體-繁**。這兩種字體的副檔名為 .ttf, .otf 或 .ttc。

本文使用 Adobe 和 Google 合作開發的免費開源字體：**思源黑體**（Noto Sans CJK TC，下載網址：http://bit.ly/2GBq7K2），下載並解壓縮之後，將其中的 NotoSansCJKtc-Regular.otf 字體檔複製到你的 Python 程式專案資料夾。

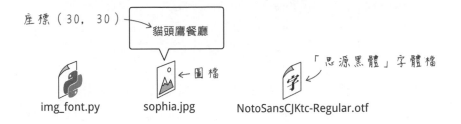

底下程式將在相同路徑裡的 sophia.jpg 影像的 (30, 30) 座標位置，疊上 20 點大小的「思源黑體」、黑色的 "貓頭鷹餐廳" 文字：

```
from PIL import Image, ImageDraw, ImageFont

img = Image.open("sophia.jpg")
draw = ImageDraw.Draw(img)
# 建立 20 點大小的「思源黑體」字體物件
_font = ImageFont.truetype("NotoSansCJKtc-Regular.otf", 20)
# 在 (30, 30) 位置疊加文字、字體 (font) 為思源黑體、填色 (fill) 為黑色
draw.text((30, 30), "貓頭鷹餐廳", font = _font, fill = 'black')
img.show()
```

14-2 NumPy 與影像處理

呈現在螢幕上的彩色影像，都是由紅、綠、藍三個色版 (channel，也譯作「通道」) 組成，色版包含像素資料，每個像素值相當於燈光的強弱值，例如，紅色光的亮一點，綠色光弱一點，藍色不發光，將能混合成黃色。為了便於觀察影像的數據結構，筆者準備了一張長寬各 8 像素的彩色影像：

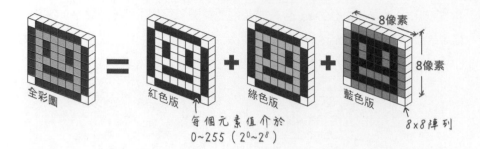

全彩圖 ＝ 紅色版 ＋ 綠色版 ＋ 藍色版

每個元素值介於
0~255（2⁰~2⁸）

8像素
8像素
8×8陣列

上面的全彩圖檔是由一群 8×8×3 的多維數據組成，每個像素都是 8 位元值，能表達 0~255（10 進制）數字。**電腦影像處理，其實就是在操作影像背後的多維數據**。多維數據結構，在 Python 中可以用列表類型表達，但是在龐大列表數據的場合，Python 的效能表現不盡理想，所以在面對視訊影像和大量多維數據時，程式設計師會改用能快速處理龐大數據的 Numpy 程式庫（Numpy 的 Num 代表 "Numeric"，「數值」之意）。

下文使用的 OpenCV 電腦視覺程式庫，也是採用 Numpy 來處理視訊影像數據。我們可以把 Numpy 想成功能與效能都更加強大的列表；**多維資料在 Numpy 中，叫做陣列（array）**。使用 Numpy 之前，請先執行 pip 命令安裝：

```
pip install numpy
```

習慣上，Numpy 程式庫都被簡寫成 np，底下是把列表類型資料轉換成 Numpy 陣列格式：

```
import numpy as np

mylist = [1,2,3]
np.array(mylist)        ➡  array([1, 2, 3])
```

Numpy 的 zeros() 和 ones() 方法，可以產生填滿 0 或 1 的多維陣列，底下敘述將建立一個 3 列、5 行、**8 位元正整數（uint8，unsigned integer 8 bit，不帶正負號的 8 位元整數，可儲存 0~255 的值）**、所有元素皆填入 0 的多維陣列：

14

```
建立一個全填0的陣列         陣列的列、行數
pic = np.zeros(shape=(3,5),              array([[0, 0, 0, 0, 0],
                dtype='uint8')                  [0, 0, 0, 0, 0],
                                                [0, 0, 0, 0, 0]], dtype=uint8)
```

Numpy 陣列元素也是用索引編號指定,底下兩行敘述將改變兩個元素值:

```
                                     元素(1,2)   元素(0,3)
pic[0][3] = 128              array([[  0,   0,   0, 128,   0],
pic[1][2] = 300                     [  0,   0,  44,   0,   0],
            ↑                       [  0,   0,   0,   0,   0]], dtype=uint8)
        超過255上限
```

若嘗試儲存超過資料容器上限的值(這種情況稱為**溢位**,overflow,宛如在容器中倒入太多的水而溢出),像上面的 300,實際儲存值將會是歸零之後的剩餘值。

我們可以把使用 PIL 程式庫載入的影像檔轉換成 Numby,來觀察影像的資料結構,並進而操作、改變影像內容。底下敘述將載入 dots.png(上文提到的 8x8 影像檔):

```
import numpy as np
from PIL import Image

img = Image.open('D:\\dots.png')      # 開啟圖檔
img_arr = np.array(img)               # 把影像轉換成Numpy陣列
```

在 Python 直譯器輸入以上敘述,再透過 Numpy 陣列的 shape(直譯為「外型」)屬性,查看影像多維數據的列、行數:

```
🐍 Python 3                                                    _ ☐
 >>> img_arr.shape
 (8, 8, 3)         ←——— 影像高(列數)、寬(行數)、色版通道數
 >>> img_arr
```

直接輸入 Numpy 陣列名稱，將能列舉其內容。影像陣列元素值（像素值）越大，代表該像素的亮度越高，越接近白色；像素值越低，代表越黯淡。下圖顯示多維資料的第一筆，紀錄了紅、綠、藍色版第一列的 8 個像素值：

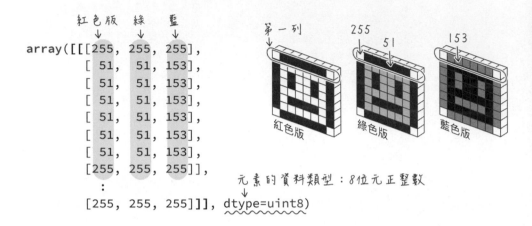

用 Numpy 調高影像亮度

讓我們以調高影像的整體亮度 30% 為例，實際用 Numpy 操作影像數據。調高影像整體亮度，就是增加紅、綠、藍三色版的元素值。我們先用一個二維陣列測試 Numpy 的「加值」敘述：

```
pic = np.array([[228, 234, 104, 101, 86],
                [226, 181, 123, 88, 60]], dtype='uint8')
pic += int(255 * 0.3)   ← 每個元素都加上255的30%
```

直接在 Numpy 物件加上一個值，就等於替陣列的每個元素加值。然而，部份元素加值之後超過 255，數值反而降低，形同降低亮度：

```
          亮度降低        亮度提昇
array([[ 48,  54, 180, 177, 162],
       [ 46,   1, 199, 164, 136]], dtype=uint8)
```

因此，增加數值之前，程式必須先確認不會發生溢位，才可加值，否則就將該元素設定成最高值 255，這項操作可透過 Numpy 的 where（直譯為「當...狀況發生時...」）方法達成：

```
bright = int(255 * 0.3)
pic_bright = np.where((255-pic) < bright, 255, pic+bright)
```

np.where(條件式, 條件不成立的值, 條件成立的值)

若用 255 減去元素值，結果小於要增加的亮度值，代表加值不會造成溢位，所以可以把元素加上亮度值。執行結果如下：

```
array([[255, 255, 180, 177, 162],
       [255, 255, 199, 164, 136]], dtype=uint8)
```

把上面的實驗成果運用在調高影像整體亮度試試看，請先載入影像並轉成 Numpy 陣列：

```
import numpy as np
from PIL import Image

img = Image.open('D:\\jump.jpg')
img_arr = np.array(img)          # 把影像轉換成Numpy陣列
```

調高陣列元素值之後，用新陣列值建構影像：

```
bright = int(255 * 0.3)
bright_arr = np.where((255-img_arr) < bright, 255, img_arr+bright)
pil_image = Image.fromarray(bright_arr)
pil_image.show()
```
← 用運算後的Numpy陣列建立影像

就能產生調高亮度的影像：

原圖

元素值增加 30% 之後

14-3 機器視覺（computer vision）應用

電腦視覺代表使用電腦對影像或視訊做分析、處理或者辨識。當今最著名且廣泛使用的電腦視覺程式庫，是由 Intel 公司發起的 OpenCV（全稱是 Open Source Computer Vision Library，開放原始碼電腦視覺程式庫）。OpenCV 本身使用 C++ 語言撰寫而成，但陸續支援 Java, Python, Node.js, .. 等程式介面，可開發出在 Windows, Mac OS X, Linux, iOS 和 Android 等平台上執行的視覺應用程式，包括：影像壓縮、物體移動偵測、擴增實境、人臉辨識、車牌辨識...等等。

為了讓電腦辨識影像中的人物，程式首先要找出其中的人臉，然後分析此人的口、鼻、眼睛...等位置；找出人臉和分析特徵，都有不同的演算法可達成。動手編寫程式之前，先了解一點影像偵測的背景知識，有助於理解電腦視覺程式的運作邏輯。

使用Haar, HOG, CNN...等
演算法，找出影像中的人臉。

用關鍵點偵測分析
五官的位置和距離

找出人臉

分析特徵
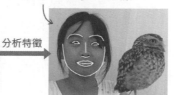

哈爾（Haar）特徵與維奧拉-瓊斯（Viola-Jones）演算法

要分辨影像中的不同物件，可以比較它們的特徵。特徵代表外觀特色，也就是可以當作標示的顯著特點，例如：輪廓外型、尺寸、顏色、紋理、空間分佈...等等。

我的特徵是嘴角的美人痣，還有微笑時有酒窩。

我則是韌性、活潑大方、扶弱濟貧、見義勇為…

這些都不是視覺特徵

電腦視覺有多種描述特徵的方法，其中一種叫做**哈爾特徵**（Haar-like feature），它把數位影像中的像素加以分類，進而分析出目標影像的特徵。數位影像是由一系列像素構成，當彩色影像被轉換成**灰階**（**grayscale**）之後，影像中的每一個像素都可以有 256 個階層變化，從全黑 (0) 到全白 (255)。

灰階影像

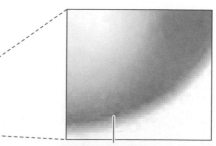
每個像素的值都介於0~255之間

哈爾特徵會選取影像當中的一小塊矩形區域,然後把這塊區域裡的全部像素強度值(intensity,亮度值)加總,其值若高於某個臨界值,就把這個區域標示成「亮部」,否則視為「暗部」。

依照「亮度」和「暗部」的分佈形式,哈爾特徵把影像分成如下的四大特徵類型,每一種類型還細分成多種排列方式。

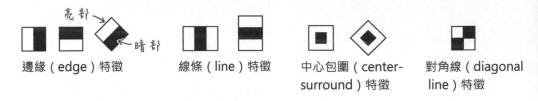

邊緣(edge)特徵　　　線條(line)特徵　　　中心包圍(center-surround)特徵　　　對角線(diagonal line)特徵

被選取的矩形範圍,又稱為**窗型偵測區(detection window)**。以人臉為例,眼睛和眉毛區域的色澤比臉頰和額頭來得深,假若選取兩眼的範圍當作窗型偵測區,眼睛部位的像素加總之後,將形成暗部,兩眼中間則是亮部,因此這塊區域可用一種哈爾線條特徵標記下來。

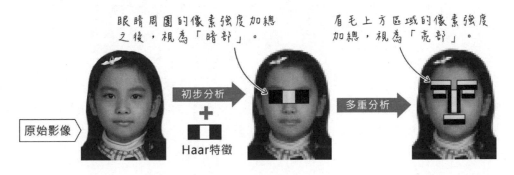

進一步分析,不同人臉的額頭、眉毛、眼、鼻、口等區域,都能用類似的哈爾特徵組合來標示;但如果把這組哈爾特徵套用到狗、貓、無尾熊...等動物臉上,就無法匹配了。

2001 年,Paul Viola 和 Michael Jones 兩人發表了第一個能透過電腦視覺,即時偵測物件的技術,稱為**維奧拉-瓊斯(Viola-Jones)演算法**。這個演算法就是採用哈爾特徵來分析影像。在分析的過程中,它會在影像上面移動窗型偵測區,並且把該區域的亮部值減去暗部值,這個計算結果稱為**特徵分類值(classifiers)**。

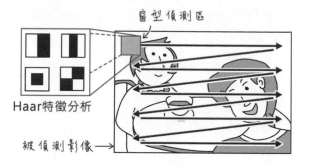

Haar特徵分析

窗型偵測區

被偵測影像

為了訓練程式偵測人臉，我們需要在電腦上輸入成千上萬張人臉的影像（正樣本，"positive"）以及非人像照片（負樣本，"negative"），讓它使用哈爾特徵來分析、比較每一張影像。經過一連串運算之後，它就能萃取出包含人像的照片的一組特徵分類值。以後，只要依此值跟任意影像的特徵分類相比，就能知道其中是否包含人臉了。

正樣本（人像）

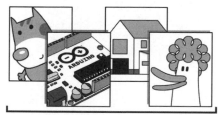

負樣本（非人像）

雖然維奧拉-瓊斯演算法能夠偵測不同類型的物體，但主要用在人臉偵測，這項技術（以及後來的研究人員對它的改良）被廣泛用於數位相機的臉孔自動對焦。

方向梯度直方圖（HOG）

方向梯度直方圖（Histogram of Oriented Gradients，簡稱 HOG）是另一種普遍的描述影像特徵的演算法，它辨識人臉的正確率高於維奧拉-瓊斯演算法，但所需的計算資源也較高。

HOG 也是透過移動窗型偵測區來分析影像中的亮部和暗部變化，因為物體的輪廓、肌理、材質和明暗度呈正相關變化，而像素在水平與垂直方向（沿著 X 軸和 Y 軸）的強度變化，叫做**梯度向量**（gradient vectors）或**影像梯度**（image gradients）。

HOG 統計分析影像每個區域的明暗變化強度和走勢（也就是「梯度」），來捕捉物體的外觀特徵。以底下這張照片為例，右下圖是經過 HOG 演算之後產生的特徵圖，看起來像是用虛線包圍的剪影，而原始影像當中的同色系、比較平整的內容，就不會出現在特徵圖裡面，等同過濾掉不重要的訊息：

方向梯度直方圖

剪影中的白色線條又稱為**特徵描述**（feature descriptor），反應出影像中的明暗變化程度，反差越大的部份，白色線條越顯著。

HOG 演算法最早是由 Navneet Dalal 和 Bill Triggs 在 2005 年發表，其運算過程大致如下，假設窗型偵測區移動到底下這個範圍：

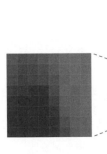

程式將計算此區域中的每個像素梯度，以底下這個像素為例，其左右兩邊的像素值變化為 115（哪一邊當作被減數不重要，但是整張影像的算法要一致）；垂直方向的變化則是 34，透過這兩個值可進一步算出**強度**（反差程度）以及**角度**（變化方向）。

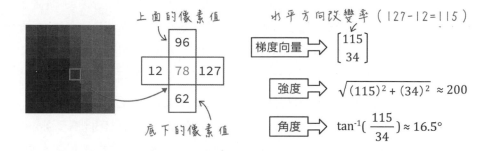

HOG 每次都是以一個窗形檢測區為單位（如：8x8 或 16x16 像素，下圖以 4x4 為例）紀錄一組像素的梯度向量，然後依角度分類（通常分成 9 組，底下以 8 組為例），用直方圖統計每個角度的強度值，這就是「梯度方向直方圖」名稱的由來。

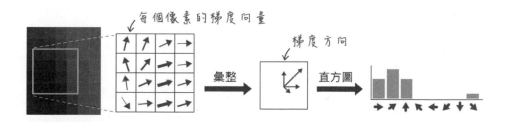

附帶說明，左上圖用方向線的**粗細**代表強度，大多數的研究報告都是用**長短**來表現強度。

14-4 安裝 face_recognition（人臉辨識）程式庫與 dlib 工具程式

許多影像辨識、機器學習和數據分析軟體都用到名叫 "dlib" 的工具程式（網址：dlib.net）。dlib 是個已有十多年歷史的開放原始碼專案，主要創作者是 Davis King。dlib 的功能包羅萬象，最早是為了提供跨系統、硬體平台處理多執行緒、聯網、線性代數...等函式的 C++ 語言程式庫。後來陸續加入影像處理、HOG 特徵描述器、深度學習...，並且提供 Python 語言程式介面，因此廣受各領域的程式設計師愛用。另一個知名的開放原始碼人臉辨識程式庫是卡尼基美隆大學的研究生 Brandon Amos 創作的 OpenFace（https://bit.ly/2eOHlmA）。

dlib 官網有提供 C++ 和 Python 語言的程式範例，以及 Python API 說明文件。不同於商用的雲端人臉辨識服務，例如 Amazon Rekognition API 和 Microsoft Azure Face API，使用 dlib 進行人臉辨識不需要聯網，所有運算都在本機電腦完成。dlib 包含經過約 300 萬張影像訓練的特徵分析成果，用知名的人像資料集 "Labeled Faces in the Wild"（簡稱 LFW，http://vis-www.cs.umass.edu/lfw/）測試，準確率高達 99.38%。

Adam Geitgey 運用 dlib 開發了一個 face_recognition 程式庫，讓人臉辨識程式開發變得輕而易舉，此程式庫的專案網頁（https://bit.ly/2oRgoGT）也有簡體中文版說明文件。face_recognition 具有三大用途：

● 人臉偵測

● 人臉辨識

● 人臉關鍵點標記（Face Landmarks）

安裝 face_recognition 程式庫時，它會自動下載、編譯、安裝 dlib。但就像應用軟體和 App 有平台版本之分（例如：Windows 版的遊戲無法安裝在 Android

手機），那些用 C++ 程式語言編寫的程式庫原始碼（如：dlib），必須要使用對應系統平台的 C++ 編譯器軟體，編譯成可執行檔之後，才能在系統平台上運作。

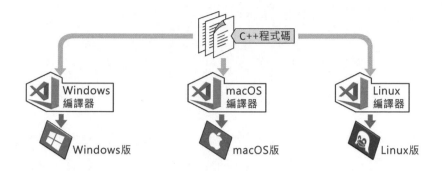

在 Windows 系統上安裝 dlib 程式庫有兩種方式：

1　下載他人事先編譯好的 .whl 格式，透過 pip 命令直接安裝。優點是簡單方便，缺點是版本稍微舊一點。

2　在電腦上安裝與設置 C++ 編譯環境，自行編譯 dlib 的原始碼再安裝。過程稍微繁瑣一點，但是可以使用最新版。

安裝預先編譯好的 dlib 工具程式

dlib 下載頁面（pypi.org/simple/dlib/）列舉了原始檔（未編譯）和已編譯好的版本，筆者在撰寫本文時，已編譯的最新版本是 19.8.1 版，而 face_recognition 程式庫所需的 dlib 是 19.7 或更高版本，因此符合需求。

已編譯的版本檔名裡的 cp36，代表它要求 Python 執行環境是 3.6.x 版。有些程式庫可以與舊版或新版的 Python 執行環境相容，但 dlib 不行。所以安裝這個版本的 dlib 之前，你必須先移除電腦上的 Python，再安裝 3.6.x 版。如果讀者發現有新的已編譯 dlib 版本，檔名中間有標示 cp37 或更新版，那就不用安裝 Python 3.6.x 版了。

Python 官網的下載頁（www.python.org/downloads/）列舉了新舊版 Python，請點選 Python 3.6.x 版的 Download（下載）連結：

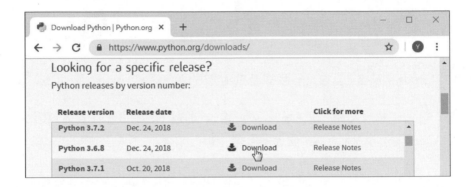

接著下載 Python 安裝程式：

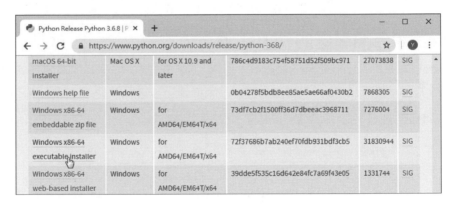

Python 3.6.x 版安裝完畢後，假設你下載了 "dlib-19.8.1-cp36-cp36m-win_amd64.whl" 並儲存在 D 磁碟的根目錄，請在命令行中，於 D 磁碟路徑執行 pip 命令安裝它：

```
D:\>pip install dlib-19.8.1-cp36-cp36m-win_amd64.whl
```

接著安裝 face_recognition 程式庫：

```
pip install face_recognition
```

筆者在兩台電腦，分別以 Python 3.7.x 和 Python 3.6.x 版執行本單元的影像處理和人臉辨識程式，都能執行無誤。

編譯 dlib：下載與安裝 CMake

若要自行在 Windows 平台編譯 dlib，電腦上必須事先安裝兩個軟體：

1   CMake 應用程式（免費，有 Windows、macOS 和 Linux 版）

2   微軟的 Visual Studio IDE（整合式開發環境，非第一章安裝的 Code 版）：以下簡稱 VS IDE，筆者安裝的是免費、功能完整的「**社群（Community）**」版。

macOS 系統只需要安裝 CMake，請參閱下文「在 macOS 系統編譯及安裝 dlib」說明。Windows 使用者請下載 .msi 格式的 CMake 安裝程式（https://cmake.org/download/）。

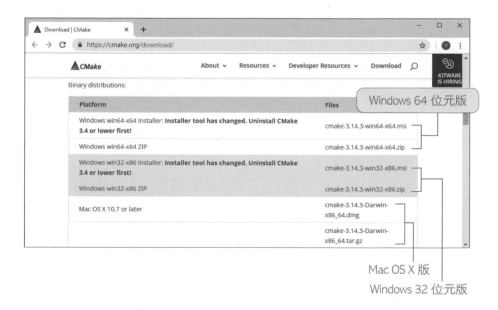

CMake 的安裝過程大致就是按 **Next**（**下一步**）鈕，直到最後（**Finish**）完成。
一開始必須勾選**我同意授權條款**選項，此外，請務必勾選**把 CMake.exe 加入
PATH**（**系統路徑**）**變數**選項，其他程式才能在任何路徑執行它。

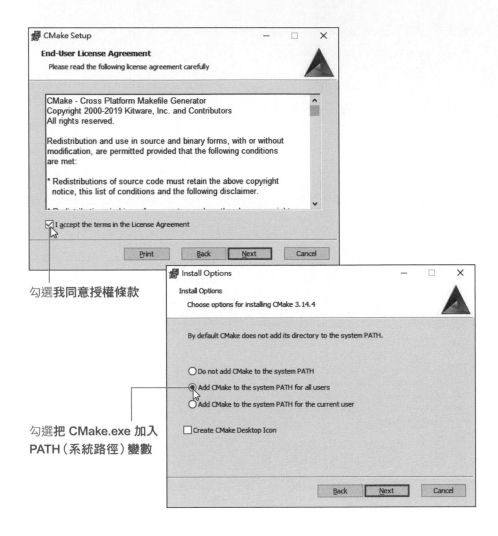

勾選**我同意授權條款**

勾選**把 CMake.exe 加入
PATH**（**系統路徑**）**變數**

在 Windows 系統下載與安裝 VS IDE：編譯 dlib

請在 VS IDE 下載頁（https://visualstudio.microsoft.com/zh-hant/downloads/）選
擇**社群**版：

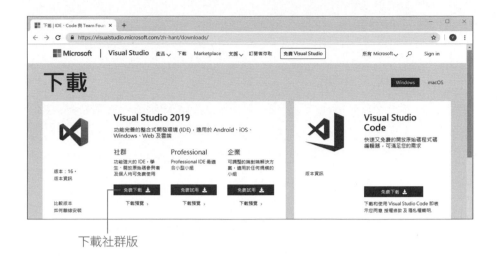

下載社群版

在 VS IDE 安裝過程中，它會要求你勾選**工作負載**，也就是開發軟體專案的類型，如：網頁程式、雲端 App、桌面應用程式...等，請勾選**使用 C++ 的桌面開發**，其他類型的**工作負載**可選擇性安裝。

1 勾選這一項

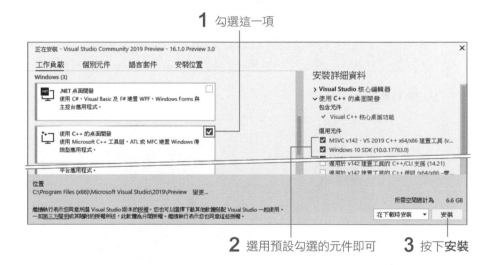

2 選用預設勾選的元件即可　　　**3** 按下**安裝**

安裝完畢後，它會自行啟動 VS IDE 軟體，你可以將它關閉。我們只是為了透過它的 C++ 元件來編譯程式，並不需要執行 VS IDE。

在命令提示字元執行 pip 命令安裝 dlib：

```
pip install dlib
```

或直接執行底下的 pip 命令安裝 face_recognition 人臉辨識程式庫，在安裝過程中，它會下載 dlib 並自行啟動 CMake 和 VS Code 的 C++ 編譯工具程式進行編譯。在筆者的第一代微軟 Surface Pro 電腦（Intel Core i5-3317U 處理器、4GB 主記憶體），編譯 dlib 約耗時 12 分鐘。

```
pip install face_recognition
```

在 macOS 系統編譯及安裝 dlib

在 macOS 系統編譯 dlib 工具程式，電腦上只需要安裝 CMake 軟體並設定它的所在路徑。請參閱上一節說明，下載 .dmg 格式、macOS 版的 CMake 軟體，下載之後雙按它，將開啟如下的視窗畫面：

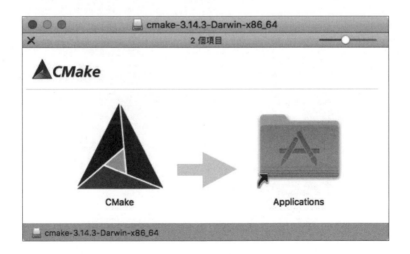

請把其中的 CMake 拖曳到箭頭右邊的 **Applications（應用程式）**文件夾，隨即完成安裝。接著開啟 **Terminal（終端機）**，依下列步驟，把 CMake 軟體的所在路徑紀錄在系統的 PATH 路徑：

1 使用 nano 文字編輯器開啟 使用者的執行環境設定檔 (~/.bashrc)：

```
MacBook:~ cubie$ nano ~/.bashrc
```

2 如果此檔案是空白的，請直接在其中輸入底下一行敘述，把 CMake 應用程式所在路徑加入 PATH（路徑）變數；若檔案不是空白的，請 將它加入最後一行：

```
GNU nano 2.0.6          File: /Users/cubie/.bashrc          Modified
PATH="/Applications/CMake.app/Contents/bin":"$PATH"

       在最後加入這一行

^G Get Help   ^O WriteOut   ^R Read File  ^Y Prev Page  ^K Cut Text   ^C Cur Pos
^X Exit       ^J Justify    ^W Where Is   ^V Next Page  ^U UnCut Text ^T To Spell
```

3 按下 Ctrl + O 鍵寫入（存檔），按下 Enter 確定，再按下 Ctrl + X 鍵關閉。

4 執行 **source 命令**，讓 ~/.bashrc 檔的設定內容 即刻生效。

```
MacBook:~ cubie$ source ~/.bashrc
```

5 在任何路徑執行底下的敘述，它將傳回 CMake 應用程式版本，代表 PATH 路徑設定成功。

```
MacBook:~ cubie$ cmake --version
cmake version 3.14.3
```

現在可以執行 pip 命令安裝 face_recognition 程式庫了，在安裝過程，pip 會自 動下載必要的 dlib，然後啟動 CMake 進行編譯：

```
pip3 install face_recognition
```

14-5 人臉偵測

使用上文的維奧拉-瓊斯或 HOG 演算法偵測到影像中的人臉之後,為了辨別不同人,電腦需要區別不同面孔的特徵。**人臉關鍵點偵測**(keypoint detection,也稱為 landmark detection) 是一種演算法,可以在影像中的人臉上標示眉毛、眼、口、鼻的位置和臉部輪廓,如下圖左所示。關鍵點越多越精確,但運算需求也越高,在不要求精確,或者像右下圖般在人臉上戴上眼鏡、面具等應用,也可以簡化到 5 個關鍵點。

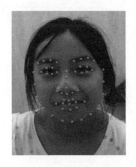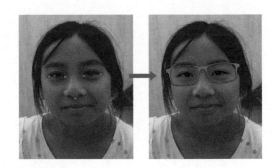

人臉關鍵點偵測主要用在**臉部對齊**(face alignment),代表把偵測到的關鍵點,對應成正面臉型的關鍵數據。

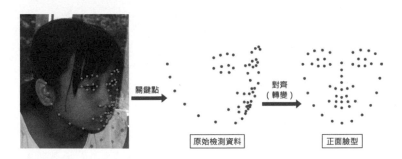

關鍵點　　原始檢測資料　　對齊(轉變)　　正面臉型

「臉部對齊」功能對「人臉辨識」很重要,因為從不同角度觀看同一個人臉,得到的量測數據將不一樣,像嘴唇的長度就差很多,如果直接用影像的測量數據比對同一人的不同角度照片,機器將會判定是不同人。先把偵測到的關鍵點對齊成正面再比對,才能獲得正確的結果。

使用 face_recognition 程式庫標示臉部特徵

本單元程式使用 face_recognition 程式庫的兩個方法，載入影像並找出影像中的人臉特徵部位及其座標：

- **load_image_file**：載入影像檔並轉成 Numpy 陣列格式。

- **face_landmarks**：找出影像中的人臉與特徵部位，包括：chin（下巴）、left_eye（左眼）、top_lip（上唇）...以及它們的座標位置。

接著透過 PIL 程式庫在影像上描繪出特徵點，完整程式碼如下，筆者把各部位的特徵英文和中文名稱用字典格式儲存備用；face_recognition 程式庫的名字有點長，筆者將它簡寫成 fr：

```
import face_recognition as fr    ← 載入人臉識列程式庫並簡寫成 fr
from PIL import Image, ImageDraw

feature_name = {                          ← 各個特徵的中文名稱
    'chin':'下巴', 'left_eyebrow':'左眉', 'right_eyebrow':'右眉',
    'nose_bridge':'鼻樑', 'nose_tip':'鼻尖', 'left_eye':'左眼',
    'right_eye':'右眼', 'top_lip':'上唇', 'bottom_lip':'下唇'}
```

```
img_path = 'D:\\sophia.jpg'    ← 影像檔路徑
img = fr.load_image_file(img_path)    ← 載入影像檔並轉成 Numpy 陣列
face_list = fr.face_landmarks(img)  # 找出影像中的人臉與特徵點

print("在相片中找到{}張臉".format(len(face_list)))
```

每個臉孔圖像物件的 keys() 方法將傳回特徵部位的名稱，例如 "chin", "left_eye" ...等，所以程式可以用它來查詢對應的中文名字：

```
pil_img = Image.fromarray(img)   # 從Numpy陣列建立影像
d = ImageDraw.Draw(pil_img)      # 準備在影像上描繪圖像

for marks in face_list:    ← 從每張臉
    for f in marks.keys():    ← 取出每個特徵
        print("{}的特徵點座標：{}".format(feature_name[f], marks[f]))
        d.line(marks[f], width=5)        取得特徵的中文
pil_img.show()
                        ↖ 根據特徵點座標，繪製5像素粗的直線。
```

此程式將讀取 D 磁碟的 sophia.jpg 圖檔，執行結果如下：

 標示臉部特徵

終端機也將顯示各特徵部位的名字與座標：

```
C:\ 命令提示字元

D:\opencv>python landmark.py
使在相片中找到1張臉
下巴的特徵點座標：[(248, 236), (251, 271), (256, 307), ...]
左眉的特徵點座標：[(276, 203), (295, 182), (323, 175), ...]
    :
```

14

用矩形線框標示影像中的人臉

臉孔偵測軟體常見的一項功能，是在找到人臉之處用一個矩形線框標示出來。這項功能主要仰賴 face_recognition 程式庫的 **face_location（直譯為「臉部位置」）方法**達成。執行本節的程式碼之後，右下圖兩張臉孔將被藍色線框包圍：

```
import face_recognition as fr                    載入影像檔

img = fr.load_image_file("kids.jpg")

face_loc = fr.face_locations(img)                取得臉部位置
```

```
[(119, 589, 504, 204),
 (562, 1061, 883, 740)]
  上    左   下    右
```

14-30

face_locations() 將傳回偵測到的所有臉部座標；如果沒有偵測人臉，則傳回空列表。以右上圖的影像為例，face_loc 列表將包含兩個元素。底下的程式使用 PIL 程式庫顯示影像，並且依據座標值在人像上繪製藍色矩形。

```
import face_recognition as fr
from PIL import Image, ImageDraw    ←── 包含繪圖指令的模組
        :
pil_img = Image.fromarray(img)    ←── 從Numpy陣列建立影像物件
```

```
for loc in face_loc:                     ↙ 取出座標：上、右、下、左
    top, right, bottom, left = loc
    draw = ImageDraw.Draw(pil_img)       ←── 建立「繪製影像」物件
    draw.rectangle([left, top, right, bottom], outline="blue")
                   矩形座標：左、上、右、下        外框線：藍色
pil_img.show()  ←── 顯示影像                              ↓ 等同
```

outline=(0,0,255)

ImageDraw 物件的 **rectangle() 方法**用於繪製矩形，它的 **outline 參數**代表外框線，可用 HTML 網頁標準的色彩名稱（如：red, yellow, blue, ...），或者用 3 個元素的元組來設定 RGB 色彩值，例如：(0, 0, 255)，代表紅、綠色都關閉、藍色亮度開到最大。

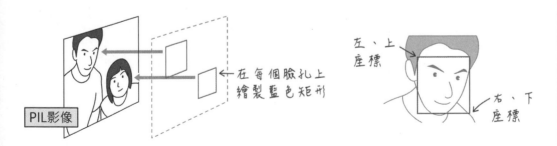

PIL影像

在每個臉孔上繪製藍色矩形

左、上座標

右、下座標

14-6 人臉識別程式

「人臉識別」代表不僅要找出影像中的人臉，還要知道那個人是誰。為了達成這個目標，我們要先準備好辨識目標的正面大頭照，不必是辦理證件用的那種大頭照，可以從一般照片擷取下來，只要五官能清楚辨識；此外，還要標示大頭照的名字，最基本的方法是用人名當作大頭照的檔名。

接著，用程式讀取大頭照並產生臉部特徵編碼，以後的程式將能用這個特徵編碼跟其他影像中的人臉特徵值比對，得知影像裡面是否包含目標人士。

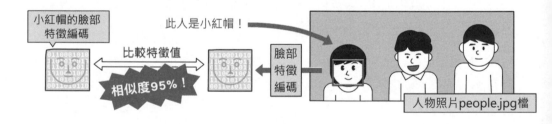

產生人臉識別特徵編碼

本單元將建立一個可以讀取大頭照相片和人名，產生特徵編碼之後，將已知人員資料存成 Pickle 格式檔案的程式。為了方便管理，筆者使用試算表紀錄識別對象的姓名、照片檔名以及 RFID 標籤碼（此欄可先留空，日後再填寫）。RFID 的全名是「無線射頻識別系統」，相當於無線條碼，廣泛運用於悠遊卡、國道 ETC 收費辨識系統、學生卡之類的無線感應卡，每一張無線感應卡都包含唯一識別碼，讀取此識別碼所需的硬體裝置和程式說明，請參閱「附錄 C」的門禁系統實作。

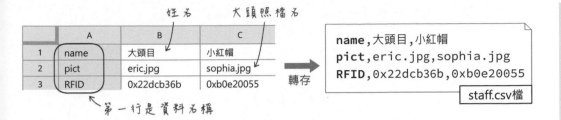

把試算表檔案匯出成 staff.csv 檔,存入 dataset 資料夾,大頭照則存入 pict 資料夾。接下來,編寫一個 create_data.py 程式,解析 CSV 檔案裡的資料並讀入大頭照,產生臉部特徵編碼,最後以 Pickle 格式存入 dataset 資料夾,供日後的人臉識別程式使用。

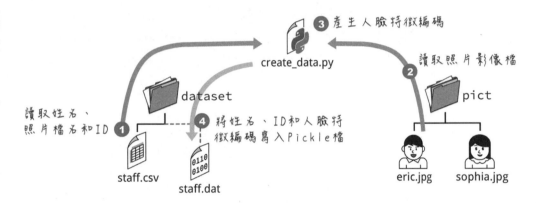

create_data.py 程式碼的主要內容如下,首先宣告儲存使用者資料的空白 staff 字典:

```
staff = {
  'name':[],    # 姓名
  'pict':[],    # 照片檔名
  'RFID':[],
  'encode':[]   # 人臉特徵編碼
}
```

底下是讀入 CSV 檔,並依資料名稱,把資料值存入 staff 字典的程式片段:

```
csv_file = 'D:\\dataset\\staff.csv'   # CSV檔案路徑
with open(csv_file, encoding='utf-8') as f:
    csv_data = csv.reader(f, delimiter=',')

    for row in csv_data:
        _key = row[0]      # 第0行是資料名稱
        _data = row[1:]    # 第1到最後一行是資料

        if _key == 'RFID':
            staff[_key] = [int(i, base=16) for i in _data]
        else:
            staff[_key] = _data
```

原始值是16進位

把 _data 的每個元素轉成整數；
語法說明請參閱附錄A，A-2頁。

底下的 for 迴圈，將逐一讀取紀錄在 staff 的 'pict' 影像檔名，透過 face_recognition 程式庫的 load_image_file() 方法讀入影像檔，再透過 **face_encodings() 方法**產生臉部編碼，最後把編碼存入 staff 字典的 'encode' 資料。

```
for pic in staff['pict']:
    img = fr.load_image_file(pict_path+pic) # 讀取人像照片檔
    encoding = fr.face_encodings(img)[0]    # 產生人臉特徵編碼
    staff['encode'].append(encoding) # 存入 staff 字典的
                                     'encode' 資料

pickle_file = 'D:\\dataset\\staff.dat'
with open(pickle_file, 'wb') as f:# 用 Pickle 儲存 staff 字典資料
    pickle.dump(staff, f)
```

執行 create_data.py 程式，它將在 dataset 資料夾寫入包含人名和臉部編碼的 staff.dat 檔。

編寫人臉識別程式

本單元程式將用藍色矩形框標示影像中的面孔並顯示已知人士的名字，不知名人士則標示成「路人甲」。下圖展示本程式的運作流程，讀取人物照片

（people.jpg）之後，透過 face_recognition 程式庫找出相片中的臉孔位置，並替每張臉建立特徵編碼，然後跟上一節建立的已知人士的特徵編碼比對，就能標示面孔的名字。

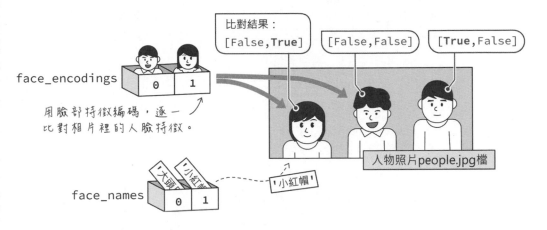

程式首先取出之前建立的特徵編碼資料：

```python
import face_recognition as fr
from PIL import Image, ImageDraw, ImageFont
import pickle

# 包含臉部編碼和人名的 Pickle 檔案
dataset_file = 'D:\\dataset\\staff.dat'
# 包含中文的思源黑體字
font_file = "D:\\font\\NotoSansCJKtc-Regular.otf"
_font = ImageFont.truetype(font_file, 15) # 產生 15 像素大小的字體

with open(dataset_file, 'rb') as f: # 讀取 Pickle 檔
    d = pickle.load(f)
    face_encodings = d['encode']    # 取出臉部特徵編碼列表
    face_names = d['name']          # 取出人名列表
```

接著載入相片（people.jpg 檔），並替其中的臉孔建立特徵編碼。範例照片包含三個人像，所以 face_locations() 方法將傳回 3 組臉孔的座標位置列表，face_encodeing() 方法則傳回 3 組臉孔的特徵編碼列表。

```
photo = fr.load_image_file("D:\\people.jpg")  ← 載入影像檔
people_loc = fr.face_locations(photo)
people_enc = fr.face_encodings(photo, people_locs)
```

相片中的
臉部編碼

0 1 2

相片

相片裡的全部
人臉座標列表

使用 for 迴圈，對相片裡的每個臉孔跟已知臉孔的編碼相比較，結果存入 matches 列表，發現相符時，存入 True，否則存入 False。相片左邊女生的特徵編碼和 face_encoding 的第 1 個元素相符，所以 matches 的第 1 個元素值為 True：

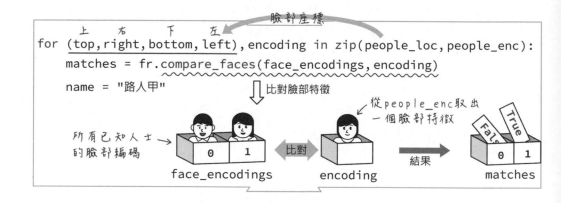

臉部座標

```
for (top,right,bottom,left), encoding in zip(people_loc,people_enc):
    matches = fr.compare_faces(face_encodings, encoding)
    name = "路人甲"
```

上 右 下 左

比對臉部特徵

從 people_enc 取出
一個臉部特徵

所有已知人士
的臉部編碼 →

0 1

face_encodings

比對

encoding

結果

False True
0 1

matches

比對臉部特徵的 compare_faces() 函式，有個調整容許誤差的 tolerance（容錯率）參數，預設值為 0.6。**容錯率介於 0~1，數值越低越嚴謹（精確），但所需運算時間也越長。** 底下是指定容錯率的例子：

```
mathes = fr.compare_faces(face_encodings, encoding,
  tolerance=0.5)
```

實測人臉辨識程式時，同一家族的臉孔使用預設的容錯率，經常會辨識錯誤，調整成 0.5 就不易出錯。

假如 matches 列表包含 True 值，則透過 index() 方法取得它的元素編號，藉此得知此人的名字：

最後在臉孔位置繪製兩個藍色矩形，一個包圍臉部，一個放在臉部底下，填入藍色底和白色文字的人名：

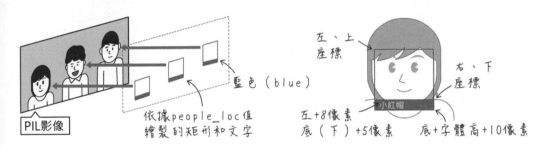

首先繪製包圍臉部的矩形框線，並且估算顯示名字的文字所需的寬和高：

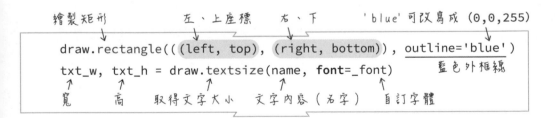

然後繪製藍色矩形並填入白色文字：

```
draw.rectangle((( left, bottom + txt_h + 10 ), (right, bottom))),
        填入藍色 → fill='blue', outline='blue')
draw.text(( left+8, bottom+5 ), name, fill='white', font=_font)
```

文字左邊和上方各留8和5像素的留白   文字填入白色

本單元程式（face_rec.py 檔）執行結果如下：

14-7 使用 OpenCV 處理攝影機視訊

本單元程式採用 OpenCV 程式庫擷取攝影機畫面，讀者可使用筆電內建的攝影機（webcam）或者外接的 USB 攝影機。請先在終端機執行底下的 pip 命令，安裝 Python 的 OpenCV 程式庫：

```
pip install opencv-python
```

安裝完畢後，可在 Python 直譯器中驗證安裝版本：

視訊內容是由一連串連續畫面組成，每一秒鐘的視訊通常是由 30 個畫面組成。使用 OpenCV 擷取攝影機畫面並將它呈現在螢幕上的流程大致如下，其中的「轉換色彩」是選擇性的，若不打算處理視訊畫面，可直接透過 imshow() 方法原封不動地將它呈現在螢幕上。

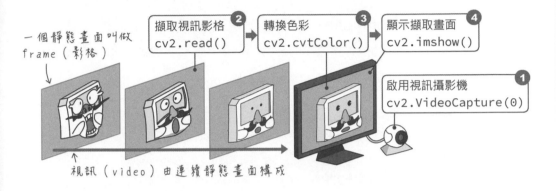

最基本的完整程式碼如下，VideoCapture(0) 代表啟用預設的攝影機，若連接到電腦的攝影機不只一台，可以把 0 改成 1 或其他編號數字。

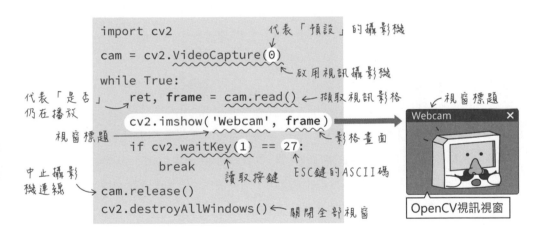

執行上面的程式時，若沒有出現視訊視窗，程式就直接退出，代表程式偵測不到視訊攝影機（有些筆電的視訊攝影機有獨立開關，請確認 Webcam 功能有開啟）。若有看到視訊視窗，代表程式運作正常，按下 Esc 鍵即可關閉程式。

偵測使用者按下按鍵並關閉視窗

cv2.waitKey(1) 用於等待並讀取使用者的按鍵輸入，參數 1 代表等待 1 毫秒；若設定成 0，代表「一直等待到用戶輸入按鍵，程式才繼續往下執行」，顯示畫面也將凍結。沒有按鍵輸入時，cv2.waitKey(1) 將傳回 –1。

根據上一節程式的設定：若用戶按下 Esc 鍵，程式將跳出 while 迴圈，接著執行 cam.release()，中止攝影機連線（釋出資源，讓其他程式得以使用），最後關閉視窗。

許多 OpenCV 範例程式都設定用 Q 鍵來關閉（quit）程式，因此上面的 cv2.waitKey(1)==27 的條件敘述，改寫成：

```
                      篩選出8位元值            取得'q'的ASCII碼
      if cv2.waitKey(1) & 0xFF == ord('q'):
            break
```

其中的 ord() 是 Python 的內建函式，可傳回指定英數字元的 ASCII 編碼值。與它相對的是 chr() 函式，輸入 ASCII 編碼，它將傳回對應的字元：

ord('q') ➡ 113   chr(113) ➡ 'q'

'&' 是「邏輯且（AND）」運算，常用在「篩選」數字。任何數字跟 0 做 AND 運算，其結果都是 0；跟 1 做 AND 運算，則保持不變。跟 1 做「邏輯或（OR）」運算，則結果都是 1，跟 0 做 OR 運算，則保留原值。底下是邏輯 AND 以及邏輯 OR 運算的比較，用二進制比較容易觀察：

```
      10進制              2進制   |
    113 ↙           01110001 ↙   |      113          01110001
& 0x0F ↖      AND   00001111     |  | 0x0F      OR    00001111
    1  16進制        00000000     |    127            01111111
                    00000001     |
```

由於 cv2.waitKey() 的傳回值是 32 位元長度的數字,而 ASCII 字元 (按鍵值) 只有 8 位元,為了避免比對這兩個數字時發生錯誤,最好先把 cv2.waitKey() 和 16 進制的 0xFF (等於 2 進制的 11111111) 做 AND 運算,取得 cv2.waitKey() 的最低 8 位元值:

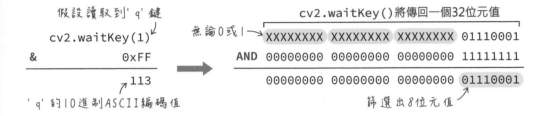

轉換影色彩與水平翻轉畫面

執行 cam.read() 取得影格畫面之後,程式將能在此畫面上執行一些特效處理,例如,轉換色彩、變形、在畫面上疊加文字或圖像,或者交給影像分析軟體找出人臉...等等。

請將顯示影格畫面的 cv2.imshow('Webcam', frame) 敘述,改成底下三行。它將把影格畫面轉換成灰階 (無色彩)、水平翻轉,再顯示出來。

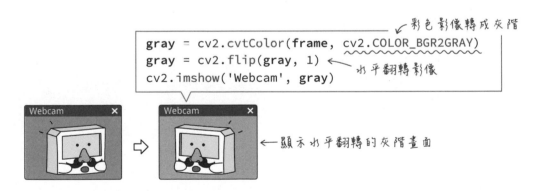

14-8 OpenCV 即時人臉偵測

即時人像偵測的原理和檢測單一影像裡的人臉相同,差別在於,程式得不停地接收並檢測攝影機傳入的畫面。影像的尺寸越大、畫素越高,要處理的數據量也越多。由於每 1/30 秒就有新進的畫面,為了降低數據量,我們可以在辨識臉部之前,先縮小影像尺寸,然後把辨識結果傳回的臉部座標乘倍,也能達到目的:

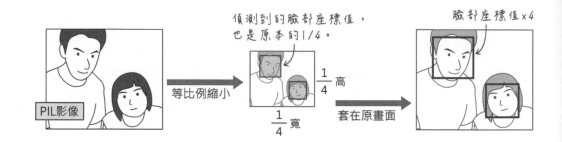

這種處理方式的缺點是,比較遠方的人像被縮小之後會變得模糊而無法辨識,但以附錄 C 作為「人臉辨識簽到」的用途,人臉都很靠近攝影鏡頭,所以沒有這個問題。

實際程式的寫法如下。雖然 OpenCV 本身也有繪圖指令,像是 rectangle(繪製矩形)和 putText(疊加文字),但 OpenCV 內建的字體不支援中文,為了在識別人像上標示中文姓名,此程式使用 PIL 程式庫繪製框線和標示文字。OpenCV 的影格畫面用 Numpy 陣列格式紀錄,透過 Image.fromarray() 方法,即可將影格畫面轉成 PIL 影像。

不過,OpenCV 畫面的色版排列方式為**藍、綠、紅(BGR)**,而非紅、綠、藍(RGB),所以把 OpenCV 畫面轉成 PIL 影像之前,要先執行 cv2.cvtColor() 轉換色彩,否則將來呈現的圖像會嚴重色偏。

```
cam = cv2.VideoCapture(0)

while True:
    _, frame = cam.read()
    frame = cv2.flip(frame, 1) # 水平翻轉
    img_arr = cv2.cvtColor(frame, cv2.COLOR_BGR2RGB) # 翻轉色彩
    img_PIL = Image.fromarray(img_arr)   # 建立PIL影像畫面
    small_frame = cv2.resize(frame, (0, 0), fx=0.25, fy=0.25)
              :
```

從OpenCV的BGR轉成RGB格式

cv2.resize(圖像, (參考座標x, y), 水平倍率, 垂直倍率)

cv2.resize() 用於縮放影像,根據上面的敘述,影像將朝左上角的座標原點,從水平與垂直方向縮放 0.25 倍,也就是原圖的 1/4 大小。

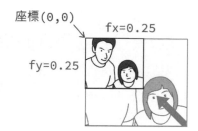

座標(0,0)
fx=0.25
fy=0.25

在偵測到人臉的畫面上畫框線之前,需要先把座標值乘 4 倍:

```
face_loc = fr.face_locations(small_frame) # 用縮圖偵測臉部
draw = ImageDraw.Draw(img_PIL)            # 準備在原圖上畫框線

for loc in face_loc:
    top, right, bottom, left = loc # 取得臉部座標
    top    *= 4
    right  *= 4
    bottom *= 4
    left   *= 4

    draw.rectangle((((left,top),(right,bottom)), outline='blue')
```

依據縮圖比例,還原正確的座標值。

在原圖上繪製藍色矩形框線

在 OpenCV 視窗呈現畫了框線和名字的影像畫面之前,需要先把影像轉換成 OpenCV 的 BGR 格式,這部份的程式片段如下:

把影像檔轉成 OpenCV 影像的 Numpy 陣列格式

```
img_CV = cv2.cvtColor(np.asarray(img_PIL), cv2.COLOR_RGB2BGR)
cv2.imshow('Webcam', img_CV)
                                        色影從 RGB 轉成 BGR 格式
if cv2.waitKey(1) & 0xFF == 27: # 按ESC鍵退出
    break
```

完整程式碼請參閱 Ch14_7.py 檔。在終端機執行此程式檔,將能開啟即時視訊視窗,並在偵測到的人臉上畫藍色線框。

即時視訊人臉識別的自訂類別

本單元程式整合 OpenCV 視訊和 face_recognition,建立一個能識別人臉,並且傳回該人士的 RFID 值的自訂類別。筆者將此類別命名為 Face,具備這些屬性和方法:

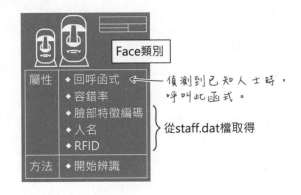

Face類別

屬性	◆ 回呼函式	← 偵測到已知人士時,呼叫此函式。
	◆ 容錯率	
	◆ 臉部特徵編碼	} 從staff.dat檔取得
	◆ 人名	
	◆ RFID	
方法	◆ 開始辨識	

此類別的建構式如下,建立此類別物件時,必須傳入 staff.dat 文件的路徑和檔名,**容錯率採預設的 0.6**,如果不需要傳回已識別人士的 RFID,就無需指定 callback (回呼) 函式。

接收 staff.dat 資料檔　　　　回呼函式　　　　容錯率

```
class Face:
    def __init__(self, dataset, callback=None, tolerance=0.6):
        self.callback = callback
        self.tolerance = tolerance
        with open(dataset, 'rb') as f:
            d = pickle.load(f)
            self.face_encodings = d['encode']   # 臉部特徵編碼
            self.face_names = d['name']          # 人名
            self.face_ids = d['RFID']            # RFID識別碼
```

start() 方法將啟動視訊攝影機並開始進行人臉識別。若在影像中發現已知人士，除了取得名字和繪製藍色框線之外，如果此類別物件有指定 callback (回呼) 函式，則執行回呼函式並傳遞 RFID 值。

```
if True in matches:    # 若發現吻合目標...
        index = matches.index(True)
        name = self.face_names[index]   # 取得名字
        face_id = self.face_ids[index]  # 取得RFID碼
        face_loc = face_locations[i]    # 人臉座標位置

        if self.callback:
            self.callback(face_id)
                                        若有定義回呼函式
                                        (非None值)，則呼
        break                           叫回呼函式，傳遞此
                                        用戶的RFID值。
```

其餘部份的程式邏輯跟上一節類似，完整的 Face 類別程式請參閱 webcam.py 檔。

使用自訂類別進行人臉辨識

底下程式將透過自訂的 Face 類別建立人臉辨識物件 face：

```
from webcam import Face

dataset_file = 'D:\\dataset\\staff.dat' # 臉部編碼、人名和 RFID 資料

face = Face(dataset_file)
face.start()    # 開始進行人臉辨識
```

若要讓 face 類別物件在偵測到已知人士時，傳回他的 RFID 碼，請先定義一個函式給 Face 類別：

```
def get_RFID(id):
    print('使用者的 RFID:', id)


face = Face(dataset_file, get_RFID)  # 用 get_RFID 自訂函式當作回呼
face.start()
```

本章重點回顧

● PIL 程式庫內建的字體不支援中文,因此我們需要引用 ImageFont 模組的
truetype() 方法,取用包含中文字的 TrueType 或 OpenType 字體。

● Numpy 程式庫可快速處理龐大的多維資料 (如:視訊影像),np.array() 方
法可將 PIL 影像轉成 Numpy 陣列,影像中的像素是 8 位元整數 (uint) 類
型值;PIL 的 Image.fromarray() 可將 Numpy 陣列轉成 PIL 影像格式。

● dlib 採用 C++ 程式語言編寫,需要編譯成可執行檔才能使用。除了下載
事先編譯好的 .whl 格式,可安裝 CMake 和 VS IDE 軟體,自行編譯最新版
本。

● OpenCV 畫面的色版排列方式為**藍、綠、紅 (BGR)**,所以把 OpenCV 畫面
轉成 PIL 影像之前,要先執行 cv2.cvtColor() 轉換成 RGB;PIL 影像處理完
成,交給 OpenCV 顯示之前,得先轉回 BGR 格式。

01111

列表生成式、裝飾器、產生器和遞迴

本單元將說明**列表生成式 (list comprehension)**、**裝飾器**（decorator）、**產生器**（generator）和**遞迴**（recursive）等 Python 語法。

A-1 列表生成式 (list comprehension)

底下的程式將用到方便的列表生成式 (list comprehension) 敘述，本節先介紹它的用途和語法。假設有個存放一組價格的列表，其中的每個價格都要乘上 1.08 的稅金，我們可以寫一個計算稅金的函式，它將傳回含稅價格列表：

```python
prices = [120, 380, 50, 30]
tax = 1.08
```

```python
def calc_tax(prices):
    data = []
    for p in prices:
        data.append(round(p * tax))
    return data
```

稅後、去小數點的值

data

append() 附加列表元素

```python
calc_tax(prices)  # 傳回：[130, 410, 54, 32]
```

列表生成式能把上面的多行敘述濃縮成一行，底下的 plus_tax 將是含稅列表：

新的元素值

❶逐一取出列表元素

```python
plus_tax = [round(p*tax) for p in prices]
```

包圍列表的方括號

❷對元素運算

實際的執行結果如下：

```
prices = [120, 380, 50, 30]
tax = 1.08
plus_tax = [round(p*tax) for p in prices]
```

A-2 裝飾器語法說明

裝飾器語法補充說明

裝飾器（decorator） 相當於一個函式的「捷徑」或者「別名」，其作用就是把函式傳回值交給另一個函式處理，藉以改變原本函式的行為。請先看底下的例子，greetng() 自訂函式裡面包含另一個函式：

```
def greeting():
    def inner(name):     ← 定義在函式裡的函式
        print(f'{name}你好！')
    return inner     ← 後面沒有小括號，代表傳回 inner 函式
```

greeting() 函式執行之後，將傳回內部的 inner() 函式，底下的敘述將把 inner() 函式存入 hello 變數：

```
Python 3                                          - □ ×
>>> hello = greeting()        存在 hello 變數的是 inner 函式
>>> hello                              ↓
<function greeting.<locals>.inner at 0x000002572273A730>
>>> hello('小趙')    ← 執行函式
小趙你好！
```

内部函式
↓
inner
hello

上面的例子沒有實質的用途，只是為了示範函式裡面可以包含其他函式，而函式也能像其他資料一樣被函式傳回。

底下是一般的自訂函式，它接收一個以 '-' 符號分隔的日期字串，傳回轉成以 '/' 分隔的日期字串：

```
def convert_date(log):
    return '/'.join(log.split('-'))
```

用 '/' 整合成字串 ❸   ❷ 把字串依 '-' 字元分割成列表

但是如果傳遞一個列表格式資料給這個函式，將會產生「屬性錯誤」：

```
>>> convert_date(['2020-08-24', '2019-03-13'])
Traceback (most recent call last):
  File "<stdin>", line 1, in <module>
  File "<stdin>", line 2, in convert_date
AttributeError: 'list' object has no attribute 'split'
```
傳入列表格式資料

屬性錯誤   '列表' 物件沒有 'split' 屬性

在不修改 convert_date() 函式的情況下，我們可以替它加入一個「前置處理」函式，逐一取出列表元素交給 convert_date() 處理：

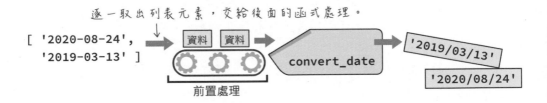

筆者將此前置處理函式命名成 "wrapper"（代表「包裝」）：

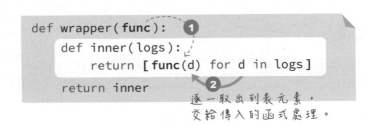

```
def wrapper(func):          ❶
    def inner(logs):
        return [func(d) for d in logs]
    return inner
```

逐一取出列表元素，
交給傳入的函式處理。

只要像這樣輸入轉換日期格式的函式給 wrapper 重新包裝，它就變成可處裡列表資料的日期轉換函式了：

此變數將儲存 inner 函式

```
convert_date = wrapper(convert_date)
```

此同名變數，
將取代原函式。

傳入轉換日期格式的函式

上面一行可簡寫成 "@前置函式名稱"，也就是**裝飾器 (decorator)** 格式：

@前置函式名稱 →

自動將此函式交給上面
的前置函式處理

```
@wrapper
def convert_date(log):
    return '/'.join([d for d in log.split('-')])
```

完整的程式碼如下：

```
def wrapper(func):
    def inner(logs):
        return [func(d) for d in logs]
    return inner

@wrapper
def convert_date(log):
    return '/'.join([d for d in log.split('-')])

dates = ['2018-12-25', '2019-03-13', '2019-08-24']
# 測試資料
convert_date(dates)    # 傳回以 "/" 分隔的日期資料列表
```

A-3 用產生器（generator）處理巨量資料

「產生器」用於處理巨量資料，請先看底下的**列表生成式**（list comprehension），它將建立一個 2~10 的 3 次方值的列表：

```
nums = [x**3 for x in range(2, 11)]
```
結果　　　方括號　　　　　數字範圍：2~10（有頭無尾）

```
[8, 27, 64, 125, 216, 343, 512, 729, 1000]
```

假設程式需要處理到幾億數字的 3 次方列表，用上面的語法，電腦可能在執行完畢之前就因記憶體不足而當機。像這種情況，應該要在產生一個 3 次方值之後，就交給下一個程式碼處理。試想一下網路直播的應用，用戶端可以先接收、錄下視訊，等到直播結束、再開始播放存好的影片，但如果直播 24 小時不間斷，那麼，這個用戶端將永遠不會播放影片。

底下是改用「產生器」語法產生一系列 3 次方值的敘述；改寫上面的 3 次方值的列表，把**方括號**改成**小括號**：

小括號
```
nums = (x**3 for x in range(2, 11))
```

實際在 Python 直譯器執行這個敘述，它將回報 nums 包含存在記憶體某個空間的「產生器物件」：

```
Python 3                                                      _ □ ✕
>>> nums = (x**3 for x in range(2, 11))
>>> nums
<generator object <genexpr> at 0x000002BE2FD27408>
        產生器物件
```

「產生器」物件平時處於待命狀態，每次執行它的 __next__() 方法，或者用 next() 函式執行它，它就會自動傳回新的運算結果。若所有資料都處理完畢，再執行 next() 函式，它將拋出 StopIteration 例外 (代表「停止迭代」)，告訴我們它已經停止運作了。

自動傳回新值 →
自動傳回新值 →

繼續執行
數次 next() →

停止迭代例外 →

```
>>> nums.__next__()
8
>>> next(nums)
27
>>> next(nums)
64
:
>>> next(nums)
1000
>>> next(nums)
Traceback (most recent call last):
  File "<stdin>", line 1, in <module>
StopIteration
```

產生器也是一種迭代器，能透過 for..in 迴圈逐一取出資料值，例如：

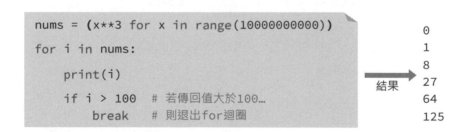

```
nums = (x**3 for x in range(10000000000))
for i in nums:
    print(i)
    if i > 100   # 若傳回值大於100...
        break    # 則退出for迴圈
```

結果 →

```
0
1
8
27
64
125
```

使用 yield 傳回「產生器」的自訂函式

函式的傳回值也可以改寫成「產生器」，本節將用計算費波那西數列 (Fibonacci Sequence，也稱為「黃金分割數列」，以下簡稱「費氏數列」) 的自訂函式來舉例說明。費氏數列由 0 和 1 開始 (也可以說前兩個數字從兩個 1 開始)，之後的每一個數字都是前面兩數的和：

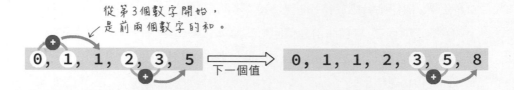
從第3個數字開始，
是前兩個數字的和。

產生費式數列值的自訂函式如下，變數 a 和 b 代表前兩個值：

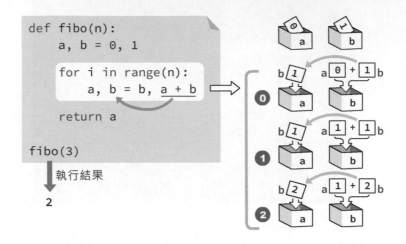

```
def fibo(n):
    a, b = 0, 1

    for i in range(n):
        a, b = b, a + b

    return a

fibo(3)
```
執行結果
2

fibo() 函式內的變數 a 和 b 的變化，也可從下圖看出：

```
        0, 1, 1, 2, 3, 5, 8
執
行      a + b
次           ▼
數           a + b
                 ▼
                 a   b
```

底下是改成傳回「產生器」的 fibo 函式，原本的 return 改成 yield（代表「產出」），for...in 迴圈可改成無限迴圈，代表此函式將能不停地產出新的運算值：

```
def fibo():
    a, b = 0, 1

    while True:         ← 無限迴圈
        a, b = b, a + b
        yield a
```
傳回值、暫停程式
並紀錄執行狀態。

若要讓 fibo() 函式產生的數列從 0 而非 1 開始，請把程式碼改成：

```
def fibo():
    a, b = 0, 1

    while True:
        yield a
        a, b = b, a + b
```

傳回值並暫停在此 ──→ yield a

直接執行此 fibo() 函式，它將傳回產生器物件；透過 next() 函式或 __next__()
方法，可從產生器源源不絕地取出新值：

```
>>> fibo()
<generator object fibo at 0x0000022B09387408>
>>> nums = fibo()
>>> next(nums)
0
>>> next(nums)
1
```

從產生器取值

底下的程式將產生費式數列的前 20 個數字：

```
def fibo() :
    a, b = 0, 1
    while True:
        yield a
        a, b = b, a + b


f = fibo()


for i in range(20): # 從產生器取出費式數列前 20 個數字
    print(next(f))
```

A-4 用遞迴改寫費式數列函式

費式數列函式的另一種常見的寫法是採用「遞迴 (recursive)」。遞迴代表在函式內部的程式呼叫、執行自己，改用遞迴手法改寫的 fibo() 函式程式如下；若參數 n 為 0 或 1，它將傳回 0 或 1，否則用前一個和前兩個數字為參數呼叫自己：

```
def fibo(n):
    if (n == 0) or (n == 1):
        return n
    else:
        return fibo(n-1) + fibo(n-2)
                呼叫自己      呼叫自己
```

```
0   1   2   3   4
0,  1,  1,  2,  3
```

此 fibo() 函式的執行情況類似底下的模樣，它必須不斷地呼叫自己，直到參數為 0 或 1，才能求出解答：

```
fibo(4) = fibo(3) + fibo(2)
        = ( fibo(2)+fibo(1) ) + ( fibo(1)+fibo(0) )
        = ( fibo(1)+fibo(0) ) + fibo(1) + fibo(1)+fibo(0)
        = 1 + 0 + 1 + 1 + 0
        = 3
```

分解到前兩個數字

底下是完整的程式碼，它將顯示指定數列值並使用 time 程式庫比較執行 fibo() 函式前後的時間差：

```
import time

def fibo(n):
    if n == 0 or n == 1:
        return n
    else:
        return fibo(n-1)+fibo(n-2)
```

```
old = time.time()            # 取得目前時間
val = fibo(33)               # 建議先從小一點的數值開始測試
diff = time.time()  – old    # 計算時間差
print(f '第 33 個數字是：{val}')
print(f '花費時間：{round(diff, 4)}秒')
```

在筆者的電腦的執行結果如下：

```
D:\python> python fibo.py
第33個數字是：3524578
花費時間：1.1749秒
```

使用列表暫存運算值來改善遞迴程式

上一節的 fibo() 函式的執行情況大致如下，fibo() 函式必須經過層層自我呼叫，直到最後傳回 0 或 1 值，才能計算最後加總。每一層函式呼叫都會佔用記憶體空間，直到求出解答：

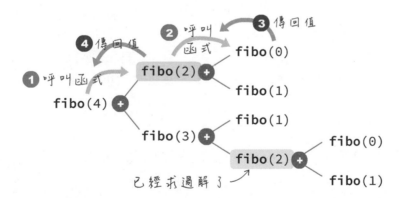

此外，從第 3 層開始，每一層都會出現重複的計算，像第 3 層的 fibo(2)，沒有必要再重算。普遍的解決方法是把計算過的值存入列表，假設此列表叫做 buf（代表 buffer，暫存空間），fibo(2) 的解答存入 buf〔2〕、fibo(3) 的答案存入 buf〔3〕... 以此類推。

第 3 章提過，列表資料可透過相乘 (∗) 來複製元素，例如：

```
foo = ['夢想', '展開'] * 3
```

底下的程式先宣告包含 1000 個 None 元素的 buf 列表變數，準備存放 fibo()
的運算結果：

```
buf = [None] * 1000

def fibo(n):
    if n == 0 or n == 1:
        return n
    else:
        # 若此 buf 元素是 None，代表尚未計算過...
        if buf[n] is None:
            val = fibo(n-1)+fibo(n-2)
            buf[n] = val      # 把計算結果存入 buf 列表
            return val        # 傳回計算值
        else:
            return buf[n]     # 直接傳回計算值
```

用此程式取代上一節的 fibo() 函式，執行 fibo(200) 的所需時間幾乎是 0 秒；
若要求取更大的數字，請增加 buf 列表的元素量，例如，設定成〔None〕∗
10000。

```
D:\python> python fibo.py
第200個數字是：280571172992510140037611932413038677189525
花費時間：0.0秒
```

10000

LINE Bot 物聯網：
控制家電開關

Python 不僅能在電腦和手機上執行，也可以在拇指大小的微電腦控制器上運作，這意謂學習基礎電子知識之後，Python 程式設計師就能用自己熟悉的程式語言來控制硬體設備。相較於電腦主要用在數據分析、網站伺服器、資料庫系統...等，需要較多處理器和記憶體資源的工作，效能和記憶體遠小於個人電腦的微電腦控制板，主要用在感測和控制週邊設備，例如，電子鍋裡頭的微電腦負責感測溫度和計時並且調控鍋爐的火力。

具備聯網功能的設備，統稱**物聯網（Internet of Things，簡稱 IoT）**裝置，像電子鍋加上 Wi-Fi 無線網路晶片以及相關控制程式，就變成可透過網路監控的 IoT 電子鍋。

在微控器上運作的開放原始碼 Python 3 直譯器叫做 MicroPython，是由劍橋大學數學科學中心的物理學家 Damien P. George（達米安‧喬治）在閒暇之餘開發而成，歐洲太空總署也將 MicroPython 應用在控制太空載具（詳見 MicroPyhon 官網論壇的 "MicroPython and the European Space Agency" 貼文，網址：goo.gl/CMPpP2）。

就像電腦和手機有不同的軟硬體規格，微電腦控制板也有 8 位元、32 位元、處理器型號等各種不同選擇，MicroPython 支援多種 32 位元控制板，本單元採用的是內建 Wi-Fi 無線網路、價格低廉（台幣 150 元以內）的 ESP8266 系列控制板。

微電腦控制板通常都需要透過特別的軟體，把程式「上傳」或「燒錄」到控制板，礙於篇幅，詳細的操作說明和基礎電子電路知識，請參閱筆者另一本著作**超圖解 Python 物聯網實作入門**。

B-1 從 MicroPython 控制板發送 LINE 訊息

本文將使用 ESP8266 控制板（如：Wemos D1 mini）製作「一鍵」發 LINE 訊息的物聯網按鈕。假設在廚房放一個物聯網按鈕，按下它就發 LINE 通知老公洗碗；在門口放一個按鈕，按一下 LINE 就會發送空氣品質訊息；把按鈕改成「磁簧開關」安裝在門窗，或者「PID 人體紅外線偵測器」，這個小裝置就變成防盜器，若門窗被打開，LINE 就會發送入侵通知。

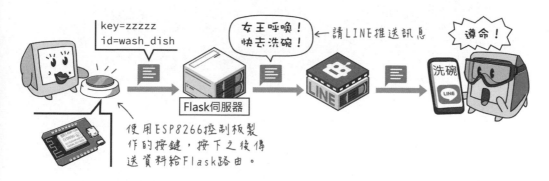

透過 LINE 推送（push）與群發（multicast）訊息

LINE 開發者帳號支援推送訊息功能，指令語法如下：

```
LINE物件.push_message(使用者ID, 訊息物件)

line_bot_api.push_message('Ubc5302bfc5○○○○○○○○',
        TextSendMessage(text='女王呼喚！\n快去洗碗！')
)
                                          訊息文字內容
```

其中的使用者 ID（LINE ID）並不是 LINE App 的「個人資料」欄位裡顯示的 ID，而是 LINE 指派的唯一識別碼，你可以在你的 LINE 應用程式的 Channel settings（頻道設定）頁面 QR Code 下方的 Other（其他）單元看到你的 LINE ID；或者透過 LINE 訊息物件的 event.source.user_id 敘述取得。

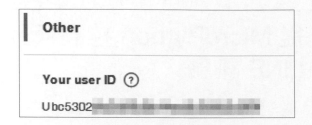

若要同時發送訊息給多人，可先用列表存放使用者的 LINE ID，再透過 multicast() 方法傳送訊息：

以列表儲存多個使用者LINE ID

```
users = ['Ucbdf6○○○○○○', 'Ubc5302○○○○○○']
line_bot_api.multicast(users,
        TextSendMessage(text='年終特賣會開始了！')
)
```

LINE物件.multicast(使用者ID，訊息物件)

根據 LINE@生活圈官方的方案介紹 (https://at.line.me/tw/plan)，可以使用 push (推送) API 的帳號為：

- 開發者試用帳號：免費

- 進階版 (API)：月費台幣 3,888 元

- 專業版 (API)：月費台幣 8,888 元

處理 MicroPython 訊息發送請求的 Flask 程式

假設我們打算佈署 3 個連接 LINE 的 MicroPython 控制板，為了區別這些板子，每個控制板都被設置了唯一的識別名稱 (裝置代碼)。

識別名稱：wash_dish

識別名稱：front_door

識別名稱：lamp

LINE 聊天機器人程式的 Flask 程式，將新增一個處理 /btn 路徑的路由，並接收包含 key（密碼）和 id（裝置代碼）參數的查詢字串：

https://ooooo.serveo.net/**btn**?key=zzzzz&id=wash_dish

Line應用程式網址　　　密碼　　裝置代碼（識別名稱）

設置密碼是為了避免 Flask 路由被隨意觸發，處理 /btn 路由的程式片段如下，首先新增儲存密碼和你的 LINE ID 的變數：

```
passcode = 'zzzzz' ← 自訂的裝置密碼
ME = 'Ubc5302bfc5OOOOOOOO' ←─── 你的LINE ID
```

/btn 路由的程式片段如下，若查詢字串裡的 key 參數值不等於自訂的裝置密碼，它將回應 HTTP 401 認證錯誤訊息，在網頁上顯示 "出錯啦!"：

https://○○○○.serveo.net/**btn**?key=zzzzz&id=wash_dish

```
@app.route('/btn')
def btn():
    key = request.args.get('key') ← 取得查詢字串裡的"key"參數

    if key != passcode:                     ← 代表驗證錯誤的HTTP狀態碼
        return '<h1>出錯啦!</h1>', 401, {'ContentType':'text/html'}
```

選擇性的HTTP標頭設定

雖然這個路由主要是供控制板連結使用，並不需要顯示 HTML，但無論如何，視圖函式一定要回應訊息給用戶端，否則會出現 "TypeError"（類型錯誤）。若密碼驗證成功，則在網頁上呈現接收到的識別名稱並推送 Line 訊息給你。

```
id = request.args.get('id')          ← 取得查詢字串裡的 "id" 參數
if id == 'wash_dish':    ←           ← 自訂的裝置代號
    txt = '女王呼喚！\n快去洗碗！'
    line_bot_api.push_message(ME, TextSendMessage(text=txt))
                                      ← 傳遞文字訊息自己
    return f'id:{id}'  ←             ← 回應HTTP訊息給用戶端
else:
    return '請指定裝置代號！'
```

若密碼正確，則在網頁上顯示識別名稱。

```
←  →  C  OOO.serveo.net/btn?key=zzzzz&id=wash_dish

id: wash_dish
```

底下是完整的 Flask 程式碼（bot_iot.py 檔），

```python
from flask import Flask, request, abort
from linebot import LineBotApi, WebhookHandler
from linebot.exceptions import InvalidSignatureError
from linebot.models import (
    MessageEvent, TextMessage, TextSendMessage,
    StickerMessage, StickerSendMessage,
    MessageAction
)

line_bot_api = LineBotApi('你的 Channel access token ')
handler = WebhookHandler('你的 Channel secret')
passcode = 'zzzzz' # 自訂的裝置密碼
ME = '你的 LINE ID'


app = Flask(__name__)


def reply_text(token, id, txt):   # 回覆 LINE 文字訊息
```

```python
    if txt== '你好' or txt== 'Hi':
        line_bot_api.reply_message(
            token,
            TextSendMessage(text= "您好！"))
    else: # 若訊息不是 "你好" 或 "Hi"，則傳送三隻小鴨的貼圖
        line_bot_api.reply_message(
        token,
        StickerSendMessage(
            package_id=3, sticker_id=233
        ))

@app.route('/')
def index() :
    return '我是聊天機器人！'

@app.route('/btn')   # 處理控制板連線請求的路由
def btn() :
    key = request.args.get('key')   # 取出裝置密碼
    id = request.args.get('id')     # 取出裝置代碼

    if key != passcode:
        return '<h1>出錯啦！</h1>', \
                401, {'ContentType':'text/html'}

    if id == 'wash_dish':
        txt = '女王呼喚！\n 快去洗碗！'
        line_bot_api.push_message(ME,
            TextSendMessage(text=txt))
        return f 'id:{id}'
    else:
        return f '請指定裝置代碼！'

@app.route("/callback", methods=['POST'])
def callback() :
    signature = request.headers['X-Line-Signature']
    body = request.get_data(as_text=True)

    try:
        handler.handle(body, signature)
```

```
    except InvalidSignatureError:
        abort(400)

    return 'OK'

@handler.add(MessageEvent, message=TextMessage)  # 處理文字訊息
def handle_message(event):
    _id = event.source.user_id
    print('使用者的 ID：', _id)
    txt=event.message.text
    reply_text(event.reply_token, _id, txt)

if __name__ == "__main__":  # 在本機 80 埠啟動偵錯模式網站伺服器
    app.run(debug=True, host= '0.0.0.0', port=80)
```

執行此 Flask 程式並啟用 SSH 網站代理服務之後，你可以先用瀏覽器測試，輸入底下的網址，你的 LINE 聊天機器人將會推送「洗碗」的訊息：

https://ooooo.serveo.net/**btn**?key=zzzzz&id=wash_dish

　　Line應用程式網址　　　　　密碼　　裝置代碼（識別名稱）

動手做 B-1　　觸發 LINE 聊天機器人發送 訊息的 MicroPython 程式

實驗說明：本範例程式修改自《**超圖解 Python 物聯網**》第 4 章「LED 切換開關」以及第 17 章「透過查詢字串傳遞資料」一節，使用一個外接的開關來觸發 Flask 的 "/btn" 連線請求。

實驗材料：

D1 mini 控制板	1 個
微觸開關	1 個

實驗電路：請按照右圖，把微觸開關接
腳插入 D1 Mini 控制板的 D3(GPIO0)
和接地腳：

D3(GPIO0)　　　　G(接地)

實驗程式：完整的 MicroPython 程式碼如下，請自行修改 Flask 網站伺服器的
網址，以及你在上文的 bot_iot.py 程式裡面設定的密碼：

```
from machine import Pin
import time
import urequests as req
                              ── D3在micropython中為0號腳位
sw = Pin(0, Pin.IN)
_key = 'zzzzz'        # 自訂的裝置密碼
_id = 'wash_dish'   # 自訂的裝置代碼
```

把你的 LINE 伺服器的按鍵處理程式網址紀錄在 api_url 變數，請自行修改密
碼和裝置名稱：

```
def send_msg():
    apiURL='{url}?key={key}&id={id}'.format(
        url = 'https://○○○○.serveo.net/btn',
        key = _key,                    ← LINE伺服器的按鍵
        id  = _id                        處理程式路由
    )
            接收按鍵處理程式的傳回值
    r = req.get(apiURL)
    print(r.text)
```

最後加上偵測開關被按下的程式碼：

```
while True:
    if sw.value() == 0 :
        time.sleep_ms(20)
        if sw.value() == 0 :
            send_msg()      ← 向Flask網站發出連結請求
            while sw.value() == 0 :
                pass
```

實驗結果： 在 MicroPython 板執行上面的程式碼，按下開關後不久，你的 LINE 聊天機器人應該會發出 "女王呼喚，快去洗碗！" 或你自訂的訊息，而執行 MicroPython 的終端機 (PuTTy) 視窗也將顯示 "/btn" 路由的傳回值：

```
COM3 - PuTTY                                          _ □ ✕
...              send_msg()
...              while sw.value() == 0 :
...                      pass
...
id:wash_dish   ← Flask伺服器的傳回值
```

B-2 PIR 人體感應器

五金家電行販售的人體紅外線感應燈座，能在有人靠近的時候，自動點亮燈泡。這種燈座上面有一個偵測人體紅外線的感測器，全名是**被動式（Passive）紅外線移動感測器**，而紅外線（**Infrared**）英文簡稱 **IR**，所以此感測器又稱為 **PIR 移動感測器**，一般通稱為「人體紅外線感測器」，外觀如下：

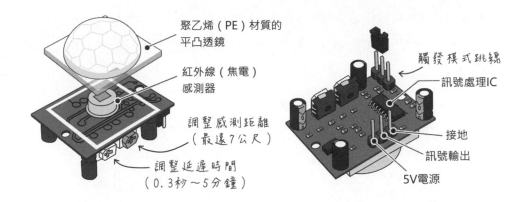

聚乙烯（PE）材質的平凸透鏡

紅外線（焦電）感測器

調整感測距離（最遠7公尺）

調整延遲時間（0.3秒～5分鐘）

觸發模式跳線

訊號處理IC

接地

訊號輸出

5V電源

感測器上頭的白色半透明 PE 透鏡黏在電路板上，裡面有一個**焦電型感測器**，「焦電（pyroelectric）」代表該元件會隨著溫度變化產生電子訊號。感測器模組上的 IC 電路將會接收並處理感測器的訊號，以**高電位**或**低電位**的形式輸出。

總之，人體紅外線偵測模組，相當於電子開關，**平常輸出低電位**（0V），偵測到人體移動時，變成**高電位**（3.3V）。

可見光和紅外線光的特性不太一樣，例如，紅外線光難以穿透窗戶玻璃，但能穿透 PE 材質的塑膠。因此，假如把人體紅外線感測器裝在玻璃窗後面，想要偵測經過玻璃窗前的行人，有點困難。

此外，所謂「被動式移動」偵測，代表這種感測器跟超音波感測器不同，它不會發出偵測訊號，而是被動地接收紅外線源。而且，這種感測器內部有兩個偵測「窗口」，被偵測物體必須要**水平移動**，它才能比較出紅外線的變化，若朝向它的正面移動，就比較不容易被偵測到，其感測原理如下：

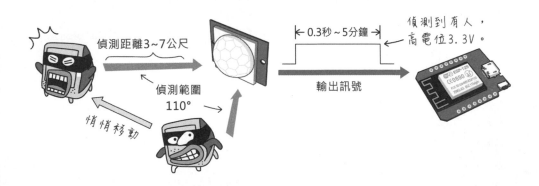

偵測距離3~7公尺

偵測範圍 110°

悄悄移動

0.3秒～5分鐘

偵測到有人，高電位3.3V。

輸出訊號

焦電型感測器只能偵測人體和動物體溫範圍的紅外線，不受其他紅外線源的影響。前方的**平凸透鏡，具有增加感測範圍和過濾紅外線的功用**，請勿將它拆除。

某些人體紅外線感測模組，具備調整感測距離和觸發模式的功能，有些則無，表 B-1 是筆者購買的 DYP-ME003 型感應模組的一些技術規格：

表 B-1

工作電壓範圍	4.5V～20V
訊號輸出電位	高 3.3 V/低 0V
延遲時間	0.3 秒～5 分鐘
偵測距離	3~7 公尺
最大感應角度	110˚
封鎖 (blocking) 時間	2.5 秒

「封鎖時間」代表感應模組在每一次感應輸出之後，不接受任何感應信號的一段時間。「延遲時間」代表偵測到人體時，訊號輸出高電位的持續時間。

筆者選購的感測器模組可用跳線選擇兩種觸發方式：

● **不可重複觸發方式**：即感應輸出高電平後，延遲時間一結束，輸出將自動從高電位變為低電位。

● **可重複觸發方式**：即感應輸出高電平後，在延遲時間內，若再度偵測到人體移動，其輸出將一直保持高電位，直到人離開後才延遲轉變成低電位。

最後，**感應模組通電後要花費約一分鐘左右時間進行初始化**，在此期間模組會間隔地輸出 0~3 次高電位，一分鐘後進入待機狀態。

動手做 B-2 偵測人體移動

實驗說明：使用人體紅外線感測器來點亮位於 D1 Mini 控制板 2 腳的內建藍色 LED。

實驗材料：

D1 mini 控制板	1 個
PIR 人體紅外線感測器	1 個

實驗電路：請按照下圖，把人體移動感測器的輸出接到 D1 Mini 控制板 D1 (GPIO5) 腳：

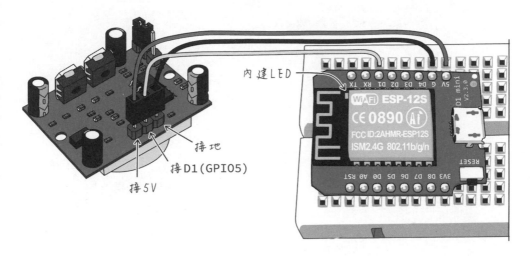

內建LED

接地

接D1(GPIO5)

接5V

實驗程式一：人體紅外線感測器模組只會傳回 0 與 1 兩種狀態值，與一般的開關無異，因此程式只需要檢查 PIR 模組接腳的電位狀態，收到高電位訊號時，點亮 LED 並顯示 'Motion detected'（偵測到人體移動）；收到低電位時，關閉 LED 並顯示 'Motion stopped!'（移動停止）。

```
from machine import Pin
import time

state = False
```

```
LED = Pin(2, Pin.OUT)
PIR = Pin(5, Pin.IN)

try:
    while True:
        if PIR.value()   == 1:
            LED.value(0)

            if state == False:
                print('Motion detected')
                state = True
        else:
            LED.value(1)

            if state == True:
                print('Motion stopped!')
                state = False

except KeyboardInterrupt:
    print('bye!')
```

實驗二：PIR 模組的延遲時間（偵測訊號高電位持續時間）可透過模組上的可
變電阻調整，我們也能透過程式設定在收到高電位訊號時，延遲一段時間不
再理會 PIR 的訊號，避免 PIR 模組在短時間內持續觸發，導致控制板頻繁地
發送訊號給 Flask 伺服器。為了方便實驗觀察，這個程式把延遲時間設定成
30 秒：

```
from machine import Pin
import time
import urequests as req

state = False
start_timer = True
delay_ms = 30 * 1000   # 設定延遲時間, 30 秒之內不重複偵測

LED = Pin(2, Pin.OUT)
```

```
PIR = Pin(5, Pin.IN)

LED.value(1)

apiURL= '{url}?key={key}&id={id}' .format(
    url = 'https://你的 heroku 網址.herokuapp.com/btn',
    key = 'zzzzz',
    id = 'front_door' # 你可以自行修改「裝置代碼」
)

try:
    while True:
        if PIR.value()  == 1:
            if state == False:
                LED.value(0)
                print('Motion detected')
                state = True
                # 對 Flask 伺服器的 "/btn" 發出連線請求、不接收回應
                req.get(apiURL)

        if state:
            if start_timer:
                print('start timer!')
                start = time.ticks_ms()
                start_timer = False

            # 比較時間差
            delta = time.ticks_diff(time.ticks_ms(), start)

            if delta >= delay_ms:
                start_timer = True
                state = False
                LED.value(1)
                print('LED is OFF!')

except KeyboardInterrupt:
    LED.value(1)
    print('bye!')
```

關於延遲時間與比較時間差的程式說明，參閱《**超圖解 Python 物聯網**》第 11 章「拍手控制開關改良版」。在 MicroPython 控制版執行上面的程式，每當它偵測到有人經過，它就會傳遞 "front_door" 的裝置代碼給 Flask 伺服器。

接收 PIR 警報的 Flask 路由程式：新增一個發送訊息的微控制板，Flask 的 '/btn' 路由也要加入對應的處理程式：

```python
def send_msg(txt):  # 推送 LINE 文字訊息給自己
    line_bot_api.push_message(ME,
        TextSendMessage(text=txt))
    return f 'id:{id}'


@app.route('/btn')
def btn() :
    key = request.args.get('key')
    id = request.args.get('id')

    if key != passcode:
        return '<h1>出錯啦！</h1>', \
                401, {'ContentType':'text/html'}

    if id == 'wash_dish':
        send_msg('女王呼喚！\n 快去洗碗！')
    elif id == 'front_door':
        send_msg('入侵警報！！！')
    else:
        return f'請指定裝置代碼！'
```

B

B-3 從 LINE 開關燈

本單元將製作一個可以開關燈的 LINE 聊天程式：輸入 "開燈" 給 LINE，Flask 伺服器收到訊息後，將轉發一個連結請求給 MIcroPython 控制板，附帶密碼以及代表開啟燈光的 led=on 查詢字串參數。

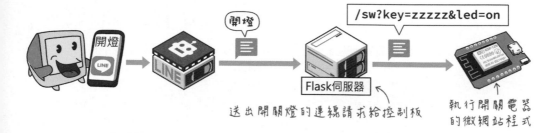

送出開關燈的連線請求給控制板　　　執行開關電器的微網站程式

MicroPython 控制板也是個微型的網站伺服器，收到連結請求、確認密碼無誤之後，將點亮控制板上的 LED 燈。這個範例也可以透過**繼電器模組**開啟或關閉家裡的電器產品，詳細的說明請參閱《**超圖解 Python 物聯網**》第 17 章「控制家電開關」單元。

MicroPython 控制板經由 IP 分享器連網，所以外網的連結請求都會被防火牆抵擋：

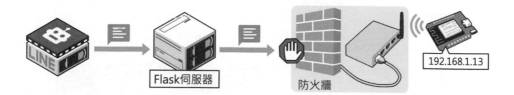

Flask伺服器　　　防火牆　　192.168.1.13

所以本單元的 Flask 伺服器要經由 SSH 中繼服務或者 IP 分享器的「虛擬伺服器」連接到外網，才能連線到相同區域網路裡的 MicroPython 控制板。像這種網站伺服器需要長時間運作的情況，最適合採用「樹莓派」之類的 Linux 微電腦控制板來執行 Flask，效能足夠勝任家庭/個人網站伺服器而且很省電。

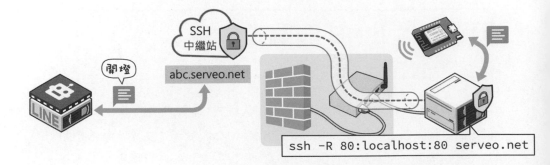

接收「開燈」與「關燈」訊息的 Flask 程式

Flask 程式碼將發起連線到控制板,所以程式開頭要引用 requests 程式庫:

```
import requests as req
```

本節的 Flask 程式修改自上文「處理 MicroPython 訊息發送請求的 Flask 程式」,請新增紀錄控制板 IP 位址的變數,筆者將它命名成 ESP8266_IP:

```
ME = 'Ubc530○○○○○○'      # 你的 LINE ID
passcode = 'zzzzz'         # 自訂的密碼
ESP8266_IP = '192.168.1.13' # 你的控制板 IP 位址
```

MicroPython 控制板的 IP 位址,可以在控制板開機啟動的訊息中看到,你的控制板啟動程式 (boot.py) 也必須設定好 Wi-Fi 連線。

```
COM3 - PuTTY
PYB: soft reboot
#6 ets_task(40100164, 3, 3fff837c, 4)
network config: ('192.168.1.13', '255.255.255.0', '192.168.1.1', '8.8.
WebREPL is not configured, run 'import webrepl_setup'
OSError: [Errno 2] ENOENT
:
```

STA網路連線設置

B

接收與回應 LINE 文字訊息的程式碼如下，向控制板發出連線請求之後，若收到控制器的 'OK!' 回應，則回覆 "已開燈！" 訊息給 LINE 用戶；若沒有收到 'OK!' 回應，則回覆 "控制器沒有回應！"。

```python
def reply_text(token, id, txt):
    if txt == '開燈':
        try:
            feedback = req.get(

                f'http://{ESP8266_IP}/sw?'+
                f'key={passcode}&led=on'
            ).text
            print('控制器回應：', feedback)

            if 'OK!' in feedback:
                txt = '已開燈！'
            else:
                txt = '控制器沒有回應！'
        except:
            txt = '控制器沒有回應！'

        line_bot_api.reply_message(   # 回覆 LINE 訊息給用戶
                token,
                TextSendMessage(text=txt))

    elif txt == '關燈':
        try:
            feedback = req.get(
                f'http://{ESP8266_IP}/sw?'+
                f'key={passcode}&led=off'
            ).text
            print('控制器回應：', feedback)

            if 'OK!' in feedback:
                txt = '燈關了！'
            else:
                txt = '控制器沒有回應！'
        except:
```

```
                    txt = '控制器沒有回應！'

            line_bot_api.reply_message(
                    token,
                    TextSendMessage(text=txt))

        else:  # 若收到的訊息不是 "開燈" 或 "關燈" ...
            line_bot_api.reply_message(
                    token,
                    TextSendMessage(text= '收到訊息了～'))
```

控制電器開關的 MicroPython 伺服器程式

MicroPython 程式碼修改自《**超圖解 Python 物聯網**》第 17 章,「動手做 17-5」搭配互動網頁介面的燈光條控器,底下是解析查詢字串的主要函式,它 將解析出 key(密碼)和 led(燈光狀態)兩個參數:

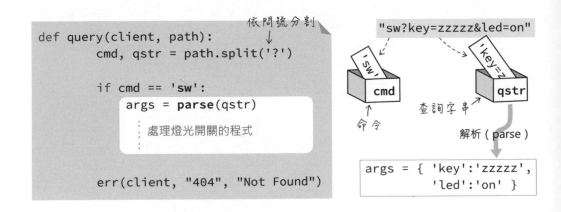

解析查詢字串以及控制電器 (LED) 開關的 query() 函式程式碼如下:

```
def query(client, path):
    cmd, qstr = path.split('?')

    if cmd == 'sw':
        args = parse(qstr)
```

```
try:
    key = args['key']      # 取出 key 參數
    state = args['led']    # 取出 led 參數

    if key == passcode:
        if state == 'on': # 若 led 狀態值為 'on'...
            led.value(0)  # 點亮 LED
        else:
            led.value(1)  # ...否則關閉 LED

        client.send(feedback)  # 傳回 'OK!'
    else:
        err(client, "400", "Bad Request")
    except:
        err(client, "400", "Bad Request")

else:
    err(client, "400", "Bad Request")
```

完整的程式碼請參閱 bot_server.py 檔。MicroPython 控制板一次只能執行一個
Python 程式檔，控制板開機會先執行 boot.py，接著自動執行 main.py 檔，也就
是我們自訂的程式檔。請將 xxx.py 檔重新命名成 main.py，再透過 ampy 工具
上傳到控制板：

上傳完畢後，按一下控制板的 Reset 鍵重置。接著，我們可以先用瀏覽器測試
連接 Flask 網站的 "/sw" 路由，若程式執行無誤，MicroPython 板子上的 LED 將
被點亮、瀏覽器將顯示 "OK!"。

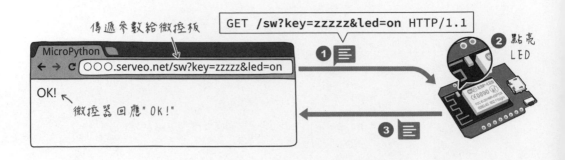

現在，你可以透過 LINE 聊天機器人控制家裡的電器開關了！

10001

人臉識別＋RFID 門禁
系統實驗

本附錄將延伸第 14 章的臉部識別程式，加上執行 MicroPython 程式的微電腦控制板，構成一個人臉識別門禁系統。

C-1 RFID 門禁系統

RFID 的全名是**無線射頻辨識**（**R**adio **F**requency **ID**entification）。RFID 是**記載唯一編號**或其他資料的晶片，並且使用**無線電傳輸資料**的技術統稱，相當於「無線條碼」，但是它的功能和用途比條碼更加廣泛。住家大樓的門禁卡（感應扣）和金融卡（悠遊卡），某些機關/學校的員工識別證或學生證也採用 RFID 技術。

典型的 RFID 應用，例如門禁卡，都是**先在電腦儲存特定 RFID 卡片的編碼值**。當持卡人掃描門禁卡時，系統將讀取並且比對儲存值，如果相符，就開門讓持卡人通過。本單元的門禁系統則是用人臉識別取得使用者的名字和 RFID 紀錄，再和控制板傳入的 RFID 碼比對：

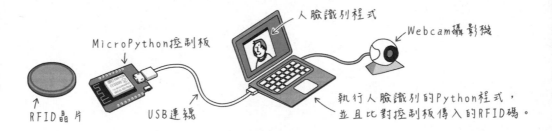

一套 RFID 系統由三大部分組成：

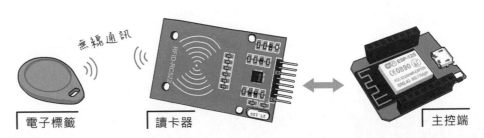

- 電子標籤（Tag）：也稱為**轉發器**（**Transponder**，或譯作**詢答機**），內含天線以及 IC，外觀有多種型式。

- 讀卡機（Reader）或讀寫器（Reader/Writer）：發射**無線電波**讀取電子標籤內的資料，某些設備具備寫入功能。

- 主控端（Host）：連結讀卡機的微控制板或電腦，負責解析傳回的數據。

每個 RFID 標籤都有唯一的識別碼（**UID 碼**），正好可以用來當成使用者的識別碼。

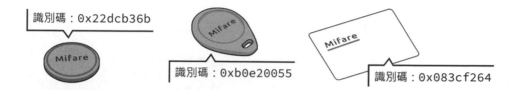

識別碼：0x22dcb36b
識別碼：0xb0e20055
識別碼：0x083cf264

RFID 有不同的通訊格式和頻率規範，本文用的是獲得廣泛的採用，由 NXP（恩智普）半導體公司推出的 Mifare（讀音：my-fare）。停車場的感應幣（token）和現金卡（如：台灣的悠遊卡），都採用 Mifare 規格。

Mifare RFID-RC522 模組實驗

本單元使用的 Mifare RFID-RC522 讀寫器模組的外觀與接腳定義如下，模組採用的 MFRC522 晶片本身有支援 UART, I2C 和 SPI 介面，但是本文採用的程式庫僅支援 SPI 介面。

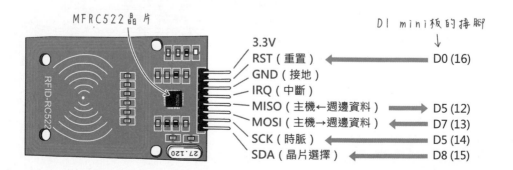

MFRC522 晶片

D1 mini板的接腳

	D1 mini板的接腳
3.3V	
RST（重置）	D0 (16)
GND（接地）	
IRQ（中斷）	
MISO（主機←週邊資料）	D5 (12)
MOSI（主機→週邊資料）	D7 (13)
SCK（時脈）	D5 (14)
SDA（晶片選擇）	D8 (15)

RFID 門禁系統的實驗材料：

D1 mini 控制板	1 個
Mifare RFID-RC522 讀寫器模組	1 個
LED（顏色不拘，筆者使用綠色）	1 個
電阻 220Ω（紅紅棕）	1 個

D1 mini 板的麵包板接線示範如下，SPI 介面接線通常接在 ESP8266 的 GPIO 12~15 腳，但這不是強制性的，我們可以在程式中指定 SPI 接腳。

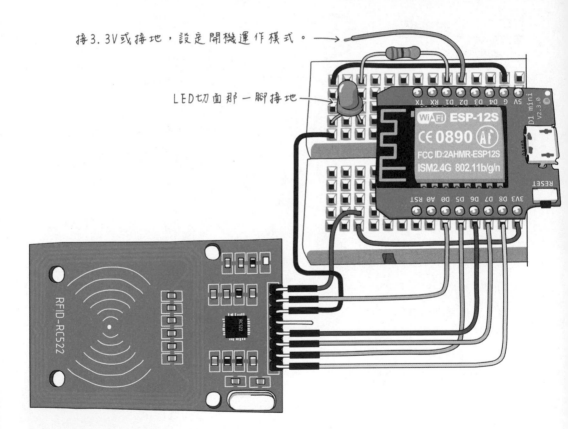

接3.3V或接地，設定開機運作模式。→

LED切面那一腳接地 →

ESP8266 控制器只有一個雙向 UART 序列埠，預設用於連接終端機（如：PuTTY）和上傳程式碼，但本單元程式也將利用此 UART 埠傳遞 RFID 給電腦。為了方便切換控制板的「終端機控制」和 RFID 資料傳遞模式，筆者把控制板的 D2 (GPIO 4) 腳，當作開關，**如果控制板在開機時：**

● GPIO 4 腳接高電位：**控制板進入 RFID 感測與序列資料傳送模式**，序列埠被此程式佔用，無法透過 USB 序列連線的終端機控制，但是能透過 WebREPL 介面控制，請參閱《**超圖解 Python 物聯網**》第 6 章「Wi-Fi 無線網路」說明。

● GPIO 4 腳接低電位：**控制板進入 RFID 感測模式**，可以在終端機顯示感應到的 RFID 碼，方便我們抄寫並紀錄在試算表。在終端機中按下 `Ctrl` 和 `C` 鍵，可中斷此 RFID 讀取程式。

讀取 Mifare 標籤的 UID 碼

本單元程式採用 Stefan Wendler 開發的 micropython-mfrc522 程式庫（https://bit.ly/2vdR1Bn）來操控 Mifare 模組，若不使用程式庫，我們需要詳閱 MFRC522 晶片的規格書，了解讀寫器、標籤和微控制器之間的數據通訊流程，以及晶片內部的暫存器的指令位址，才能動手撰寫程式。

請先把 mfrc522.py 程式庫檔案上傳到 D1 mini 控制板：

上傳MFRC522模組驅動程式到控制板

mfrc522.py

```
D:\RFID> ampy --port com3 put mfrc522.py
```

讀取 Mifare 標籤的流程如下，Mifare 具備「防衝突處理」機制，也就是避免訊號干擾：若多個標籤同時出現在偵測範圍，Mifare 讀寫器將能逐一選擇標籤進行處理。

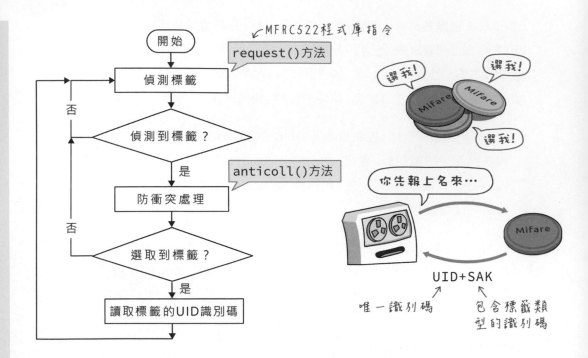

SAK 代表 select acknowledge，直譯為「選擇應答」，是由標籤發給讀寫器，對於選擇標籤命令的回應，不同類型的 Mifare 標籤的 SAK 值不一樣（例如，Mifare Classic 的 SAK 值為 0x18），程式可藉此判別感應到的卡片類型。詳細的防衝突處理與 SAK 值判斷流程，請參閱 NXP 公司的 "MIFARE ISO/IEC 14443 PICC Selection" 技術文件（PDF 格式）。

讀取 Mifare 標籤類型及其 UID 碼的程式如下，首先宣告 mfrc522 控制物件並指定 SPI 介面的接腳：

```
import mfrc522                    MOSI腳    RST腳
                                    ↓        ↓
rdr = mfrc522.MFRC522(14, 13, 12, 16, 15)
  ↑                        ↑    ↑        ↑
RFID模組控制物件         SCK腳  MISO腳   SDA (CS) 腳
```

在終端機顯示標籤碼的自訂函式：

```python
def read_tag() :
    print("\nRFID reader running...\n")

  try:
      while True:# 持續掃描標籤
          # 取得掃描到的標籤狀態和類型
          stat, tag_type = rdr.request(rdr.REQIDL)

          if stat == rdr.OK:# 如果狀態是 OK
              # 取得選定標籤（同時可能有多個標籤）的狀態和 UID 碼
              stat, raw_uid = rdr.anticoll()

              if stat == rdr.OK:# 顯示標籤類型和 UID 碼
                  print("RFID detected")
                  print(" - tag type:0x{:02x}".format(tag_type))
                  print(
                      " - uid   :"
                      "0x{0:02x}{1:02x}{2:02x}{3:02x}".format(
                          raw_uid[0], raw_uid[1],
                          raw_uid[2], raw_uid[3])
                  )
                  print("")

  except KeyboardInterrupt:
      print("Bye")
```

在 D1 mini 控制板執行上面的自訂函式並掃描 RFID 標籤，將能在終端機顯示標籤 UID 碼：

```
>>> read_tag()
RFID detected
  - tag type: 0x10
  - uid   : 0xb0e20055    ← 16進制的唯一識別碼
```

透過 UART 序列埠傳送讀取 Mifare 標籤的 UID 碼

若 D1 mini 控制板開機時，GPIO 4 腳接高電位，則程式將進入序列資料收發模式：接收來自電腦端的控制訊號，若收到 b'OPEN\n' 訊息，代表開門；若 RFID 模組感應到標籤，則透過序列埠把 RFID 標籤的 UID 識別碼傳給電腦。

關於 UART 序列埠通訊程式的相關說明，請參閱《**超圖解 Python 物聯網**》第七章「序列埠通訊」，這部份的程式執行流程如下：

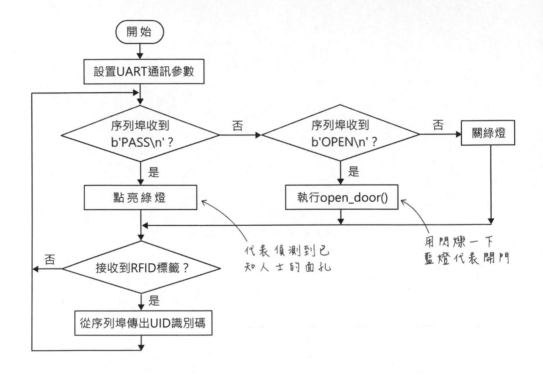

本單元的實驗硬體僅使用閃爍一下 D1 mini 板子上的藍燈代表「開門」，若要改接如右下圖的電控鎖，可以透過繼電器模組來開關電控鎖。Wemos 原廠（D1 mini 控制板的開發商）推出的**繼電器模組的控制腳是 D1 (GPIO 5)**，請自行修改程式碼。

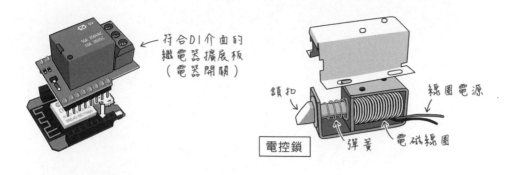

符合DI介面的
繼電器擴展板
（電器開關）

鎖扣

線圈電源

電控鎖

彈簧　電磁線圈

本單元的程式碼如下，完整的程式碼要加入上一節的 read_tag() 函式：

```python
import mfrc522
from machine import Pin
from machine import UART
import time


BAUD_RATES = 230400
mode = Pin(4, Pin.IN)              # 第 4 腳預設是高電位
DOOR_PIN = Pin(2, Pin.OUT, value=1)
GREEN_LED = Pin(5, Pin.OUT)
RFID_code = b''

# MFRC522 函式的參數順序：sck, mosi, miso, rst, cs
rdr = mfrc522.MFRC522(14, 13, 12, 16, 15)

def open_door() :
    DOOR_PIN.value(0)              # 開門（點亮控制板內建的藍燈）
    time.sleep(0.5)
    DOOR_PIN.value(1)


def serial_com() :
    com = UART(0, BAUD_RATES)
    com.init(BAUD_RATES)          # 初始化序列連線

    while True:
        choice = com.readline()
        stat, _ = rdr.request(rdr.REQIDL)
```

```
            if choice == b 'PASS\n':
                GREEN_LED.value(1)          # 代表人臉辨識過關
            elif choice == b 'OPEN\n':
                open_door()                 # 開門
            else:
                GREEN_LED.value(0)

            if stat == rdr.OK:              # 若感應到 RFID 標籤...
                stat, raw_uid = rdr.anticoll()

              if stat == rdr.OK:
                RFID_code = b'0x{0:02x}{1:02x}{2:02x}{3:02x}\n'.
                    format(
                        raw_uid[0], raw_uid[1],
                        raw_uid[2], raw_uid[3]
                    )
                com.write(RFID_code)  # 傳送標籤的 UID 識別碼

def main() :
    if mode.value() :    # 如果「開機模式腳」是高電位...
        serial_com()     # 執行序列通訊程式
    else:
        read_tag()       # 讀取 RFID 標籤並在終端機顯示標籤 UID 碼

if __name__ == '__main__':
    main()
```

完整的程式碼請參閱 main.py 檔。請將它上傳到 D1 mini 控制板，然後按下
Reset 鍵重置控制板，它將自動執行 main.py 檔。

若採用 MicroPython 1.10.x 版或更新版韌體，初始化序列埠之前要先執行
dupterm() 關閉 REPL，避免終端機把序列埠輸入的資料當作命令執行，詳見
範例程式檔的註解：

```
uos.dupterm(None, 1)        # 取消 REPL 功能
com = UART(0, BAUD_RATES)
com.init(BAUD_RATES)        # 初始化序列連線
```

電腦端的 Python 臉部識別與序列埠通訊程式

電腦端的 Python 程式將在偵測到已知人士的面孔時，從序列埠發送 b'PASS\n' 訊息給控制板，然後比對從控制板傳入的 RFID 標籤的識別碼，如果 UID 識別碼和存在 staff.dat 檔的紀錄一致，則發出 b'OPEN\n' 訊息通知控制板開門。

電腦端 Python 的序列埠通訊套件叫做 pySerial，請在終端機透過 pip 進行安裝：

```
pip install pyserial
```

pySerial 提供初始化序列埠、傳送和接收序列數據的指令，像 read(), readline() 和 write()，指令名稱和語法跟 MicroPython 的 UART 模組一樣。加入序列通訊的電腦版 Python 程式如下，請先連接控制板再執行：

```python
import serial
from webcam import Face

dataset_file = 'D:\\dataset\\staff.dat'
user_id = 0
# 序列埠相關程式
COM_PORT = 'COM3'  # 請自行修改序列埠名稱
BAUD_RATES = 230400
ser = serial.Serial(COM_PORT, BAUD_RATES)

def get_RFID(id):
    global user_id
    user_id = id
    print('使用者的 RFID:', id)

    ser.write(b'PASS\n')      # 點亮控制板的綠燈

    if ser.in_waiting:
        RFID_str = ser.readline().decode() # 接收回應訊息並解碼
        tag_id = int(RFID_str, base=16)
```

```
              # 把 16 進制字串轉成 10 進位整數
    print('掃描到的 RFID：', tag_id)

    if tag_id == user_id:        # 若接收到的 RFID 和紀錄相同...
        ser.write(b'OPEN\n')     # 開門
        print('門打開了！')
    else:
        print('卡片比對錯誤！')

    ser.flushInput()             # 清除序列埠輸入值

# 啟用人臉辨識，發現已知臉孔時，執行 get_RFID 函式
face = Face(dataset_file, get_RFID)
face.start()
```

執行程式碼並感測到已知臉孔之後，控制板電路上的綠燈將被點亮。此時，若
掃描到 RFID 碼也跟紀錄一致，則閃爍一下控制板的藍色 LED，代表開門。

索引

命令行與終端機介面

程式編輯工具與 IDE

基本語法

索引

字串處理

流程控制相關

迭代器與產生器

程式庫與模組

時間日期

規則表達式（regular expression）

檔案操作

Flask 框架

網站架設與 SSH 中繼服務

Git 版本控管

HTTP 網路通訊

擷取與解析網頁內容

旗標 FLAG

好書能增進知識　提高學習效率　卓越的品質是旗標的信念與堅持